W0259905

Hans Jochen Koop
K. Konrad Jäckel
Anja L. van Offern

Erfolgsfaktor Content Management

Zielorientiertes Business Computing

Herausgegeben von Stephen Fedtke

Die Reihe bietet Entscheidungsträgern und Führungskräften, wie Projektleitern, DV-Managern und der Geschäftsleitung wegweisendes Fachwissen, das zeigt, wie neue Technologien dem Unternehmen Vorteile bringen können. Die Autoren der Reihe sind ausschließlich erfahrene Spezialisten. Der Leser erhält daher gezieltes Know-how aus erster Hand. Die Zielsetzung umfaßt:

- Nutzen neuer Technologien und zukunftsweisende Strategien
- Kostenreduktion und Ausbau von Marktpotentialen
- Verbesserung der Wertschöpfungskette im Unternehmen
- Praxisorientierte und präzise Entscheidungsgrundlagen für das Management
- Kompetente Projektbegleitung und DV-Beratung
- Zeit- und kostenintensive Schulungen verzichtbar werden lassen

Die Bücher sind praktische Wegweiser von Profis für Profis. Für diejenigen, die heute in die Hand nehmen, was morgen bereits Vorteile bringen wird.
Der Herausgeber, Dr. Stephen Fedtke, ist Softwareentwickler, Berater und Fachbuchautor. Er gibt, ebenfalls im Verlag Vieweg, die Reihe „Zielorientiertes Software-Development" heraus, in der bereits zahlreiche Titel mit Erfolg publiziert wurden.

Bisher sind erschienen:

Client/Server-Architektur
von Klaus D. Niemann

Telearbeit erfolgreich realisieren
Das umfassende, aktuelle Handbuch
von Norbert Kordey und Werner B. Korte

QM-Optimizing in der Softwareentwicklung
QM-Handbuch gemäß DIN EN ISO 9001 und Leitfaden für best practices im Unternehmen
von Dieter Burgartz und Thomas Blum

Unternehmensinformation mit SAP®-EIS
Aufbau eines Data Warehouse und einer inSight®-Anwendung
von Bernd-Ulrich Kaiser

Call Center – Mittelpunkt der Kundenkommunikation
von Bodo Böse und Erhard Flieger

Business E-volution
von Hans Jochen Koop, K. Konrad Jäckel und Erhardt F. Heinold

Unternehmensweites Datenmanagement
von Rolf Dippold, Andreas Meier, André Ringgenberg, Walter Schnider und Klaus Schwinn

Erfolgsfaktor Content Management
von Hans Jochen Koop, K. Konrad Jäckel und Anja L. van Offern

Vieweg

Hans Jochen Koop
K. Konrad Jäckel
Anja L. van Offern

Erfolgsfaktor Content Management

Vom Web Content bis zum Knowledge Management

Herausgegeben von Stephen Fedtke

Die Deutsche Bibliothek – CIP-Einheitsaufnahme
Ein Titeldatensatz für diese Publikation ist bei
Der Deutschen Bibliothek erhältlich.

1. Auflage August 2001

Originally published by Friedr. Vieweg & Sohn Verlagsgesellschaft mbH,
Braunschweig/Wiesbaden, 2001
softcover reprint of the hardcover 1st edition 2001

Der Verlag Vieweg ist ein Unternehmen der Fachverlagsgruppe BertelsmannSpringer.
www.vieweg.de
vieweg@bertelsmann.de

Konzeption und Layout des Umschlags: Ulrike Weigel, www.CorporateDesignGroup.de

Gedruckt auf säurefreiem und chlorfrei gebleichtem Papier

ISBN 978-3-322-89913-2
DOI 10.1007/978-3-322-89912-5

ISBN 978-3-322-89912-5 (eBook)

Vorwort

„Content is King“

Dieses Motto ist uns bereits bei unserer Arbeit zu unserem ersten Buch „Business E-volution - Das E-Business-Handbuch“[1] immer wieder begegnet. Dass Content und Content Management inzwischen im gesamten Bereich des Informationsmanagements - nicht nur bezogen auf das Internet - einen hohen Stellenwert haben, ist schließlich nicht mehr von der Hand zu weisen.

Viele Unternehmen - allen voran Verlage - investieren zum Teil mehrstellige Millionenbeträge in den Aufbau von Content Management-Systemen und Content-Datenbanken. Anbieter von Content Management-Systemen gibt es zahlreiche, vielleicht mehr als genug. Nur das fundierte Wissen um professionelles Content Management ist kläglich gering - vor allem in Europa.

Wie schwierig es ist, Informationen aufzubereiten, aktuell zu halten und nutzbringend zu erschließen, haben selbst führende Unternehmen am eigenen Leibe erfahren. Schätzungen[2] gehen davon aus, dass beispielsweise die wichtigsten Unternehmen im Internet allein in Europa in den kommenden zwei bis drei Jahren ein „Informationsdefizit“ (Einbußen aufgrund fehlender Information) im Wert von mehr als 25 Milliarden Euro erreichen werden. Ursache dafür ist allein ineffektives Informationsmanagement und mangelhafte Erschließung von Informationsquellen.

Umso erstaunlicher ist es, bei der Suche nach einem guten und fundierten deutschsprachigen Fachbuch über Content Management bisher nicht fündig zu werden. Titel zu den technischen Aspekten oder über die Bedeutung von Content für die eigene Website - davon gibt es eine ganze Reihe. Doch das Thema Content Management in seinem gesamten Umfang und den vielfältigen Verknüpfungen mit anderen Bereichen der Unternehmenstätigkeit - Fehlanzeige. Dieser Zustand ist bestimmt nicht dem fehlenden Interesse von Seiten der potenziellen Leser zu verdanken.

1 Erschienen 2000 im Verlag Vieweg unter ISBN 3-528-03167-0.

2 Die Zahlen basieren auf einer von Sqribe Technologies und Deloitte & Touche 1999 durchgeführten Europa-weiten Befragung unter 1000 Top-Managern.

Bei unserer Tätigkeit als Projekt-Berater, speziell bei der Begleitung von Content- und Content Management-Projekten, zeigte sich schnell, dass für fundiertes Know-how zum Thema Content Management ein erheblicher Bedarf besteht. Viele Unternehmen unterschätzen die Auswirkungen, welche die Implementierung eines durchgängigen Content Managements für das Unternehmen und die Mitarbeiter bedeutet, drastisch. Die Suche nach fundierten Informationen wird dann umso anstrengender.

Mit diesem Buch möchten wir Ihnen das notwendige Know-how vermitteln, um ein integriertes Content Management im eigenen Unternehmen zielgerichtet, bedürfnisorientiert und gewinnbringend realisieren und betreiben zu können. Dabei reicht die Spannweite der Themen von der nicht ganz einfachen Definition von „Content" bis zu den Auswirkungen des Veränderungsprozesses, den ein solches Vorhaben mit sich bringt. Insbesondere Aspekte, die in vielen vorhandenen Informationen zum Thema gar nicht vorkommen oder nur kurz gestreift werden, sind hierbei bewusst einbezogen worden, wie beispielsweise Personal, Finanzen oder Entscheidungsfindung. Die generelle Ausrichtung liegt jedoch ganz bewusst auf der praktischen Umsetzung.

Innerhalb unseres bereits bestehenden Online-Services unter **http://www.business-e-volution.de** finden Sie eine Rubrik **Content Management** mit weiteren Informationen, Hinweisen und Tipps zum Thema Content, Content Management und Content Management-Systeme.

Innerhalb einer begrenzten Seitenzahl ist es natürlich unmöglich, alle Aspekte umfassend zu behandeln und gleichzeitig wichtige allgemeine Grundlagen darzustellen. Insoweit vertrauen wir auf ein entsprechendes Vorwissen der Leser und/oder auf die Bereitschaft sich mit den entsprechenden Themenbereichen anhand anderer Informationen gezielt auseinander zu setzen.

Wichtiger Hinweis!

Bestimmte Textpassagen sind durch einen grauen Streifen am Rand gekennzeichnet. Dies sind konkrete Fragestellungen oder Themenbereiche, die Sie für die Realisierung eines integrierten Content Managements direkt in Ihre Checkliste übernehmen können.

Das Buch ist in echtem Teamwork der Autoren entstanden - mit Hilfe von Content Management. Für das Intro bedanken wir uns ganz herzlich bei unserem Kollegen Ehrhardt F. Heinold von Heinold, Spiller & Partner in Hamburg.

Hans Jochen Koop hat sich schwerpunktmäßig mit den strategischen, betriebswirtschaftlichen und Projekt-bezogenen Aspekten auseinandergesetzt. K. Konrad Jäckel brachte seine langjährige Praxiserfahrung bei der Integration von IT-Systemen und technischen Aspekten ein. Darüber hinaus hat er sich „liebevoll" den organisatorischen Fragestellungen gewidmet. Die Begleitung von Unternehmen und Führungskräften bei Veränderungsprozessen ist Anja L. van Offerns Spezialgebiet. Besonders der Themenbereich Change Management, aber auch die Gebiete Kommunikation und Marketing lagen ihr am Herzen.

Dank

Dieses Buch ist nicht zuletzt deshalb zustande gekommen, weil eine ganze Anzahl Menschen ihren Beitrag dazu geleistet haben. Besonders bedanken möchten wir uns bei Publicis MCD Werbeagentur GmbH, GWA in Erlangen und München. Es ist nicht nur überaus interessant und spannend, mit den Menschen bei Publicis zusammen zu arbeiten, sondern wir verdanken ihnen ebenso viele Einsichten aus der täglichen Praxis. Gedankt sei an dieser Stelle auch ganz besonders Marnie Clieves, unserer guten Seele bei the culture company, die geduldig unsere Launen während der Zeit des Schreibens ertragen hat, ohne zu verzweifeln, uns aufgemuntert und aufgepäppelt hat und vom Korrekturlesen bis zur Nahrungsversorgung in fester, flüssiger und geistiger Form alles im Griff hatte. Zum Abschluss ein herzlicher Dank all den Menschen, ohne die dieses Buch gar nicht möglich geworden wäre - Kollegen, Freunden, Kunden und den Mitarbeitern des Verlags. Ihr Engagement und ihre Anregungen, ihr Vertrauen und ihr Wohlwollen haben letztlich dazu geführt, dass Sie heute dieses Buch in Ihren Händen halten.

Vertrauen, Wohlwollen und Unterstützung wünschen wir auch Ihnen - auf Ihrem Weg zu erfolgreichem Content Management in Ihrem Unternehmen.

Don't be content without content!

Mannheim, im Mai 2001

Hans Jochen Koop, K. Konrad Jäckel, Anja L. van Offern

Inhaltsverzeichnis

Intro „Content is King“

von Ehrhardt F. Heinold

„Every information on your fingertips - everywhere“: Diese Vision der modernen Informationsgesellschaft kann durch integriertes Content Management Wirklichkeit werden. Ob Mitarbeiter, Lieferanten, Kunden oder Interessenten: Jeder erhält per PC Zugriff auf die für ihn relevanten Informationen. Ob langes Suchen in Archiven, Blättern in inhaltlich überholten Broschüren oder aufwendige Recherchen auf Servern: All dies gehört der Vergangenheit an, wenn Inhalte digital zugänglich gemacht werden.

Der Begriff Content kann allgemein mit „Inhalt“ übersetzt werden. Im weitesten Sinne sind damit alle Inhalte gemeint, über die ein Unternehmen verfügt: Texte, Bilder, Grafiken, Daten usw. Es spielt dabei keine Rolle, auf welchem Datenträger oder Trägermedium diese Inhalte sich befinden: Content befindet sich auf Papier, auf CD-ROMs, auf Servern. Der Begriff Content umfasst nach dieser Definition das gesamte Informationsspektrum eines Unternehmens.

Content und Content Management haben sich als Modewörter vor allem aus zwei Gründen etabliert:

1. Die wachsende Bedeutung des Informationsmanagements per Intranet zwingt Unternehmen, das Management ihrer Inhalte neu zu organisieren. Das Ziel, den Mitarbeitern alle notwendigen Informationen per PC zur Verfügung zu stellen, erfordert ein umfassendes Content Management.
2. Das Internet verlangt Content, der webgerecht aufbereitet werden kann.

Ob Internet oder Intranet: Der Stellenwert von Content und Content Management kann für die Zukunft eines jeden Unternehmens nicht hoch genug bewertet werden. Content ist einer der kritischen Erfolgsfaktoren, wie folgende Beispiele zeigen:

- Ein **Intranet** wird von den Mitarbeitern nur dann genutzt, wenn die darin befindlichen Inhalte auf Interesse stoßen. Zahlreiche Intranetprojekte sind nicht an der technischen

Umsetzung, sondern am mangelnden Nutzen des Contents gescheitert.

- Ein **E-Commerce-Angebot** wird umso mehr von den Usern angenommen, je besser die darin enthaltenen Informationen sind. Produkte und Dienstleistungen müssen umfassend und anschaulich beschrieben werden, viele Kundenfragen können bereits in sogenannten FAQ-Bereichen (Frequently Asked Questions) beantwortet werden.
- Eine **Portalsite** lebt neben der Suchfunktion auch durch Content, der das Angebot anreichert und interessant macht.
- Der **Daten-Austausch** mit anderen Unternehmen (z. B. Kunden, Lieferanten) wird zukünftig immer stärker digital erfolgen. Dafür werden strukturierte Daten benötigt. Davon wird auch der Außendienst eines Unternehmens profitieren. Dieser muss ständig Zugriff auf die aktuellen und gültigen Produktdaten haben. Gleichzeitig möchte er seine aktuellen Verkaufsabschlüsse und Notizen über Kundenkontakte tagesaktuell in die Datenbanken des Unternehmens einspielen können.

Der Begriff Content wird im engeren Sinne mit dem Internet verbunden. Die Attraktivität einer Website basiert wesentlich auf der Qualität des Contents. Weil guter Content neben Nutzerfreundlichkeit, Geschwindigkeit und Design der zentrale Erfolgsfaktor ist, trifft der Slogan „Content is King“ noch immer zu. In der Anfangszeit des Web war es wichtig, Präsenz zu zeigen (Motto: „Website ist Visitenkarte“), mittlerweile stellt die Website eines der zentralen Instrumente für die Betreuung von Kunden und die Abwicklung von Geschäftsprozessen dar. Und dies funktioniert nur mit Content. In Bezug auf das Internet hat der Begriff Content mehrere Bedeutungen. In diesem Sinne umfasst Content alle Inhalte einer Website:

- E-Commerce-Inhalte (z. B. Produktinformationen und Transaktions-Contents wie z. B. Bestellformulare)
- Corporate Communication-Inhalte (z. B. Unternehmensinformationen)
- Redaktionelle Inhalte (z. B. aktuelle Meldungen)
- Community Inhalte (z. B. Foren)
- Werbeinhalte (z. B. Banner, Einträge in Datenbanken)

Häufig jedoch wird der Begriff Content im Gegensatz zu E-Commerce- oder reinen Community-Inhalten verwendet: Mit Content sind dann eher allgemeine oder redaktionell aufbereitete Informationen gemeint, während E-Commerce-Inhalte unmittelbar der Produktinformation dienen. So kommt auch der Dreiklang zustande, der bis heute als Erfolgsrezept für eine Website gilt: Content, Commerce, Community.

Für das Content Management hat die definitorische Trennung in Content, Commerce und Community nur eingeschränkte Relevanz, da sämtliche Inhalte einbezogen sind. Der Begriff wird in der Regel mit dem Internet verbunden, die meisten Content Management-Systeme (CMS) wurden zur Erstellung von Websites geschaffen (WCMS - Web Content Management-Systeme). Da Content nach unserer Definition jedoch alle vorhandenen Informationsbestände eines Unternehmens umfasst, werden diese Systeme zukünftig das Management sämtlicher unternehmensrelevanten Daten und Informationen umfassen müssen. Content Management wird so auch Dokumentenmanagement integrieren, es wird Schnittstellen zu Management Informations-Systemen (MIS) bieten müssen.

Eine zentrale Aufgabe des Content Managements ist die Integration von Content. Es existieren in Unternehmen zahlreiche Quellen für Content, die zusammengefasst und auf einer einheitlichen Plattform zugänglich gemacht werden müssen. Oft liegt der Content nicht in der benötigten Form vor. Diese Erfahrung haben beispielsweise Verlagshäuser gemacht, als sie bestehende Inhalte im Internet publizieren wollten, dies jedoch trotz digitaler Daten nicht konnten: Nur mit großem Bearbeitungs- und Konvertierungsaufwand konnten diese Daten nachträglich Web-tauglich gemacht werden.

Wegen der zentralen Bedeutung von bedarfsgerecht aufbereitetem Content hat sich Content Management zu einem eigenen Berufsbild entwickelt. Beispielsweise kann die Pflege von umfangreichen Websites mit vielen hundert Einzelseiten keine Aufgabe sein, die eine bestehende Abteilung (z. B. Informationstechnologie (IT) oder Marketing) nebenbei erledigt.

Für viele Unternehmen bedeutet die Umstellung auf integriertes Content Management eine große Veränderung: Waren sie bisher gewohnt, Informationen und Daten an unterschiedlichen Orten auf unterschiedlichen Datenträgern in unterschiedlichen Datenformaten abzulegen, so müssen sie jetzt sämtliche Daten in einer einheitlichen oder zumindest konvertierbaren Form vorhalten. Modernes Content Management stellt dabei zahlreiche neue Herausforderungen:

- Inhalte können jederzeit verändert werden. Aktualität ist ein Muss. Die Reaktionszeiten auf den Markt und den Wettbewerb verkürzen sich dramatisch.
- Inhalte sind nicht mehr rein linear aufbereitet wie im Print, sondern in einer Hypertext- und/oder Datenbankstruktur. Große Texteinheiten müssen in modulare Einzelteile gegliedert und mit Querverweisen (Hyperlinks) versehen werden.
- User erwarten zunehmend, dass Inhalte personalisiert je nach ihrem Profil aufbereitet werden. Die individuelle Zusammenstellung von Content wird vor allem in Intranets immer wichtiger, aber auch im Internet gibt es eine wachsende Zahl von Anwendungen.
- Multimediale Elemente werden möglich (Audio, Video) und müssen zu anderem Content in einen inhaltlichen Bezug gestellt werden können.
- Unternehmensinterner Content muss laufend in das Content Management-System eingepflegt und zugänglich gemacht werden.
- Transaktionsinformationen (z. B. Bestellungen, Lieferantendaten) müssen verarbeitet werden.

Um diese neuen und komplexen Anforderungen zu erfüllen, müssen viele Unternehmen die bestehenden Geschäftsprozesse und ihre Organisation anpassen. Dabei sind komplexe Fragen zu klären, von denen hier nur einige genannt seien:

- Wer ist insgesamt für die Korrektheit und Konsistenz der Inhalte verantwortlich?
- Wer kontrolliert neuen Content und schaltet diesen frei?
- Welche Abteilung ist für welchen Content-Bereich inhaltlich verantwortlich?
- Welcher Content muss in welcher Frequenz geliefert und bearbeitet werden?
- Wie kann bestehender Content so aufbereitet werden, dass er in sinnvollen modularen Einheiten abrufbar ist? Beispiel: Wie entsteht aus dem Content „Broschüre“ ein Content, der dann in unterschiedlichen Ausgabemedien (Web, Print, CD-ROM) publiziert werden kann?
- Wie können wachsende Content-Mengen komfortabel verwaltet werden? Muss ein Content Management-System angeschafft werden?

- Wie muss der bisherige Workflow (z. B. für die Verwaltung von Produktdaten und die Erstellung von Katalogen) verändert werden? Können oder müssen bestehende Datenbanken integriert werden?
- Wie werden Kunden und Lieferanten integriert?
- Wer arbeitet die Inhalte für das Internet/Intranet webgerecht auf?

Content Management ist eine komplexe Aufgabe, die zudem quer zu bisherigen Unternehmensstrukturen liegt. Es greift in nahezu alle Prozesse ein. Da Content gleichzeitig einen so großen Stellenwert für den Erfolg von Unternehmen hat, müssen diese sich intensiv mit dem Thema befassen. Der Aufwand lohnt sich:

- Nicht nur die eigenen Mitarbeiter, sondern auch Kunden und Lieferanten werden die neu gewonnene Informationstransparenz zu schätzen wissen. Zudem können Einspareffekte erzielt werden, wenn weniger personelle Kapazitäten für Anfragen und Recherchen benötigt werden.
- Durch „medienneutrale" Datenhaltung können erhebliche Einspareffekte erzielt werden. So müssen beispielsweise die Daten und Informationen für einen Katalog nur noch an einer Stelle archiviert und gepflegt werden, die anschließenden Produktionsprozesse sind weitgehend automatisierbar. Auch sind Spezialkataloge wesentlich einfacher und damit schneller herzustellen. Natürlich findet die „Medienneutralität" zur Zeit bei Audio- oder Video-Content schnell ihre Grenzen.
- Redundanzen durch Doppelablagen und die Mehrfachpflege von unterschiedlichen Versionen entfallen, wenn für jedes Dokument nur noch ein Ablageort existiert und das Content Management-System die Versionierungsfunktionalität (vgl. Kapitel 4 „Content Management-Systeme") automatisiert mitliefert.

Diese Beispiele zeigen: Integriertes Content Management ist eine Zukunftsaufgabe, die Unternehmen Perspektiven eröffnet. Sie gewinnen Handlungsspielräume, die ihnen das Überleben auf schneller und enger werdenden Märkten erheblich erleichtern. Sich dieser Herausforderung zu stellen, ist einer der wesentlichen Beiträge für die Zukunftssicherung eines jeden Unternehmens.

1 Grundkonzepte

Content Management gehört derzeit mit Recht zu den spannendsten und am meisten diskutierten Feldern innerhalb der Unternehmensführung. Schlagworte wie „Intranet", „Knowledge Management", „Data Warehouse", „Data Mining" und „Lernendes Unternehmen" zeigen, dass sich das Informationsmanagement in Unternehmen rasant verändert.

„Content" ist zum neuen Schlagwort nicht nur der Internet-Branche geworden. In zahlreichen Unternehmen werden zur Zeit traditionelle Business-Modelle überdacht, immer neue Informationsstrukturen eingeführt, und das alles mit dem Ziel, noch vehementer zum Sturm auf neue Zielgruppen und Märkte zu blasen.

Mit Erfolg? Das ist die Frage, mit der sich nicht nur Internet-Strategen scharenweise auseinander setzen, sondern die über alle Branchen hinweg vom Leiter des Bereichs IT (Informationstechnologie) bis zum Vorstandsvorsitzenden heftige Diskussionen auslöst.

Im Kapitel Grundkonzepte geht es um folgende Grundfragen:

- Worum geht es bei den Themen Content und Content Management?
- Welche kurz-, mittel- und langfristigen geschäftlichen Ziele werden mit dem Engagement und den Investitionen im Bereich Content Management verfolgt?
- Welche internen und externen Rahmenbedingungen sind zu beachten?

Ebenso sollen aber die Voraussetzungen für eine zufriedenstellende Beantwortung dieser Fragen thematisiert werden. Hierzu gehören Klarheit über die grundlegenden Unternehmensziele und Wissen oder fundierte Prognosen über heutige und zukünftige Marktentwicklungen, Kundenbedürfnisse und Wettbewerber.

1.1 Content

Der Begriff Content wird im Zusammenhang mit Informationsmanagement - vor allem in Bezug auf das Internet - in unterschiedlichster Weise gebraucht. Dabei reichen die Interpretationen von „Texte, Bilder, ... aus denen eine Website besteht" bis zu „unverwechselbare Werte". Ein solches Spektrum an Bedeutungszuweisungen ist nicht gerade hilfreich und steht der notwendigen Diskussion um das Thema Content klar im Weg.

1.1.1 Begriffsbestimmung

Zunächst wollen wir „Content" von anderen - ähnlichen oder im Zusammenhang verwendeten - Begriffen abgrenzen.

Daten

Wenn wir von Daten sprechen, dann reden wir grundsätzlich über die unterste Ebene der Informationsverarbeitung. Daten sind somit eigentlich nichts anderes als einzelne Bits und Bytes, die einen bestimmten Buchstaben, ein Wort, ein Pixel eines Bildes oder ähnliches repräsentieren. Streng genommen sind die 0 und die 1, aus denen innerhalb der einfachsten Codierung sämtliche Informationen in elektronischer Form aufgebaut sind, Daten. Buchstaben- oder Ziffernfolgen wie „0bciknnrsu" stellen demnach Daten dar. Daten können strukturiert oder unstrukturiert sein. In jedem Fall sind sie aber nicht interpretiert, das heißt, sie enthalten für sich genommen keine spezifische Bedeutung.

Information

Auf der nächsthöheren Ebene betrachten wir Informationen. Diese setzen sich aus Daten zusammen. Voraussetzung für das Vorliegen einer Information ist, dass die zugrunde liegenden Daten eine Struktur aufweisen. Nehmen wir das Beispiel von oben: „innsbruck0" ergibt vor unserem Auge plötzlich einen Sinn. Wir können aus dieser Buchstaben- und Ziffernfolge den Namen der Stadt Innsbruck herauslesen. Durch die Anordnung der Daten erhalten diese eine Bedeutung. Ein weiteres Merkmal (neben Struktur) von Informationen ist demnach, dass diese einen identifizierbaren Sinn enthalten.

Wenn wir noch zusätzlich wissen, dass es sich bei unserem Beispiel um eine Information aus einem Wetterbericht handelt, dann interpretieren wir schnell, dass die Bedeutung unserer Zeichenfolge „Innsbruck 0° C" ist, also eine Temperaturangabe darstellt. Informationen erhalten also eine erweiterte Bedeutung durch den Kontext, in dem sie stehen. Wichtig ist dabei auch, zwischen dem originären Informationsgehalt und der Interpretation durch den Nutzer zu unterscheiden. Je nach Betrachtungswinkel (Tourist oder Meteorologe) hat die Information „Innsbruck 0° C" eine ganz unterschiedliche Bedeutung. Der Informationsgehalt ist ein und derselbe.

Content

Informationen sind für uns bedeutsam im Austausch mit Anderen. Hier kommt der Begriff Content ins Spiel. Als Content können wir Informationen als Objekte oder Austauschgegenstände verstehen. Liegt eine Information also in einer Form vor, in der ich sie an Andere weitergeben kann, sprechen wir von Content. Austauschbare und von Anderen nutzbare Texte, Bilder, Graphiken, Video- oder Audiosequenzen können beispielsweise als Content bezeichnet werden.

Content lässt sich also vereinfacht als Informationspaket vorstellen, dass ich mittels eines Mediums (Papier, elektronisch usw.) weitergeben kann. Ob dieser Content für den Anderen einen Nutzwert darstellt ist dabei zunächst völlig gleichgültig. Gerade dieser letzte Aspekt ist bei der Diskussion von Content Management besonders wichtig. In den folgenden Kapiteln werden wir darauf noch ausführlich zu sprechen kommen.

Asset

Mit dem Begriff Asset knüpfen wir genau an diesem Charakteristikum des Nutzwerts von Content an. Mit Assets werden solche Contents bezeichnet, die für den Nutzer einen bestimmten Wert repräsentieren. Aufgrund dieses Wertes ist ein potenzieller Nutzer bereit, Mühe für die Beschaffung des Assets aufzuwenden, diesen gegebenenfalls zu bezahlen oder ihn gegen andere Assets zu tauschen. Wenn in der Diskussion um Content, speziell in Zusammenhang mit dem Internet, immer wieder darauf hingewiesen wird, wie wichtig der Content für den User ist, dann geht es eigentlich nicht um Content sondern um Asset.

Wissen

Wissensmanagement oder Knowledge Management, Lernendes Unternehmen und ähnliche Konzepte bauen auf der Annahme auf, Wissen erfassen, speichern und wieder verfügbar machen zu können. Darin liegt ein grundsätzlicher Trugschluss. Unter Wissen sind Informationen als Bestandteil des individuellen menschlichen Bewusstseins zu verstehen. Wissen besteht demnach aus subjektiv interpretierten und bewerteten Informationen, die erst durch die individuelle Verknüpfung mit anderen Informationen ihren speziellen Wissenscharakter erhalten. Gerade die subjektive, individuelle Verknüpfung von Informationen lässt sich in ihrer Komplexität bislang kaum auf elektronischem Wege oder in anderer Form zureichend darstellen.

Wenn von Wissens- oder Knowledge Management die Rede ist, dann sprechen wir im Grunde nur über die Ansätze zu komplexeren Formen der Informationsverarbeitung. Letztlich gespeichert werden können immer nur Informationen. Vor diesem Hintergrund ist der Mode-Slogan vom Knowledge Management immer kritisch zu hinterfragen.

Nachfolgend sind die Grundbegriffe und ihre jeweiligen spezifischen Charakteristika noch einmal in einer Übersicht dargestellt.

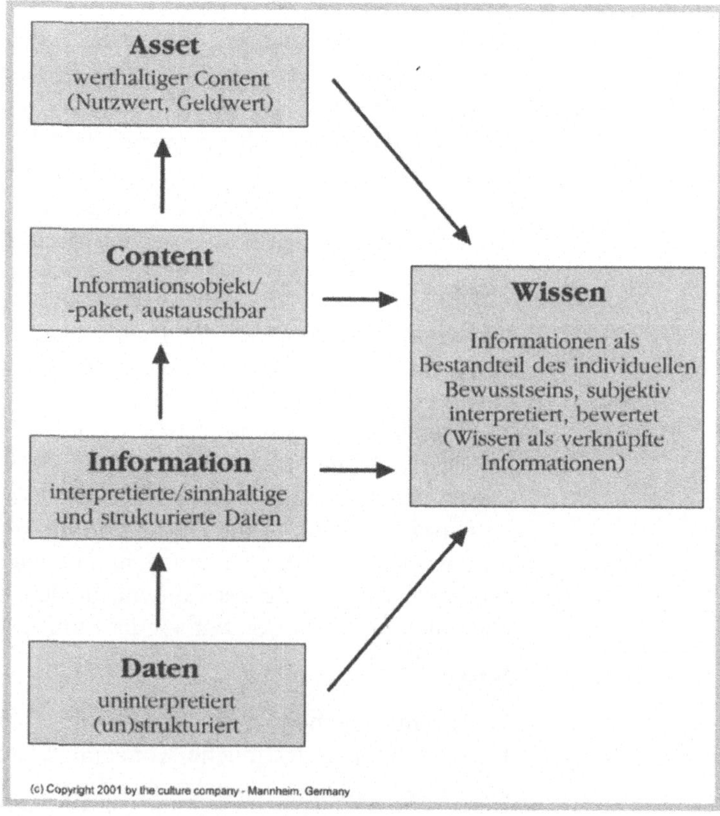

Abbildung 1: Content - Begriffliche Abgrenzung

1.1.2 Merkmale von Content

Sowohl für die organisatorische als auch die technische Konzeption eines Content Managements muss der Begriff Content hinsichtlich seiner unterschiedlichen Merkmale oder Abgrenzungen weiter definiert werden. Die grundlegenden Klassifizierungen hierbei sind:

Inhalt

Hierunter ist die eigentliche Basisinformation zu verstehen. Bei einem Zeitschriftenartikel beispielsweise der reine, unformatierte Text. Wenn Sie auf Ihrem PC eine Text-Datei mit dem „Notepad/Editor" öffnen, dann kommen Sie der Vorstellung des „reinen" Inhalts schon recht nahe. Aber auch hier finden sich bereits Merkmale der Struktur (beispielsweise Zeilenvorschübe, Leerzeilen als Text-Trennungen).

Struktur

Um bei unserem Zeitschriftenartikel zu bleiben: Durch das Festlegen eines Titels und eines Untertitels, das Herausheben von Überschriften durch Einfügen von Leerzeilen und die Unterteilung in einzelne Abschnitte erhält unser Artikel eine interne Struktur. Aber ebenso Querverweise (in der Online-Version beispielsweise durch Links) gehören zur Struktur, gleichgültig ob sie sich wieder auf den selben Text (unseren Artikel) beziehen oder vielleicht auf ganz anderen Content. Die Gesamtstruktur eines Contents besteht aus einer internen Struktur und gegebenenfalls aus der Einbindung/Verknüpfung in oder mit anderen Informationen/Contents - der externen Struktur.

Formatierung

Gerade bei unserem Zeitschriftenartikel wollen wir natürlich die Aufmerksamkeit des Lesers gewinnen. Schnell werden der Titel und Überschriften in einer anderen Schriftart gesetzt und eine größere Schrifttype gewählt. Kursive Hervorhebungen werden vorgenommen. Damit sind wir bereits beim Thema Form oder Formatierung.

Layout

Neben einer Formatierung des Textes, wollen wir - beim Beispiel unseres Zeitschriftenartikels - ein zweispaltiges Layout haben. Bilder (neue Contents!) mit Bildunterschriften werden hinzugefügt, die vom Text „umflossen" werden. Ein Teil des Textes wird in eine Tabelle verwandelt, unterschiedliche Schriftfarben oder

Schattierungen werden eingefügt. Auch ein Insert in Form eines Kastens ist dabei. Das Layout eines Contents umfasst also eine Vielzahl textlicher und grafischer Gestaltungsmöglichkeiten bis hin zu Designelementen.

Medienformat

Bei Contents müssen wir zwischen einer internen Formatierung und der äußeren oder medialen Form, dem Medienformat unterscheiden. Unser Zeitschriftenartikel kann als Word-Dokument oder als QuarkXPress™-Datei vorliegen, eine HTML-Seite sein oder eine Powerpoint®-Präsentation. Das Datei-, Dokument-, Bild-, Audio-, oder Video-Format ist ein weiteres Klassifizierungsmerkmal.

Medium

Zuletzt speichern wir unseren Zeitschriftenartikel auf eine Diskette und haben damit eine Entscheidung für ein bestimmtes Medium (Trägermedium) getroffen. Natürlich könnten wir ihn ebenso auf Papier ausdrucken oder auf einem Webserver speichern.

Diese Merkmale oder Klassifizierungen gelten für alle Arten von Informationen, gleichgültig ob Text, Bild, Ton oder Film, in ihren spezifischen Ausprägungen. Je komplexer das Medium (beispielsweise Video) desto vielfältiger werden die unterschiedlichen Ausprägungs- und Gestaltungsmöglichkeiten.

Der Begriff „Dokument“ sagt über Struktur, interne Formatierung oder Layout nichts aus und ist somit ein wesentlich unschärferer Begriff als Content. Von dem Begriff „Dokument“ lässt sich Content insofern leicht abgrenzen, als Dokumente letztlich nur hinsichtlich des Medienformats spezifizierte Informationen sind.

1.1.3 Medienneutralität

Das Schlagwort des medienneutralen Informationsmanagements ist eng mit dem Thema Content verbunden. Als medienneutral werden Informationen bezeichnet, die lediglich hinsichtlich des Mediums nicht kategorisiert oder gebunden sind und damit in *jede* Medienform konvertierbar sind oder dies zumindest sein sollten. In der Praxis sieht dies schnell anders aus. Die Konvertierung eines Films in einen Text unter vollständigem Erhalt aller Informationen dürfte sich mehr als schwierig gestalten. Fazit: Echte Medienneutralität gibt es nicht! Medienneutralität wird - wenn überhaupt - nur innerhalb der unterschiedlichen Mediengruppen (Text, Bild, Ton) erreicht.

1.1.4 Content-Orientierung

Jeder Content ist hinsichtlich der genannten Merkmale genau spezifiziert. Das Content-orientierte Management von Informationen bedeutet demnach eine Speicherung und Verarbeitung von Informationen, bei denen - unabhängig vom späteren Medium, also Medienneutralität vorausgesetzt - die einzelnen Elemente des Content getrennt voneinander erfasst, gespeichert und abgerufen werden können als[1]:

- Inhalt
- Form (beispielsweise als Standardformate für einzelne Informationselemente)
- Struktur (beispielsweise DTD, Linking)
- Layout (beispielsweise Stylesheets, Templates)

Damit geht der Anspruch der Content-Orientierung über den der Medienneutralität weit hinaus mit allen Folgen hinsichtlich der technischen und organisatorischen Umsetzung, wie in späteren Kapiteln noch deutlich wird.

1.1.5 Assets

Bei Assets - wie zuvor definiert als Contents, die für den Nutzer einen bestimmten Wert repräsentieren, kommt neben den bereits genannten Merkmalen noch eine weitere Klassifizierung hinzu.

Wert

Der Wert oder auch Nutzwert bzw. Preis eines Contents kann aufgrund bestimmter Merkmale bestimmt werden, die für jeden potenziellen Nutzer unterschiedlich ausgeprägt sein können. In das Merkmal Wert fließen somit Faktoren ein, die völlig unabhängig vom Content in der Person des Nutzers liegen.

Aus diesem Grunde ist es bedeutsam, zwischen Contents und Assets so genau zu differenzieren. Ein und derselbe Content kann für unterschiedliche Nutzer ebenso unterschiedliche Assets darstellen. Das macht gerade den Aspekt des Content-Handels so schwierig für viele Unternehmen, deren Bemühungen darauf ausgerichtet sind, für Ihre Kunden möglichst viele hochwertige Assets zu generieren, zu verwalten und zur Verfügung zu stellen.

---

1 Zur Erläuterung der Begriffe vgl. das umfangreiche Glossar unter http://www.business-e-volution.de.

1.2 Content Management

Jedes Unternehmen hat Contents. Und jedes Unternehmen geht auf eine mehr oder weniger systematische Weise damit um. Dieser Umgang mit Informationen (Contents) kann dann als Content Management bezeichnet werden, wenn er zielgerichtet, systematisch und durchgängig erfolgt. Dabei übernimmt das Content Management (CM) meist folgende Funktionen:

- Erzeugung (Generierung)
- Verwaltung (Organisation und Aufbereitung)
- Zur-Verfügung-Stellung (Distribution)
- Schaffung von Nutzungs- und Verarbeitungsmöglichkeiten (Nutzung)

Die eigentliche Verwertung der Contents (beispielsweise durch Redaktionssysteme) bei der Erstellung von Medien (Print, CD, Online ...) und die letztendliche Nutzung durch die „Kunden" (unternehmensintern oder extern) gehören - streng genommen - nicht dazu. Das Content Management schafft lediglich die notwendigen Voraussetzungen dafür, Contents einfach, schnell und reibungslos in einer Vielzahl von Verwendungsmöglichkeiten und -formen nutzen zu können. Ein Content Management ersetzt keine Redaktion oder Layout-Abteilung.

Auch wenn diese Betrachtung auf den ersten Blick abstrakt erscheint, gewinnt sie spätestens im Rahmen von Content Management-Systemen Bedeutung. In der Praxis finden sich häufig Systeme, bei denen Funktionalitäten zur Verarbeitung und Nutzung (Redaktion, Layout usw.) mit eingebunden sind - speziell bei Web Content Management-Systemen. Diese Funktionalitäten stellen aber nicht den eigentlichen Kern des Systems dar, sondern sind eigentlich als sinnvolle Zusatzfunktionen zu betrachten.

Gerade bei sehr leistungsstarken Content Management-Systemen mit umfangreicher Funktionalität hinsichtlich Erzeugung, Verwaltung und Zur-Verfügung-Stellung von Contents ist eine Funktion zur Nutzung der Contents häufig nicht integriert, sondern wird mit Hilfe separater Redaktions- oder DTP-Systeme durchgeführt. Gerade wenn diese nicht Bestandteil des Content Management-Systems sind, muss der funktionierenden Verknüpfung dieser Systeme und der damit verbundenen Schnittstellen-Problematik besondere Aufmerksamkeit gewidmet werden (vgl. Kapitel 5 „Technik").

Abbildung 2 zeigt die Funktionen des Content Managements als Content Life Cycle[1]:

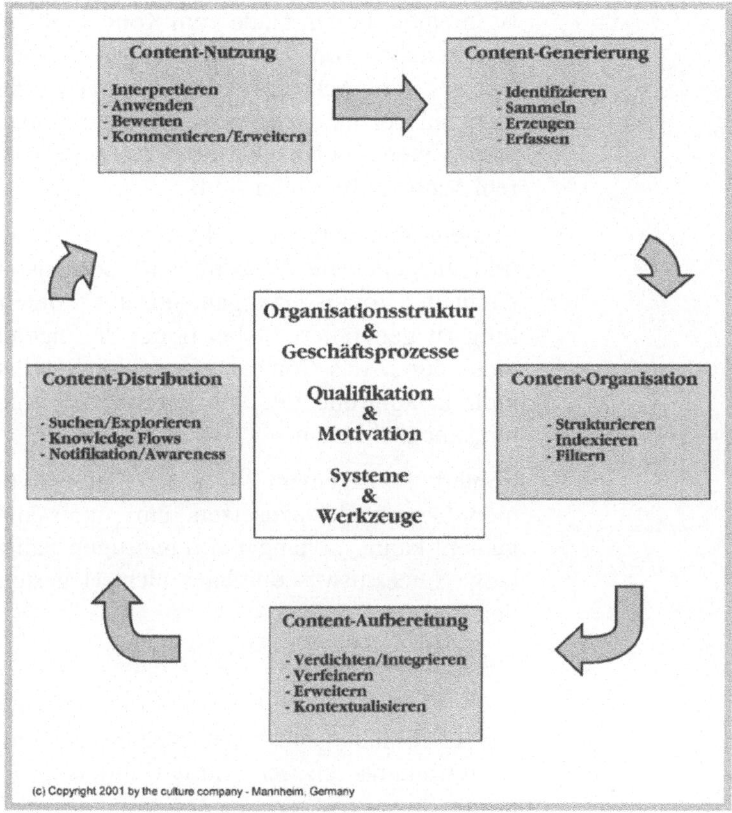

Abbildung 2: Content Life Cycle (Aktivitäten)

Über die drei Grundfunktionen - Erzeugung, Verwaltung und Zur-Verfügung-Stellung - hinaus, dient ein echtes Content Management aber auch zur Erfüllung weiterer Zielsetzungen:

- Aktualität
- Reliabilität (Zuverlässigkeit)
- Qualitätssicherung
- Gewährleistung inhaltlicher Konsistenz

---

1 Zur Erläuterung der Begriffe vgl. das umfangreiche Glossar unter http://www.business-e-volution.de.

Darüber hinaus gibt es Einschränkungen hinsichtlich der Leistungsfähigkeit. Selbst ein professionelles Content Management kann nicht Relevanz oder Nützlichkeit sicherstellen. Die Relevanz ist in einem hohen Maße vom Kontext abhängig, die Nützlichkeit grundsätzlich von den individuellen Bedürfnissen des einzelnen Nutzers. Eine Schlussfolgerung hieraus sollte sein, dass bei der Auswahl der innerhalb eines Content Managements zu erfassenden Contents potenzielle Relevanz und Nützlichkeit in besonderem Maße zu beachten sind.

Content Management macht die systematische, schnelle, flexible und zielgerichtete Nutzung von Contents möglich und schafft damit die Voraussetzungen, um aus Contents echte Wertschöpfung zu generieren. Dabei findet die eigentliche Wertschöpfung nicht durch das Content Management selbst statt, sondern erst indirekt aufgrund der sich ergebenden Nutzungs- und Verwertungsmöglichkeiten.

Content Management ist in keinem Fall mit Content Management-System gleichzusetzen. Ein professionelles Content Management kann - abhängig von sonstigen Rahmenfaktoren wie Umfang, Nutzer usw. - durchaus nicht IT-gestützt durchgeführt werden.

Asset Management

Über die Zielsetzungen eines Content Managements hinaus soll das Asset Management gleichzeitig die Werthaltigkeit der verwalteten Contents erfassen und gewährleisten.

Erfüllt ein Content Management die bereits genannten Voraussetzungen und verfügt es darüber hinaus noch über die Funktionalität der Bewertung von Contents (im Sinne einer preislichen Kennzeichnung) und der Möglichkeit zur Erfassung und Abrechnung von Content-Transfers, dann können wir von einem Asset Management sprechen.

1.3 Content Management-Systeme

Ein Content Management-System (CMS) ist ein IT-basiertes System zur Organisation, Verwaltung und Durchführung des Content Managements, letztlich also nichts anderes als ein (elektronisches) Tool für das Content Management. Ein Content Management-System ist dementsprechend weder ein Redaktionssystem, auch wenn in Redaktionssystemen mitunter Elemente/Bausteine zum Content Management vorhanden sind, noch ein Knowledge Management-System.

Anhand Abbildung 3 lassen sich beispielhaft IT-gestützte Elemente des Content Life Cycle erkennen[1].

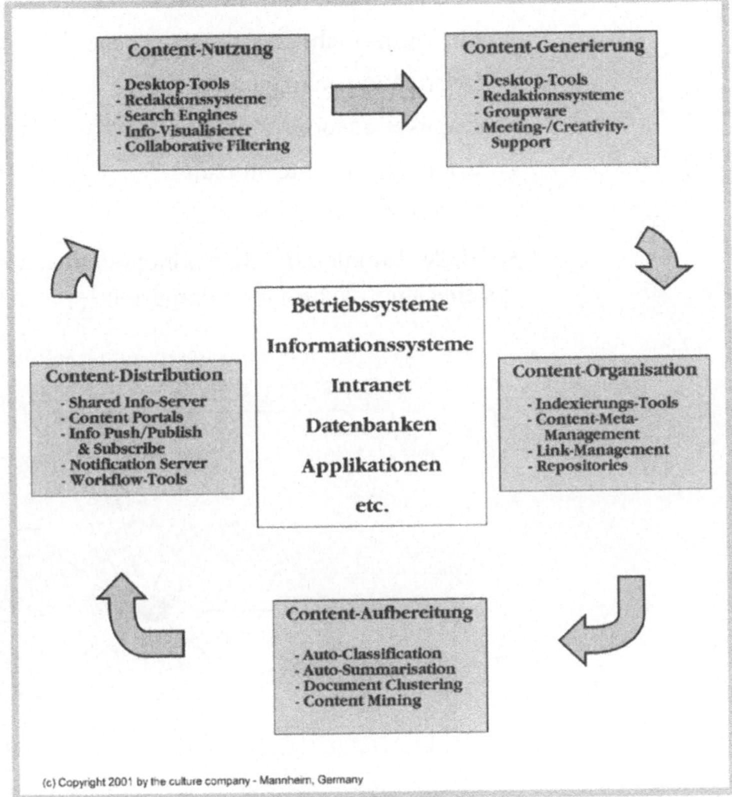

Abbildung 3: Content Life Cycle (IT-gestützte Elemente)

Ein Teil dieser Elemente, primär in den Bereichen Content-Organisation und -Aufbereitung, aber auch bei der Content-Generierung und -Distribution, sind Teil des Content Management-Systems.

Damit ist das Content Management-System zumindest Teil des unternehmenseigenen Intranets, gegebenenfalls des Extranets, sofern Kunden, Lieferanten oder sonstige Dritte direkt in das System eingebunden werden sollen. Hier ist zu beachten, welche der klassischen Intranet-Funktionen durch das Content Manage-

[1] Zur Erläuterung der Begriffe vgl. das umfangreiche Glossar unter http://www.business-e-volution.de.

ment-System berührt und/oder integriert werden. Dazu können beispielsweise gehören:

- Kommunikationsinfrastruktur
- Plattform-unabhängige Oberfläche
- Informationsmanagement
- Applikationspool
- Kooperationsunterstützung
- Prozessmanagement

Spezielle funktionale Komponenten des Content Management-Systems sind nachfolgend dargestellt[1]:

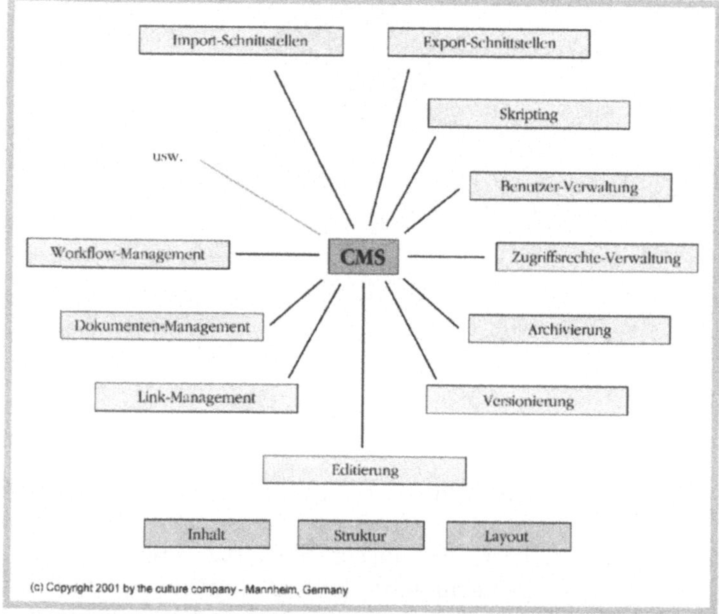

Abbildung 4: Funktionale Komponenten eines CMS

Aufgabe eines Content Management-Systems ist die Einhaltung der für ein echtes Content Management sinnvollen Zielsetzungen zu gewährleisten (Reliabilität, Aktualität, inhaltliche Konsistenz usw.) sowie die Durchführung des Content Managements mög-

1 Zur Erläuterung der Begriffe vgl. Kapitel 4 „Content Management-Systeme" und das umfangreiche Glossar unter http://www.business-e-volution.de.

lichst effizient durchführen zu können. Dabei soll der kontinuierliche Aufwand für ein funktionierendes Content Management mit Hilfe des Content Management-Systems im Vergleich zur Realisierung ohne Content Management-System nachhaltig gesenkt werden (auch wenn der Anfangsaufwand unter Umständen höher ist).

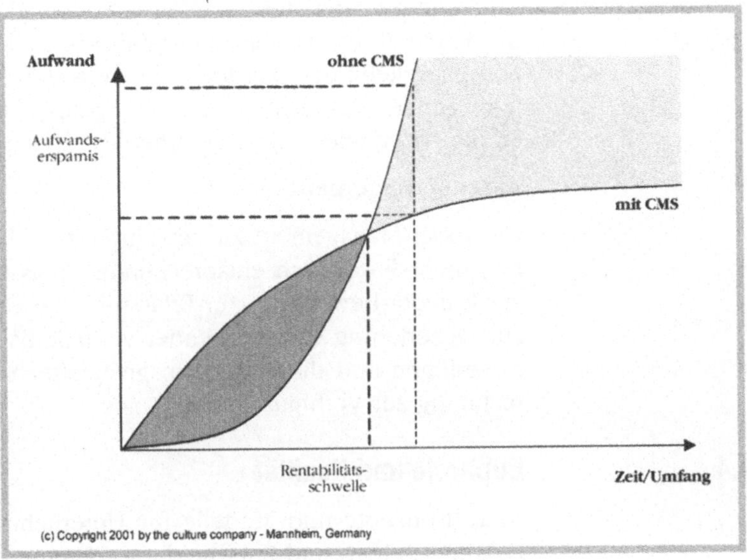

Abbildung 5: CM-Aufwand mit und ohne CMS

Auf einige typische Problembereiche eines Content Management-Systems soll bereits an dieser Stelle ein kurzer Blick geworfen werden. Hierzu gehören insbesondere:

- Berücksichtigung unterschiedlicher Beschaffungswege
- Unterstützung unterschiedlicher Informationsquellen und -qualitäten
- Unterstützung unterschiedlicher Informationsformen (Text, Bild, Grafik, Foto, Audio, Video usw.)
- Discrete vs. Continuous Media[1]
- Erstellung von Content aus Informationen
- Strukturierung und Organisation des Contents

1 Zur Erläuterung der Begriffe vgl. das umfangreiche Glossar unter http://www.business-e-volution.de.

- Retrieval und Transfer
- Schnittstellendefinitionen

Durch die enge Verknüpfung des Content Management-Systems mit der bestehenden oder zukünftigen IT-Infrastruktur des Unternehmens, und gegebenenfalls der von Kunden, Lieferanten oder Partnern, potenzieren sich diese Probleme häufig mit Anzahl und Umfang der zu integrierenden Systeme. Dies führt in der Praxis dazu, dass in den wenigsten Fällen wirklich optimale Lösungen gefunden werden können, sofern nicht die Bereitschaft von Seiten des Unternehmens besteht, die bestehende IT-Struktur zumindest teilweise erheblich zu verändern.

Asset Management

Um Asset Management zu gewährleisten, muss ein Content Management-System um entsprechende Tools und Funktionalitäten zur Content-Bewertung, zur Erfassung von Content-Transfers und zur Generierung entsprechender verifizierbarer Transaktionswerte verfügen und diese in Form geeigneter Schnittstellen zur Abrechnung zur Verfügung stellen.

1.4 Euphorie und Realität

Neue Konzepte und Modelle für Unternehmen verursachen bei Führungskräften und Entscheidungsträgern gerne Euphoriegefühle. Bei den mit der Umsetzung betrauten Mitarbeitern ist diese Euphorie dann häufig schon sehr viel reduzierter.

Gerade im Hinblick auf ein komplexes Vorhaben wie die Realisierung eines durchgängigen Content Managements macht es Sinn, sich frühzeitig über Chancen und Möglichkeiten, aber ebenso über Restriktionen und Risiken klar zu werden. Erster Ansatzpunkt können häufig die Gedanken der Beteiligten sein, die Aufschluss über Hintergründe und Beweggründe der Auseinandersetzung mit Content Management liefern. Zentrale Fragestellungen sind:

- Was war der ursprüngliche/erste Auslöser, über Content Management nachzudenken?
- Welche Vorgeschichte besteht im Unternehmen?
- Welche Visionen, Vorstellungen und Erwartungen bestehen bei Entscheidungsträgern, Führungskräften, Mitarbeitern, Kunden, Lieferanten, Partnern und weiteren Beteiligten oder Betroffenen?

- Welche Ansprüche bestehen bei welchen Personengruppen innerhalb des Unternehmens?
- Welche Einflüsse/Wünsche/Anforderungen von Konzernmutter, Töchtern, Außenstellen, verbundenen Unternehmen usw. sind relevant?
- Welche übergeordnete Notwendigkeit zur Einführung eines Content Managements besteht?

Die Beantwortung dieser Fragen liefert einen recht guten Überblick in Form einer ersten Situationsbeschreibung, in der die wesentlichen Einflussfaktoren berücksichtigt werden. Die hier gewonnenen Erkenntnisse können dann als Basis für differenzierte Analysen dienen.

Besondere Beachtung bei der Auseinandersetzung mit Content Management verdient der unternehmensinterne Rahmen - nicht nur hinsichtlich technischer Aspekte:

- Klarheit über die grundlegenden Unternehmensziele
- Übergeordnete Ziele mit direktem Einfluss auf das Content Management
- Übergeordnete Ziele mit Einfluss auf die Installation eines Content Management-Systems?
- Grundsätzliche Strategie, innerhalb derer Content Management realisiert werden soll
- Unternehmensinterne Rahmen bezüglich Content Management aus (Organisation, Geschäftsprozesse, Personal)?

Daneben spielen externe Faktoren eine Rolle. Letztendlich soll sich der Aufbau eines professionellen Content Managements in der Leistungsfähigkeit des Unternehmens ausdrücken und damit seiner Wettbewerbsfähigkeit zugute kommen.

- Externer Rahmen (Markt, Kunden, Wettbewerber, Lieferanten, Kooperationspartner usw.)
- Wissen oder fundierte Prognosen über heutige und zukünftige Marktentwicklungen, Kundenbedürfnisse und Wettbewerber?
- Maßgebliche Ergebnisse für die Planung und Realisierung eines professionellen Content Managements

Ergänzend zu den Vorstellungen, Erwartungen und Einschätzungen der Beteiligten (als qualitative Elemente) liegt der Schwerpunkt auf der Erfassung quantitativer Faktoren.

1.5 Ziele und Konzepte

Aus der Bestandssaufnahme qualitativer oder quantitativer Einflussfaktoren gilt es eine erste grundlegende Zielkonzeption zu entwickeln, die über die folgenden Topics Aufschluss gibt:

<table>
<tr><th colspan="2">Zielkonzeption</th></tr>
<tr><th colspan="2">generell</th></tr>
<tr><td colspan="2">• Welche Ziele hinsichtlich Content Management bestehen bei welchen Personengruppen innerhalb des Unternehmens?
• Ist die strategische Zielsetzung in Bezug auf das Content Management-Engagement klar und abschließend festgelegt?
• Ist eine Grundsatzentscheidung bezüglich Investitions- oder Profit-Center-Modell getroffen worden?[1]</td></tr>
<tr><th>intern</th><th>extern</th></tr>
<tr><td>• Welche internen Ziele sollen mit der Einführung eines durchgängigen Content Managements im Unternehmen kurz-, mittel- und langfristig erreicht werden?
• Wofür soll das Content Management in interner Hinsicht genau genutzt werden?</td><td>• Welche externen Ziele werden mit der Einführung eines durchgängigen Content Managements kurz-, mittel- und langfristig verfolgt?
• Wofür soll das Content Management extern genau genutzt werden?
• Welche externen Geschäftsfelder sollen durch Content Management erschlossen/verbessert werden?</td></tr>
</table>

Tabelle 1: Zielkonzeption

Die differenzierte Bestimmung der einzelnen Zielbereiche hinsichtlich ihrer zeitlichen Komponenten liefert den Rahmen für weitere Festlegungen und Eingrenzungen.

Eine solche detaillierte und zugegebenermaßen umfangreiche Hinterfragung der internen und externen Bedingungen und Voraussetzungen mag auf den ersten Blick zu aufwendig erscheinen. Die Integration eines zwar technisch funktionierenden Content

---

1 Vgl. hierzu Kapitel 13 „Finanzen".

Managements in die Organisation und die Prozess-Abläufe des Unternehmens scheitert häufig gerade an Hindernissen und Widerständen, die aus den genannten übergeordneten Bereichen resultieren und nicht sorgfältig oder rechtzeitig genug aufgedeckt wurden. Für die Akzeptanz von Seiten der Mitarbeiter oder externer Partner gilt dies in noch erheblicherem Maße. Die Bedeutung einer soliden Bestandsaufnahme kann bei der Etablierung eines Konzepts wie Content Management, welches tiefgehend und vielfältig in die bestehenden Strukturen und Abläufe eingreift, nicht genug betont werden.

1.6 No risk - no fun?!

Natürlich gehen die Verantwortlichen bei der Einführung eines Content Management (-Systems) davon aus, dass sich für das Unternehmen zumindest mittel- oder langfristig neue Potenziale und Chancen ergeben. Doch die Frage ist, welche neuen Chancen und Potenziale für das Unternehmen durch die Einführung von Content Management/eines Content Management-Systems tatsächlich genutzt werden können. Durch eine erste Betrachtung von Chancen, Potenzialen und Risiken wird bei Beteiligten und Betroffenen ein tiefergehendes Bewusstsein für die unterschiedlichen und teilweise kritischen Aspekte eines solchen Vorhabens gebildet.

Die Einführung von Content Management/eines Content Management-Systems wirkt sich letztlich auf nahezu alle Bereiche des Unternehmens aus (vgl. Tabelle 2).

Betroffene Unternehmensbereiche	
eher direkt	**eher indirekt**
• IT • Geschäftsprozesse • Organisation • Personal • Produktion • Beschaffung • Qualitätsmanagement • …	• Strategie • Unternehmenspolitik • Finanzen • Verträge/Rechtsfragen • Marketing • Kundenservice • …

Tabelle 2: Durch CM betroffene Unternehmensbereiche

An erster Stelle stehen natürlich IT und Geschäftsprozesse als direkt und unmittelbar durch Content Management betroffene Bereiche. Doch auch in den anderen Unternehmensbereichen bleibt die Einführung von Content Management nicht ohne Folgen. Neben Vor- und Nachteilen sollten dabei besonders mögliche Risiken aufgrund der Einführung eines Content Management (-Systems) hinterfragt werden.

Ebenso ist die Einführung eines durchgängigen Content Managements und damit der Erfolg eines solchen Konzepts selbst natürlich wieder bestimmten Risiken unterworfen. Welche Voraussetzungen innerhalb des Unternehmens die Einführung eines Content Management (-Systems) begünstigen, welche sie eher behindern, ist nicht nur unter technischen und organisatorischen Aspekten zu hinterfragen. Hierzu zählt auch, inwieweit das Content Management die übergeordneten Fernziele des Unternehmens unterstützt und in die Identität/das Leitbild des Unternehmens passt. Diese beiden Aspekte bestimmen maßgeblich, ob auf die Unterstützung durch die Unternehmensleitung gezählt werden kann, welche Priorität das Projekt „Content Management" im Unternehmen genießt und wie seine Bedeutung kommuniziert wird. Feste (unveränderbare) Termine oder Termingrenzen, die nicht von Anfang an bedacht wurden, können ebenfalls zum Stolperstein werden.

Abschließend bleibt eine Frage zu klären, die für den gesamten Prozess der Planung und Realisierung ausschlaggebend ist: Wie sollen Aufwand und Erfolg der Investitionen im Bereich Content Management anhand der strategischen Zielsetzungen bewertet werden?

1.7 Von der Idee bis zur Integration

Der gesamte Prozess der Konzeption und Einführung eines durchgängigen Content Managements im Unternehmen aber auch der nachfolgende kontinuierliche Betrieb wollen von Anfang an professionell gemanagt sein. In den folgenden Kapiteln werden wir auf eine Vielzahl einzelner Aspekte eingehen. Um die Idee eines integrierten Content Managements Realität werden zu lassen, empfiehlt es sich, zuvor eine strukturierte und effiziente Vorgehensweise zu etablieren, die für alle Beteiligten eine Basis für das Zusammenfügen der unterschiedlichen Aspekte in ein ganzheitliches Konzept bietet. Ein solcher systematischer Ablauf ist in Abbildung 6 beispielhaft dargestellt.

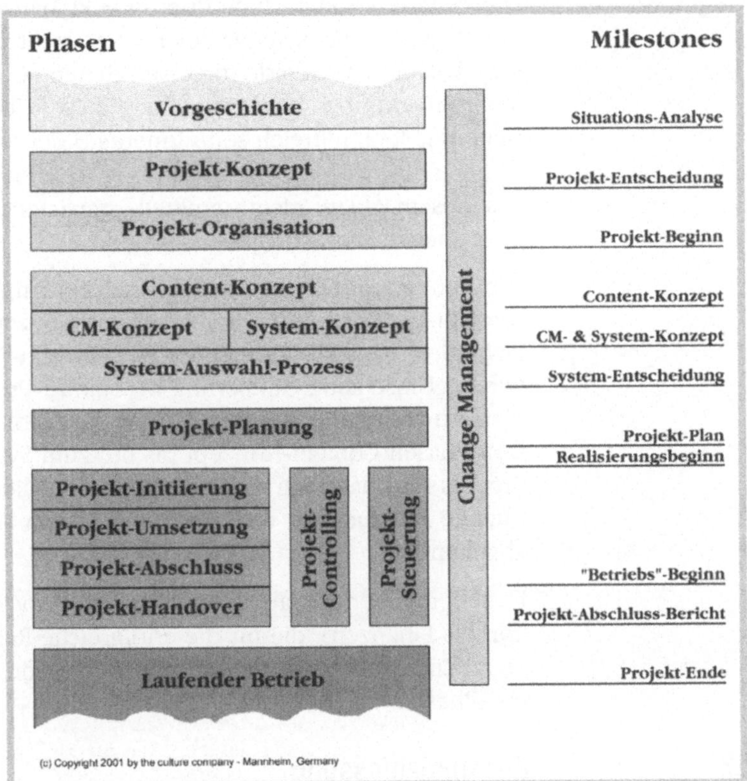

Abbildung 6: Ablauf eines Content Management-Projekts

Innerhalb dieses Ablaufs lassen sich vier grundsätzliche Teilbereiche unterscheiden.

1. Die Konzeptions- und Planungsphase, die sich von der Ermittlung der Vorgeschichte bis zur eigentlichen Projekt-Planung erstreckt.
2. Die Umsetzungsphase, die mit der Projekt-Initiierung beginnt und mit dem Projekt-Handover abgeschlossen wird.
3. Das zielgerichtete Change Management, das den gesamten Veränderungsprozess begleitet und unterstützt.
4. Der laufende Betrieb.

Neben den einzelnen Teil-Phasen sind die wesentlichen Milestones (oder Meilensteine) des Prozesses vermerkt. Auf die Bedeutung dieser Milestones wird im Kapitel 14 „Projekt-Management" noch einmal detailliert eingegangen.

Dieses Buch ist kein Buch über Projekt-Management. Insofern orientiert sich die Struktur des Buches nicht zwangsläufig an diesem Ablaufplan. Gerade für Leser, denen ein Content Management-Projekt noch bevorsteht, mag dieser Überblick gleich zu Beginn jedoch hilfreich sein. Innerhalb des Gesamtprozesses gilt es noch eine Reihe weiterer Teilaspekte zu berücksichtigen, die aus diesem Ablauf nicht unmittelbar ersichtlich - für den Erfolg aber ebenso ausschlaggebend - sind.

Die stark Projekt-bezogenen Themen finden sich im Kapitel 14 „Projekt-Management" wieder (Projekt-Konzept oder Projekt-Definition, Projekt-Organisation und Projekt-Planung), während wir zur Umsetzung (Initiierung bis Handover) schon allein aus Platzgründen auf unser Buch „Business E-volution" verweisen. Den Phasen Content-Konzept bis hin zum System-Auswahl-Prozess sind natürlich spezielle Kapitel gewidmet. Das Thema Change Management wird ebenso in einem eigenen Kapitel (15) abgehandelt.

Daneben gehen wir auf eine Reihe von Aspekten ein (Organisation bis Finanzen), die für die erfolgreiche Realisierung und Integration von Bedeutung sind und in die unterschiedlichsten Projekt-Phasen hinein spielen.

1.8 Zusammenfassung

Die erfolgreiche Realisierung eines funktionierenden und durchgängigen Content Managements im Unternehmen hängt von zwei wichtigen Voraussetzungen ab:

1. Klarheit über die begrifflichen Grundlagen schaffen.
2. Grundfragen im Zusammenhang mit dem beabsichtigten Content Management-Projekt klären.

Der Analyse für die erfolgreiche Planung und Realisierung ausschlaggebender Rahmenfaktoren muss von Anfang an ausreichende Zeit und Energie gewidmet werden. Daneben gehört ein strukturiertes Vorgehen zu den wichtigsten Erfolgsfaktoren.

In den seltensten Fällen scheitern Content Management-Projekte an der technischen Realisierung. Häufiger stehen interne Umstände im Unternehmen oder unklare Zielvorstellungen einer erfolgreichen Umsetzung im Wege. Entscheidend ist also das umfassende Grundkonzept.

1.9 Checkliste

Grundkonzept	
Klarheit der begrifflichen Grundlagen	⇒ Daten ⇒ Information ⇒ Content ⇒ Medienneutralität ⇒ Content-Orientierung ⇒ Asset ⇒ Wissen ⇒ Knowledge Management ⇒ Merkmale von Content ⇒ Content Management ⇒ Asset Management ⇒ Content Management-System
Grundfragen des Content Management-Projekts klären	⇒ Visionen, Vorstellungen, Erwartungen, Ansprüche der Beteiligten und Betroffenen (intern und extern) ⇒ Vorgeschichte ⇒ Übergeordnete Ziele und Strategien ⇒ Interne und externe Rahmenbedingungen ⇒ Kurz-, mittel- und langfristige Ziele des Content Management-Engagements ⇒ Vor- und Nachteile hinsichtlich der beteiligten und betroffenen Unternehmensbereiche ⇒ Mögliche Risiken durch die Realisierung ⇒ Mögliche Risiken für die Realisierung ⇒ Bewertung von Aufwand und Erfolg ⇒ Klaren Projekt-Ablauf definieren und kommunizieren

2 Content

Mit diesem Kapitel soll verhindert werden, dass im späteren Projekt-Verlauf die Aussage kommt: „Hätten wir das früher gewusst!". Denn gerade dann, wenn „ganz schnell" Content Management eingeführt werden soll, wird leider oft der Fehler gemacht, in Richtung der Contents nur selektiv Gedanken zu „verschwenden". Zu oft wird dies später während des Projekts im Wortsinne teuer bezahlt.

Dabei entspricht dieses „schnell mal einführen" durchaus einer in Unternehmen jahrzehntelang geübten Praxis und kann leider bereits den Status eines Gewohnheitsrechts für sich in Anspruch nehmen. Die Dimension von Content geht jedoch weit über eine isolierte Sicht wie „das Web" oder „die Werbebroschüre" hinaus. Content ist integraler und zentraler Grundbaustein sowie die Voraussetzung jeden Informationsmanagements und daraus abgeleiteter sowie aufbauender Funktionen im Unternehmen.

Fahrlässig wäre es, so vorzugehen, wie das selbst heute noch praktiziert wird. Dazu ein Beispiel: Aus Mitarbeitern der IT, des Marketings sowie der Presse- und Öffentlichkeitsarbeit wird ein Team gebildet, das „schnell mal" Content für Externe einheitlich aufbereiten und zur Verfügung stellen soll. Das Ergebnis ist in der Regel ein relativ unflexibles System, das die Mitarbeiter unterstützt, die Website zu füttern und ebenso in der Lage ist, Broschüren zu produzieren. Dies ist zwar an sich nicht schlecht, wirft aber folgende Fragen auf:

- Ist es ratsam, eine neue und relativ spezialisierte Informations-Insel zu schaffen?
- Wird dadurch für das restliche Unternehmen irgend etwas gewonnen?
- Ist sichergestellt, dass nicht in Kürze ein äquivalentes Problem an einer anderen Stelle im Unternehmen wieder komplett „von Hand" gelöst wird?

Lassen Sie uns gemeinsam einen eingehenden Blick auf die aktuelle Situation in Sachen Content werfen - denn das Kennen der Ursachen erleichtert Ihnen die weitere Arbeit.

2.1 Vom guten Umgang mit Contents

In den letzten 30 Jahren haben wir fast alle in unseren Unternehmen Informationstechnologie (IT) eingesetzt und damit angefangen, Teile oder Teilfunktionalitäten wie Buchhaltung oder Textverarbeitung zu „elektrifizieren". Dadurch entstanden immer mehr „Informations-Inseln" in den Unternehmen, in denen prinzipiell zusammengehörende Informationen an den unterschiedlichsten Stellen abgelegt sind. Beispielsweise findet jedes System etwas über den Kunden Müller, aber niemand verfügt über die Summe, die Quintessenz oder den Gesamtüberblick bezüglich aller verstreut vorhandenen Informationen über den Kunden Müller. Seit geraumer Zeit wird mit immensem Aufwand versucht, durch sogenanntes Customer Relationship Management (CRM) genau diesen Überblick - auch über den Kunden Müller - zu erreichen. Dies geschieht, indem mühsam und kostspielig durch Systemintegration zumindest eine Sammlung und Zusammenfassung der vorhandenen Informationen aus den unterschiedlichen IT-Systemen angestrebt wird, um so die einzelnen Inseln wieder miteinander zu verbinden oder miteinander in Beziehung zu setzen. Man versucht also, historisch gewachsene Informationen, die irgendwo im Unternehmen verstreut sind, nutzbar und wieder findbar zu machen. Oder kurz: Aus Daten und Informationen nutzbare Contents zu generieren - etwa die Übersicht über den Kunden Müller. Erst wenn dies erreicht ist, kann z. B. eine CRM-Funktionalität sinnvoll eingesetzt werden.

Aber neben der ganzen IT-Welt sind in unseren Unternehmen nach wie vor sämtliche alten Organisationsmittel geblieben. Eine entsprechend eingestaubte Gesetzeslage und Rechtsvorschriften im Geiste des Kaiserreichs haben einen großen Anteil an den riesigen Papierbergen, die Unternehmen heute mit sich herumschleppen. Hängeregistratur, Ordnerablagen, das Archiv im Keller - all dies *und* die IT-Systeme existieren und dümpeln parallel vor sich hin. Das führte zur konsequent gelebten Degradierung von Contents (findbar, transferierbar, nutzbar) zu Informationen („irgendwo da unten in dem Stapel müsste es sein - vielleicht"). So gibt es überall in unseren Unternehmen Inseln mit Informationen, die schlecht oder gar nicht findbar sind und damit nicht weiter gegeben werden können. Sie existieren auf und in den unterschiedlichsten Medien, Datenträgern, Systemen, Schränken und Papierstapeln nebeneinander her und somit faktisch in keinem inhaltlichen Zusammenhang zueinander.

2.1.1 Globalisierung und Geschwindigkeit

Unser von der Globalisierung geprägtes Wirtschaftsleben erfordert Geschwindigkeit in den Abläufen und zugreifbare, nutzbare Information als Rohstoff. Geschwindigkeit in den Abläufen und Prozessen kann - nicht nur in der Produktion - durch Rationalisierung, Automatisierung und Standardisierung erreicht werden. Zugreifbare und nutzbare Informationen sind hingegen davon abhängig, wie umfassend und integrativ im Unternehmen Informationen und Contents „gemanagt" werden. Contents sind findbare, transferierbare und somit nutzbare Informationen. Deshalb liegt es gerade im mittel- und langfristigen Interesse jedes Unternehmens, Produktivitätsvorteile durch effizienten Umgang mit Content zu erzielen.

2.1.2 Integrationswirkung des Contents

Informationsmanagement findet also verteilt und unzusammenhängend statt - in Aktenschränken, Hängeregistraturen, auf Festplatten und so fort. Customer Relationship Management ist - wie wir gesehen haben - nur dann sinnvoll, wenn eine Integration von Informationen, eine Übersicht über die Informationsinseln besteht. Knowledge Management oder Wissensmanagement möchte Informationen zu Wissen verdichten und so nutzwerte „Assets für den internen Gebrauch" zur Abwehr einer Informationsflut gewinnen.

Und wo hängen (nicht nur) diese „Managements" zusammen? Beim Content! Denn die Nutzbarkeit von Informationen beruht auf der Transferierbarkeit und somit der Fähigkeit, Informationen zu finden. Die Zusammenfassung und Bündelung von Informationen aus den unterschiedlichsten Quellen generiert Contents. Und die Repräsentation eines Wissenszusammenhanges im Knowledge Management besitzt ein Medium, eine Struktur, hat ein Nutzwert und ist damit ein Asset, also auch ein Content.

2.1.3 Die Herausforderung

Content und die Beschäftigung damit ist also nicht nur eine weitere wichtige Aufgabe für jedes Unternehmen, sondern eine Hauptschnittstelle für zentrale und erfolgskritische Informations- und Austauschprozesse im Unternehmen. Schon allein aus diesem Grund heraus ist es durchaus sinnvoll, nicht - wie bisher - die nächste Informations-Insel aufzubauen, sondern Contents konsequent zu integrieren. Diese Herausforderung kostet Geld,

Zeit und Energie. Es existiert jedoch mittel- und langfristig keine Alternative dazu. Und genau dieser Prozess ist in diesem Buch beschrieben, genau das meinen wir mit „umfassenden, durchgängigem oder integriertem Content Management".

Die Contents in Ihrem Unternehmen sowie ihre Gewinnung, Verarbeitung und Verwertung aus vorhandenen Informationen durchzieht und durchdringt Ihre gesamte Organisation und alle Geschäftsprozesse. Wenn dies bei allen Gedanken an „Content" und „Content Management" fest in Ihrem Hinterkopf verankert ist, so erreichen Sie kurz- und mittelfristig, dass Weichenstellungen richtig getroffen werden und die richtigen Signale auf „Grün" stehen. Oder anders ausgedrückt: Weniger Kosten, weniger Zeitaufwand, mehr Effizienz und Effektivität.

2.1.4 Warum umfassendes Content Management?

Content Management ist die Basis für effektives Arbeiten mit Ausprägungen und Repräsentationen von Wissenszusammenhängen und Informationen. Und genau diese sind bekanntlich die Quelle jeder Entwicklung und damit jedes Umsatzes. Um also das langfristige Überleben des Unternehmens am Markt zu sichern, müssen mittel- bis langfristig alle relevanten Contents effizient und treffsicher gemanagt werden.

Es geht darum, dass Sie und Ihr Unternehmen planvoll und ohne Gefährdung des operativen Geschäfts nicht nur über das nächste einzuführende IT-System nachdenken, sondern diese Frage mit einem mittelfristigen Konzept zum Umgang mit den relevanten strukturierten Informationen und Contents in Ihrem Unternehmen verbinden. Es wird sich auf Dauer auszahlen, wenn man sich frühzeitig grundsätzliche Gedanken über die Contents des Unternehmens macht und diese in ein Konzept bringt - auch, wenn Sie im Moment nur eine Informations-Insel bauen möchten. Denn diese Insel wird auf Dauer keine Insel bleiben.

2.2 Die Identifikation von relevantem Content

Um heraus zu finden, welche Contents für Ihr Unternehmen relevant sind, stellen sich folgende Fragen:

1. Welche Contents sind überhaupt vorhanden?
2. Welche Contents werden zukünftig benötigt?
3. Welche Contents sollen in das Content Management integriert werden?

Wir empfehlen dazu ein dreistufiges Vorgehen, das teilweise parallelisiert werden kann. Es beinhaltet die Content-Inventur (Was ist vorhanden?), die Content-Needs (Was wird zukünftig benötigt?) sowie den Arbeitsplan für den Weg dazwischen.

2.2.1 Die Content-Inventur

In einem ersten Schritt sollte eine Content-Inventur durchgeführt werden. Dabei findet man in der Regel durchaus interessante Informationen oder Contents, an die bislang niemand gedacht hat. Möglicherweise können Teile dieser Contents dann noch direkt oder nach Überarbeitung gewinnbringend als Asset vermarktet werden. Zur praktischen Durchführung ist ein Fragebogen zu empfehlen, weil dadurch sowohl die Parallelisierung bei der Suche nach Contents im Unternehmen als auch eine gewisse Standardisierung (beim Ausfüllen der Fragebögen) gewährleistet ist. Je nach Unternehmensgröße und -Struktur sollte mindestens auf Abteilungs-, wenn möglich auf Gruppenebene je ein Fragebogen ausgefüllt werden. Vergessen Sie nicht, Ihren laufenden Projekten jeweils einen Fragebogen zukommen zu lassen.

Durch den Rücklauf der Fragebögen kann als Ergebnis eine Liste aufgestellt werden, in der pro vorhandenem Content folgende Kategorisierungsmerkmale beschrieben werden:

- Name/Thema des Contents
- Umfang
- Fundort/Lagerort/IT-System
- letzte Aktualisierung (ca.)/Alter
- Medium oder Medienformat (Papier, Datei, Tonband ...)
- Ist die Zielgruppe des Contents intern, extern oder eine Kombination aus beidem?
- Ist der Content noch gültig (z. B. Gesetzestexte, Rufnummern, Adressen, Preislisten ...)

Das Ziel ist dabei, einen möglichst guten Überblick zu gewinnen, was alles vorhanden ist. Die entscheidende Hürde ist die Granularität der erfassten Informationen: Bei dieser Auswertung und beim Ausfüllen der Fragebögen ist es weder notwendig, zu übertreiben und jede einzelne Adresse oder Kontaktinformation als eigenen Punkt auf die Inventurliste zu schreiben, noch macht ein Punkt „2 Bände Aufsatzsammlung von Mitarbeitern" viel Sinn. Zum Festlegen der „richtigen" Granularität ist es - neben Überlegungen zur Unternehmensgröße und Branche - empfehlenswert, den Fragebogen mit dem Hinweis auszugeben, dass gleichartige Contents (z. B. Adressen oder Aufsätze) dann gruppiert werden können, wenn die Thematik genannt wird und diese gleichartig ist. Bei Adressen ist das gegeben, bei Aufsatzsammlungen, Pressemitteilungen oder Ablaufbeschreibungen wahrscheinlich nicht.

Dieses Vorgehen liefert zwar ein recht vollständiges Bild, hat aber den Nachteil, dass es sehr lange dauern kann und kostenintensiv ist, bis eine Content-Inventur als Vollinventur durchgeführt wäre. Als Lösungsmöglichkeit kann man die Content-Inventur als „Regenschirm-Inventur" durchführen: Hierbei wird nicht jeder einzelne Content einbezogen, sondern - nur mit einer groben Granularität - die Thematik sowie das Medium und der Umfang, etwa nach dem Motto: „Wir haben in der Presse- und Öffentlichkeitsarbeit ca. 2000 Bild- und Textdateien (.doc, .pdf, .jpg, .tif) für Pressetexte, Folder, Imagekampagne, Corporate Identity (CI)." So bekommt man wie bei einem Luftbild einer Menschenmenge im Regen einen sehr schnellen und umfassenden Einblick über die vorhandenen Regenschirme (Contents).

2.2.2 Die Content-Needs

Damit ausgerüstet kommen wir zur zweiten Grundfrage - nach den zukünftig benötigten Contents. In einem auf absehbare Zeit stabilen Marktumfeld werden Sie weitgehend die gleichen Contents benötigen wie heute. Aber je nach Marktentwicklung und Unternehmensstrategie können die zukünftig benötigten Contents erheblich von den vorhandenen Contents abweichen. So kann es z. B. bei der Neuetablierung eines Geschäftsfeldes notwendig sein, internes Know-how in einem bislang völlig „artfremden" Gebiet aufzubauen, oder bei der Neuausrichtung eines Unternehmens kann eine ganze Sparte verkauft werden, deren Know-how zukünftig nicht mehr benötigt wird.

Um herauszufinden, welche Contents (soweit absehbar) zukünftig wichtig sind, sollte ein Gremium, bestehend aus dem Management und den Fachabteilungen (gegebenenfalls unter Nutzung externer Berater), in einem Content-Needs-Workshop gemeinsam zukunftsrelevante Contents identifizieren.

Dann ist zu prüfen, ob zwischen vorhandenen Contents und diesen zukünftig benötigten eine inhaltliche oder strukturelle Diskrepanz auszumachen ist. Falls ja, sollte daraus ein priorisierter Anforderungskatalog erarbeitet werden, der die vermutete Diskrepanz zu schließen hilft.

2.2.3 Das Schließen der Content-Lücke

Mit diesen Ergebnissen kann recht schnell eine Entscheidung getroffen werden, welche vorhandenen Contents für die Geschäfte und Prozesse im Unternehmen überhaupt relevant sind. Dadurch wird unternehmensintern Klarheit geschaffen, was wirklich nicht mehr gebraucht wird (weg damit!) und welche Contents zur Erbringung der Marktleistung heute und in der absehbaren Zukunft eine Rolle spielen. Eine etwa jährlich stattfindende Content-Revision mit gleicher Zielsetzung kann diese Entscheidungen zur Content-Relevanz in einem dynamischen Marktumfeld dann fortschreiben und gegebenenfalls anpassen.

2.2.4 Der Arbeitsplan: So kommen wir zu den relevanten Contents

Nachdem damit ein Anforderungskatalog auf dem Tisch liegt, wie die Lücke zwischen vorhandenen und zukünftig benötigten Contents geschlossen werden soll, kann man einen Arbeitsplan aufstellen, um vom „Ist" zum „Soll" zu kommen und zumindest in Grundzügen zu den folgenden Fragestellungen Aussagen treffen:

- Welche vorhandenen nicht-digitalisierten Informationen und Contents sind zukunftsrelevant und sollen erfasst werden?
- Muss Know-how (welches?) intern/extern aufgebaut/bezogen werden, um die Content-Lücke zu schließen?
- Welche Vorgaben gibt es aus Corporate Identity (CI), Corporate Communication (CC) usw. für Form, Layout und Gestaltung von Contents?

Um später keine bösen Überraschungen zu erleben, empfiehlt es sich, bereits in dieser Phase für vorhandene digitale Contents der IT-Abteilung einen Prüfungsauftrag zu erteilen. Dabei soll heraus gefunden werden, ob diese digitalen Contents eigentlich noch nutzbar sind und ob sie dem Anforderungskatalog entsprechen oder nicht mehr benötigt werden. Sind z. B. Bänder noch lesbar, und in welchem Format; existieren noch funktionsfähige Lesegeräte und gegebenenfalls Konvertierungsprogramme?

2.3 Content-Konzept: Der erste Entwurf des künftigen Content Managements

Jetzt gilt es, die Vorstellungen und Ziele zu verbalisieren und schriftliche Festlegungen zu treffen, die für jeden Mitarbeiter im

Unternehmen verbindlich sind und verständlich den Rahmen vorgeben, in dem sich Contents zukünftig bewegen. Wir nennen dies ein Content-Konzept, welches Antworten auf die folgenden Fragen liefern muss:

- Welche Contents sollen zukünftig in welcher Form erfasst werden?
- Welche Sprachen und Sonderformen (Mathematische Formeln usw.) sind für das Unternehmen Content-relevant?
- Welche rechtlichen Aspekte sind für das Unternehmen Content-relevant (Schutz- und Verwertungsrechte ...)?
- Welche unternehmensrelevanten oder unternehmensinternen Contents sollen zukünftig in einem Content Management abgebildet werden und zugreifbar sein (z. B. Unternehmensdaten, Produktinformationen, Normen, Standards, Rechtsvorschriften, Presse und Öffentlichkeitsarbeit, Kalkulationen, Unfallverhütungsvorschriften, technologische Entwicklungen, Patente ...)?
- Welche internen Content-Quellen sollen einbezogen werden (vorhandener Fundus, Mitarbeiter/Abteilungen/Bereiche, Projektdokumentationen, Personalbereich, Memos, Mail, Telefonnotizen, Protokolle, Reden ...)?
- Welche externen Content-Quellen sollen einbezogen werden (Autoren, Kunden, Geschäftspartner, Presse, Messen, Dritte Content-Anbieter ...)?
- Welche Zielmedien und Zielmedienformate sind zu bedienen?
- Welche Ausgabeanforderungen werden an Contents gestellt (Farben, Auflösung, Qualität, Medien, Standards wie XML, Formate)?

Die Antworten auf diese Fragen führen zu einem Content-Konzept im Sinne eines einprägsamen und leicht verständlichen Leitfadens zum internen Gebrauch. Noch muss nicht jede Festlegung darin absolut klar und wasserdicht sein, aber jeder Betroffene oder Beteiligte kann darin die Eckpunkte sehen, die später den Rahmen für das Content Management bilden. Darin besteht der praktische Wert des Content-Konzepts. Mit diesem Konzept sollte man im jetzigen Zustand noch nicht Marketing nach innen betreiben, weil es noch weiter verfeinert werden muss. Als Basis für die gesamte kommende Projektarbeit ist es jedoch bereits jetzt ausgesprochen nützlich.

2.4 Wofür sollen die Contents genutzt werden?

Warum die ganze Arbeit? Die Einführung eines Content Managements ist ein Riesenaufwand, der nur dann Sinn macht, wenn besser früher als später adäquater Nutzen daraus gezogen werden kann.

Den immensen internen Vorteil, wenn nutzbare Informationen such- und wiederfindbar sind, kann sich jeder vorstellen. Informationsflüsse werden verbessert, Wissenszusammenhänge werden transparenter, Entscheidungen stehen auf einer besseren Basis und können schneller getroffen werden.

2.4.1 Interner Content-Nutzen: Vollständigkeit und Geschwindigkeit

Ein Beispiel ist die Einbeziehung der Vertriebsinformationen in ein Content Management-System. Finden die Mitarbeiter dort für jeden Kunden alle relevanten Umsätze, Vorlieben der Kundenmitarbeiter, Inhalte der Service-Calls, eine Einschätzung der Kultur beim Kunden usw., dann kann mit solchen umfassenden Contents mehr Umsatz in weniger Zeit erzielt werden. Die Mitarbeiter können sich durch die vorhandenen Informationen besser auf den Kunden einstellen. Dies ist dann ein zielgerichtetes Vorgehen als Lernerfolg aus gemachten Erfahrungen.

Schade ist, dass sich solche Erfolge zwar in harten Euro Mehrumsatz bemerkbar machen, ursächlich aber einzig dem guten Vertriebsmitarbeiter und nicht dem verbesserten Content-Umfeld im Unternehmen zugeschrieben werden. Außerdem kann man vor Einführung eines solchen Systems diese Effekte nicht sauber in Euro und Cent kalkulieren. Das erschwert die Messbarkeit und Zurechenbarkeit des internen Content-Nutzens.

2.4.2 Externer Content-Nutzen: Wettbewerbsfähigkeit

Es gibt Standards aus Corporate Identity (CI) und Corporate Communication (CC). Wenn die Content-Erstellung (z. B. Verfassen eines Artikels), die Content-Bearbeitung und die Content-Produktion (z. B. Ausdruck eines Artikels) für die jeweils beteiligten Mitarbeiter nicht nur schnell und einfach vonstatten geht, sondern auch die CI-Vorgaben gleich miterfüllt, transferiert sich der minimierte Arbeitsaufwand für die Mitarbeiter gleich noch in ein nach außen einheitliches und aktuelles Erscheinungsbild.

Dadurch wird eine einheitliche Außenwirkung erzielt und dies unabhängig von der internen Quelle und der Beschaffenheit des

Contents. Ob dieser Content aus der Presse und Öffentlichkeitsarbeit oder aus der Werbung stammt oder ob es sich um eine Pressemitteilung, ein Produktdatenblatt oder eine Produktinformation handelt - die Außenwirkung ist einheitlich.

Durch das gewonnene interne Know-how im Content-Umfeld kann Ihr Unternehmen möglicherweise neue Geschäftsfelder erschließen und z. B. Content Management als Dienstleistung für andere Firmen anbieten.

Weit über diese Aspekte hinaus merken Ihre Kunden, Lieferanten und Geschäftspartner recht schnell, wenn Ihr Unternehmen einen umfassenden Ansatz im Umgang mit Content betreibt: Abläufe beschleunigen sich, Rückfragen werden seltener, die Geschäftsprozesse mit Ihrem Unternehmen werden für Kunden, Lieferanten und Geschäftspartnern noch einfacher und somit angenehmer. Aus Sicht Ihrer Partner steigt also die Zuverlässigkeit, die Kompetenz und die Geschwindigkeit Ihres Unternehmens. Aus deren und Ihrer Sicht wird Ihr Unternehmen wettbewerbsfähiger. Dies ist zwar im Voraus leider nicht in Euro und Cent planbar, aber Sie werden dies im Unternehmen deutlich spüren und Ihre Kunden und Lieferanten werden den „direkten Draht" zu schätzen wissen.

2.4.3 Assets - Direkter Nutzen aus speziellen Contents

Ein Asset ist ein vermarktbarer Content, auf dem ein Preisschild kleben könnte. Dabei kann der Preis von Kunde zu Kunde durchaus variieren - abhängig vom Nutzwert des Assets für den Kunden. Aus unserer Sicht machen folgende Faktoren einen Content zu einem möglichen Asset:

- **Markt**:
  Es gibt einen ausreichend großen Markt für den Content, d. h. Interessenten, die bereit sind, für den Content Geld auszugeben. Selbst ein phantastisch guter Content über das Leben der Sandwürmer in Hintertimbuktu dürfte hierzulande nur wenige potenzielle Interessenten und somit noch weniger Kunden finden - es sei denn, eines Ihrer Produkte basiert auf diesen Sandwürmern.
- **Aktualität**:
  Ein Asset ist aktuell und wird aktuell gehalten. Gleichzeitig gibt es einen gewissen Investitionsschutz (z. B. kostenlose Nachlieferung von Aktualisierungen) für die Kunden. Für den Anbieter bedeutet das zwar mehr Redaktions- und Überarbei-

tungsaufwand, für den Kunden ist dieser Aktualitätsvorteil jedoch oft eine Voraussetzung zum Kauf.

- **Nutzwert**:
  Das Asset bietet einen Nutzwert für mögliche Kunden, der über kurzfristig frei verfügbare Informationen (z. B. Suchmaschinen im Internet) hinausgeht. Kunden möchten nicht für etwas bezahlen, was sie schon längst wissen oder ohne Probleme kurzfristig kostenlos beschaffen können.
- **Relevanz/Zweck**:
  Ein Asset muss auf eine Fragestellung oder ein Bedürfnis hin genau „passen". Als Kunde kann man ein Asset im Optimalfall wie ein Werkzeug gebrauchen („Wie macht man ...?"). Vielleicht gibt es ja doch irgendwelche Interessenten, die sich tatsächlich für die Sandwürmer interessieren?
- **Herausgeber**:
  Der Herausgeber des Contents hat eine bestimmte Reputation und einen guten Ruf in Bezug auf die Contents. Als Kunde vertraut man auf die Kompetenz des Herausgebers und ist auf Grund dieser Einschätzung bereit, interessante Assets ohne vorherige Inhaltsprüfung zu kaufen.

Daraus ergibt sich die Forderung nach „immer schneller", „immer besser" und „immer spezieller", wie sie sich in unserem täglichen Leben abzeichnet. Und damit können weitreichende Folgerungen abgeleitet werden:

1. Digitale Assets, die elektronisch geliefert werden, sind schneller und kostengünstiger beim Kunden als über physische Logistik.
2. „Assets", die auf die Schnelle zusammen geschustert werden, verkaufen sich vielleicht kurzfristig gut, gefährden aber mittel- und langfristig die Reputation des Herausgebers.
3. Digitale Assets können einfach kopiert werden. Schutzmechanismen dagegen kosten viel Geld und wirken meist nur begrenzt. Außerdem bestrafen sie ehrliche Kunden durch Mehraufwand (z. B. Eingabe von Registrierungsnummern). Folglich sollten Assets dem Kunden persönlichen Vorteil oder Nutzwert in einer Art und Weise verschaffen, die dem Kunden Motivation entzieht, das Asset weiter zu geben.

Aus heutiger Sicht wird der optimale Asset somit digital geliefert und vermittelt fundiertes und aktuelles Know-how, welches den Nutzer ein Stück weiterbringt und gleichzeitig das Interesse erstickt, den Asset weiterzugeben oder zu kopieren. Fraglos sind derartige Assets recht selten.

An zwei aktuellen Beispiel möchten wir verdeutlichen, warum das so ist und welche Faktoren jeweils dort fehlen:

Beim „Krieg“ der Musikverlage gegen das MP3-Raubkopieren haben wir eine Mischung aus Eigeninteresse des Benutzers (neue Musikstücke kostenlos), digitaler Lieferung (MP3) und einfacher Kopierbarkeit. Aber der Benutzer hat überhaupt kein Interesse daran, seine Assets nicht mit anderen zu teilen oder sie nicht an andere weiter zu geben. Im Gegenteil. Die Musik-„Tauschbörsen“ im Internet setzen ja genau dies voraus.

Beim Buchvertrieb im Internet ist es hingegen so, dass gegenüber einer Datei das „althergebrachte“ Medium Papier die weitaus größere Kopiersicherheit bietet. Denn es ist viel aufwendiger, ein Buch Seite für Seite zu kopieren als eine Datei. Außerdem ist ein Stapel Kopien nicht so schön wie das Buch - die kopierte Datei ist aber 100% genau so gut wie das Original.

Es ist sicherlich nicht einfach, unter diesen schwierigen Rahmenbedingungen ein tragfähiges Business-Modell zur Asset-Vermarktung zu entwerfen. Auf jeden Fall wird sich das bisherige Geschäftsmodell von (Video- und Musik-) Verlegern mit digitalen Assets auf Dauer nicht halten lassen, weil auch teure Schutzmechanismen relativ einfach umgangen werden können. Bislang gibt es keine Antwort darauf, welches Geschäftsmodell in Zeiten von Peer-to-Peer-Netzwerken für die Vermarktung digitaler Assets tragfähig sein kann. Der uralte Versuch, die Kunden in Abonnements zu binden, scheint genau wie beim Pay-TV jetzt ebenso bei Musik- und Video-Assets kläglich zu scheitern. Denn kein Kunde will heute mehr für etwas bezahlen, was er möglicherweise nicht oder nicht vollständig in Anspruch nimmt.

Vielleicht hilft Ihnen das Konzept der Asset-Teaser weiter: Das sind Content-Teile, die frei vertrieben werden, beliebig kopiert werden dürfen und nur den Zweck haben, Lust auf „mehr“, auf das eigentliche - kostenpflichtige - Asset zu machen. Das kostet wenig und macht die scheinbaren Nachteile digitaler Contents zu Vorteilen. Der schwierige Punkt dabei ist, den richtigen Mix aus Appetithappen und Verkaufs-Content zu finden. Das ist nicht zuletzt eine Marketingfrage, denn Content-basierte Assets verkaufen sich normalerweise genauso wenig von selbst wie Waren oder Dienstleistungen und müssen deshalb entsprechend vermarktet werden.

2.5 Zusammenfassung

Es lohnt sich, vor irgendwelchen Ad-hoc-Aktivitäten grundlegende Gedanken darüber anzustellen, wie denn in Zukunft „Content“ verstanden wird und mit Content umgegangen werden soll. Danach muss geklärt werden, welche Contents relevant sind. Dazu wird eine Bestandsaufnahme in Form einer Content-Inventur durchgeführt. Gleichzeitig macht man sich Gedanken über zukünftige Bedürfnisse und Anforderungen und ermittelt für die Differenz einen Arbeitsplan. Darauf aufbauend wird ein Content-Konzept erarbeitet, das unternehmensweit die Richtung vorgibt und verbindliche Festlegungen bezüglich des Contents trifft. Zur besseren Orientierung haben wir noch Kriterien behandelt, die Assets möglichst gut erfüllen sollten, um erfolgreich vermarktet werden zu können, und die Vorteile eines umfassenden Content Managements für Unternehmen herausgearbeitet.

2.6 Checkliste

Content	
Umgang mit Content	⇒ Keine neuen Informations-Inseln schaffen! ⇒ Informationsmanagement, CRM und Knowledge Management sind ohne Content nicht möglich oder durchführbar. ⇒ Der Umgang mit Content ist mitentscheidenden für die zukünftige Wettbewerbsfähigkeit.
Der Weg zu relevantem Content	⇒ Content Inventur auf Fragebogen-Basis, ggf. als „Regenschirminventur“. ⇒ Zukünftig absehbare Content-Needs in Workshop erarbeiten. ⇒ Abgleich „vorhandene“/„benötigte“ Contents. ⇒ Sofern Diskrepanz vorhanden sind, Arbeitsplan zum Schließen dieser Lücke aufstellen. ⇒ Dieses Verfahren mindestens jährlich als Content-Revision institutionalisieren. ⇒ Unternehmensweites Content-Konzept aufstellen (Relevante Contents, relevante Medien, Art der Erfassung, relevante Sprachen und Sonderformen, rechtliche Aspekte).

Content	
Formen des Content-Nutzens	⇒ Intern: Beschleunigung und qualitative Verbesserung von Geschäftsprozessen. ⇒ Extern: verbesserte Wettbewerbsfähigkeit. ⇒ Assets: Neue Produkte durch vermarktbare werthaltige Contents

3 Content Management

Im Folgenden werden wir erheblich konkreter und erarbeiten Schritt für Schritt die unternehmensindividuellen Antworten auf Fragestellungen hinsichtlich der Prozesse, Abläufe und Anforderungen an ein umfassendes Content Management. Dies hilft, Ihr Content-Konzept zu präzisieren. Ziel ist es, mit diesem und dem nächsten Kapitel alle wesentlichen Grundlagen zu schaffen, um aus den bislang existierenden Vorstellungen und Festlegungen über Content die Kriterien und Vorgaben für die erfolgreiche Evaluation und Systemauswahl eines Content Management-Systems spezifizieren zu können.

Im Vordergrund sollen dabei die folgenden Fragestellungen stehen:

1. Welches sind die internen und externen Ziele des Content Managements und wie sollen diese erreicht werden?
2. In welcher Form sollen die Contents im Unternehmen organisiert werden?
3. Welche spezifischen Anforderungen werden an ein Content Management-System gestellt?

Lassen Sie uns beginnen, Ihr Content Management zu gestalten, in einem iterativen Prozess Stück für Stück zu verfeinern und weiter zu entwickeln.

3.1 Der Rahmen des Content Managements

Es gibt kein Projekt ohne Vorgeschichte, kein Unternehmen ohne Politik und keinen Menschen ohne eigene Interessen. Wer für viel Geld ein umfassendes Content Management aufbauen möchte, sollte in der Lage sein, betriebswirtschaftlich sauber zu erklären, warum und wozu. Denn es gibt nur wenige Unternehmen, die kein umfassendes Content Management brauchen, aber auf der anderen Seite viele Unternehmen, wo dies längst überfälligst ist. Welche Vorgeschichte besteht also in Ihrem Unternehmen?

Im Zusammenhang mit diesem Punkt steht die Frage nach dem internen Rahmen des Content Managements im Unternehmen. Ist

Content Management eigentlich durchgängig politisch gewollt? Wissen die Geschäftsleitung oder der Vorstand um die Größe der Herausforderung, und sind sie bereit, diese Prozesse zu fördern? Oder hat die Führungsetage bereits jetzt ganz konkrete und detaillierte Vorstellungen, wie das Content Management für Ihr Unternehmen aussehen soll? Letzteres wäre in der Tat schlecht, denn

- möglicherweise sind die Vorstellungen der Führungsetage nicht so ganz passend für das Unternehmen,
- Sie bräuchten dann nicht weiterzulesen oder hätten dieses Buch nicht kaufen müssen und
- genau das wollen wir hier doch erst gemeinsam erarbeiten.

3.1.1 Abfrage der Erwartungen

Nach der internen „Veröffentlichung" des Content-Konzepts macht es durchaus Sinn, bei den Fachabteilungen und der Geschäftsleitung eine Abfrage in Form eines Fragebogens hinsichtlich der Erwartungen an das Content Management durchzuführen. Darin kommen neben Erwartungen auch Wünsche nach Ausgestaltung von Abläufen, Workflows oder bestimmten Funktionalitäten zum Ausdruck. Oder es werden übergeordnete Unternehmensziele als Motivationsfaktoren für das Content Management sichtbar. Möglicherweise gibt es in Teilbereichen des Unternehmens - etwa in der Presse- und Öffentlichkeitsarbeit, bei der Werbung oder in der IT - bereits Umsetzungsdruck in Sachen Content Management. Schließlich ist es wichtig, die Ziele zu erfahren, welche die jeweilige Abteilung mit dem Content Management erreichen will. Auch Vorstellungen, was man mit einem Content Management sinnvoller Weise noch alles gestalten kann, sollten abgefragt werden (z. B. Content Management als Dienstleistung für Dritte anzubieten oder Content unterschiedlicher Anbieter im eigenen Content Management zu bündeln und gemeinsam per Content Syndication zu vermarkten oder ...).

Beim Rücklauf dieser Fragebögen kommt es darauf an, dass jeder Hinweis und jeder Wunsch zumindest zur Kenntnis genommen und nicht sofort verworfen wird. Alle sollten sich sowohl beim Bearbeiten des Fragebogens als auch bei seiner Auswertung wie in einem echten Brainstorming verhalten. Denn wer etwas scheinbar Lächerliches produzierte, hat nur deshalb noch lange nicht das Thema verfehlt. Zuweilen stellt man verblüfft fest, dass bereits einige Köpfe im Unternehmen intensiv mit dem

Thema Content Management befasst waren und strategische Vorarbeit geleistet haben - oder dass es bereits ein Content Management-Projekt gibt, von dem niemand etwas wusste (Lächeln Sie ruhig, das Leben schreibt die interessantesten Geschichten). Diese Vorarbeit und Erfahrung kann und sollte dann in jedem Fall ins Projekt mit aufgenommen werden (Inhalte *und* Personen).

3.1.2 Analyse der Erwartungen

Aus der Auswertung der Fragebögen werden Sie bereits ablesen können, welche Erwartungen, Vorstellungen und Ziele im Hinblick auf Content Management im Unternehmen bestehen, und ob diese einigermaßen kompatibel zueinander sind oder Zielkonflikte existieren.

Gerade bei divisionaler Organisationsstruktur, konzernweiten Content Management-Projekten oder solchen über mehrere operativ selbständige Unternehmensteile hinweg treten oft gegensätzliche Zielsysteme und Erwartungshaltungen auf. In solchen Fällen müssen die Beteiligten an einen Tisch gebracht werden. Möglicherweise kann man durch „Eines nach dem Anderen“ eine Lösung finden. Falls sich jedoch schwer zu überbrückende Zielgegensätze oder unterschiedliche Strömungen im Unternehmen aufzeigen, sollte dies zuerst angegangen und nicht unter den Teppich gekehrt werden. Sonst ist das gesamte Content Management-Projekt in Durchführung und Ergebnis dauerhaft gefährdet. Ein Kompromiss oder besser noch ein Konsens ist fast immer möglich. Hilfestellungen für solche Situationen finden Sie z. B. im Kapitel 15 „Change Management“ unter „Konfliktmanagement“.

Welche spezifischen Bausteine des Content Managements sollen realisiert werden? Soll der Schwerpunkt des Content Managements auf der Erstellung, der Verwaltung oder auf der Lieferung und Verteilung von Contents liegen? Oder sind diese Felder gleichberechtigt?

Diese Aspekte sind stark abhängig von Ihrem Kerngeschäft. Content-Produktion dürfte für eine Werbeagentur einen deutlich höheren Stellenwert besitzen als für ein Industrieunternehmen, welches Investitionsgüter produziert.

Welche Zielmedien sollen in welcher Qualität mit Content versorgt werden? Es geht dabei um die Ausgabemedien und die

Ausgabequalität des Content Managements (Medien, Formate, eventuell Standards wie XML ...)?

Diese Frage klärt, ob die Annahmen und Aussagen des Content-Konzepts noch weiterer Verfeinerung bedürfen. Sie ist daher eine gute Kontrollfrage für das Content-Konzept. Ebenso bietet sie erste Möglichkeiten, wichtige Standards als Anforderungen in den Definitions-Prozess mit einzubringen.

Welche Funktionen sind unabdingbar und wie werden die dazugehörigen Abläufe des Content Managements gewünscht?

Hieraus ergeben sich Vorgaben für die Modellierung von Workflows und die Anforderungen für Funktionalitäten, die von den Mitarbeitern als wichtig eingeschätzt werden.

Welche Anforderungen stellen vorhandene und zukünftig absehbare Produkte und Dienstleistungen (Assets) an das Content Management?

Dies können „banale" Dinge wie Aktualität der Inhalte oder einheitliches Design sein, aber auch sehr sinnvolle Vorschläge aus der Belegschaft, wie man sich zukünftig Arbeit sparen kann.

Welche neuen Anregungen, Ideen und Hinweise kamen durch die Beantwortung der Fragebögen aus der Belegschaft und wie steht es um deren Relevanz und Güte?

Schenken Sie diesem Punkt bei der Auswertung der Fragebögen besonderes Augenmerk. Hier sind mitunter wahre Schätze verborgen, auf die bislang niemand gekommen ist.

3.1.3 Ideen und Anregungen zum Content Management

Jetzt sollte klar definiert werden, ob das Content Management nur für interne Zwecke genutzt werden soll, ob man neue Geschäftsfelder damit erschließen will und welche dies sind. Oder wie einfach „nur" Abläufe und Prozesse beschleunigt oder verkürzt oder verbessert werden können. Ein paar Vorschläge und Anregungen für solche Verbesserungen finden Sie in folgenden Beispielen:

- Ein Produktions-Unternehmen will auf der eigenen Website mehr als nur die eigenen Produkte präsentieren und verkaufen: Per eingekauftem Content aus der Arbeitsumwelt der Zielgruppe wird diese direkt im Sinne eines „Wie mache ich ... ?" angesprochen. Sind die Contents dann praxisnah, nachvollziehbar und erfolgreich mit den stets aktuellen Fakten und

Daten der eigenen Produkte verbunden, entsteht ein starker Kundenbindungseffekt in der Zielgruppe.

- Der alte in Familienbesitz befindliche Verlag mit Unmengen gutem nicht-digitalen Content, der - neben dem klassischen Buchgeschäft - sukzessive die Contents nach Vermarktbarkeitskriterien priorisiert, digitalisiert, modernisiert und als Content Provider für andere Verlage und Websites auftritt. Als „Nebeneffekt" können durch das Content Management Kapitalbindung und Lagerkosten im klassischen Geschäftsfeld eingespart werden, weil die bislang üblichen Kleinauflagen durch „Book on Demand" ersetzt wurden.
- Die Kreativ-Agentur, welche ein eigenes Content Management einführt und das so gewonnene interne Know-how Dritten als Dienstleistung anbieten will.
- Das Dienstleistungsunternehmen, welches mit einem Content Management mit der Zeit eine Wissensrepräsentation des eigenen Markt-, Kunden- und Projekt-Know-hows und damit einen Wettbewerbsvorteil aufbaut.
- Die Unternehmensberatung, die im Content Management ihre Projekte bündelt und anonymisiert aber strukturiert auswertet. So ist sie mittelfristig in der Lage, ein fundiertes neues Beratungsprodukt zu entwickeln. Dieses Beispiel ist im übrigen übertragbar auf die Entwicklungsabteilungen z. B. in der Konsumgüterindustrie.

Diese Liste ließe sich lange fortsetzen. Kreativität ist gefordert! Sie werden nicht nur aus den Fragebögen, sondern auch durch konzentriertes und offenes Nachdenken sicherlich Bereiche identifizieren können, die in Ihrem Unternehmen von Content Management nur profitieren können.

3.2 Das Content Management-Konzept

Das Content-Konzept steht, die Mitarbeiter sind zum Content Management befragt, die Fragebögen sind ausgewertet. Dieses Ergebnis ist schon ein wichtiger Teil des Content Management-Konzepts. Zusätzlich wird in diesem Konzept detailliert beschrieben, welche Anforderungen, Wünsche und Zusammenhänge im Content Management Ihres Unternehmens gelten sollen. Versuchen Sie bitte noch nicht, alle diese Modelle schon fertig stellen zu wollen - es geht im Moment nur um eine Übersicht für Sie. Das Content Management-Konzept beinhaltet:

- **Content-Konzept**. Dies haben wir bereits erarbeitet.

- **Organisationsmodell**: Nicht jeder soll alles sehen, ändern oder machen dürfen. Also müssen Strukturen geschaffen werden, die jedem, der Content Management betreibt, eine Rolle zuweisen: Autor, Lektor, Kreativer, Freigeber, Änderungsdienst usw.
- **Rollenmodell**: Aus der Rolle ergibt sich in der Regel recht schnell, welche Aufgaben durch den Inhaber der Rolle zu erledigen sind - und welche nicht: „Änderungsdienst“ wird niemals Neues schaffen, sondern nur Contents abändern. „Autor“ hingegen wird neue Inhalte schaffen (... hoffentlich). So kann es Rollen geben, die reine Erfassungs- oder Content-Produktions-Aufgaben besitzen; oder andere, die nur vorhandenen Content redigieren, korrigieren oder verifizieren.
- **Aufgabenmodell**: Hier geht es um die Aufgaben, die im Content Management vorkommen sollen. Für die Erstellung, die Verwaltung und die Weitergabe von Content ergeben sich jeweils unterschiedliche Aufgaben. Eine vollständige Beschreibung oder zumindest möglichst präzise Auflistung dieser Aufgaben bildet das Aufgabenmodell.
- **Prozessmodell**: Basierend auf dem Aufgabenmodell soll es Auskunft darüber geben, in welchem Ablauf die Aufgaben abgearbeitet werden sollen, wie die Workflows modelliert werden und wie die Informationsflüsse des Content Managements aussehen sollen. Dies beinhaltet ebenso Prozesse mit Externen, z. B. Kunden des Content Managements.
- **Informationsmodell**: Es gibt Auskunft über die thematische Strukturierung der Contents und über die Content-Ressourcen.
- **Kommunikationsmodell**: Dieses beschreibt die Informationslogistik und Kommunikation aus dem Informationsmodell sowie die Rechte in Hinblick auf die Rollen des Organisationsmodells.
- **Technikmodell**: Es beschreibt und umfasst technische Spezifikationen, Nebenbedingungen und Voraussetzungen. Insbesondere dann, wenn das Content Management durch ein Content Management-System gestützt oder getragen werden soll. Es beinhaltet daneben Angaben zu Standards - etwa für Dokumente - sowie technische Schnittstellen.
- **Benutzermodell**: Es beschreibt alle Maßnahmen, Formalismen und Hilfestellungen, die für Benutzer des Content Managements zur optimalen Einarbeitung und zur reibungslosen

Arbeit sinnvoll und notwendig sind. Dazu gehören z. B. Weiterbildungsmaßnahmen sowie Begriffsbestimmungen und Definitionen, Rezepte und Ablaufbeschreibungen, die einem Benutzer die Nutzung des Content Managements erst ermöglichen und/oder erleichtern.

Diese Modelle sollten Sie für Ihr Unternehmen anlegen - als Mappen oder Dokumente, in Papierform oder elektronisch - ganz nach Belieben.

Dabei reicht es zunächst völlig aus, relevante Inhalte aus dem Content-Konzept sowie die bislang durch die Mitarbeiter eingebrachten Punkte und Erwartungen aus den Fragebögen den jeweils betroffenen Modellen als Stichworte zuzuschreiben. Viele Punkte betreffen jedoch mehr als ein Modell, so dass sie sich dann in mehreren Modellen wieder finden sollten.

Um diesen ersten Schritt vollständig zu machen, sollten Sie die Antworten auf die folgende Frage gleich ebenfalls mit in Ihr Content Management-Modell aufnehmen, um anschließend im Projekt weiter gehen zu können:

Wer trägt die inhaltliche, wer die technische und wer die organisatorische Verantwortung für das Content Management?

Im Laufe der Arbeit mit diesem Buch werden Sie häufiger Fragen finden, deren Antwort wir Ihnen nicht geben können, weil wir die spezifischen und individuellen Gegebenheiten und Zielsetzungen Ihres Unternehmens bezüglich des Content Managements leider nicht kennen. Fast alle Antworten auf diese Fragen gehören in mindestens ein Modell des Content Management-Konzepts. Folglich müssen die Modelle mit den Antworten „gefüttert" werden. Diesen Job können wir Ihnen leider nicht abnehmen. Aber keine Angst, das ist viel einfacher und problemloser, als Sie vielleicht denken. Und es lohnt sich, denn wenn Sie dieses Konzept erstellt haben, besitzen Sie eine vollständige Beschreibung Ihres gesamten Content Managements. Keiner - auch kein externer Dienstleister oder Hersteller - kann sich dann damit heraus reden, „das wäre so nie Teil der Anforderung gewesen". Hinzu kommt, dass man aus diesen Modellen ganz einfach wunderbare und vollständige Ablaufbeschreibungen, Schulungsunterlagen, Dokumentationen und Einarbeitungsprogramme aufstellen kann.

3.2.1 Immer besser manuell? Warnung vor dem Hunde (I)

Während manche Zeitgenossen IT-Tools verabscheuen und Papier und Bleistift nach wie vor zum Maß aller Dinge erklären, gibt es andere, die sich darüber ärgern, dass immer noch nicht alles IT-gestützt läuft. Irgendwo dazwischen befindet sich die überwältigende Mehrheit. Grundsätzlich kann man Content Management selbst mit digitalen Contents per pedes mit Papier und Bleistift machen - genau so, wie es umgekehrt ebenfalls möglich zu sein scheint, all dies nur und ausschließlich mittels eines IT-gestützten Content Management-Systems zu realisieren.

In der Regel gibt es vor dem ersten Gedanken an Content Management irgendwelche Mischformen aus nicht-digitalem Content, Print-Content, Dateiablagen, Groupware, Aktenordnern usw. Entscheidend ist, dass durch das Content Management etwas gewonnen wird - warum sollte man es sonst betreiben? Also kann der Sinn eines Content Managements nur darin liegen, zu vereinfachen, zu standardisieren, Zeit zu sparen und bessere Ergebnisse zu erzielen.

Das spricht auf Dauer gegen eine manuelle Lösung des Content Managements mit Papier und Bleistift. Wer aber glaubt, dass allein dies ein Freibrief für die Einführung eines Content Management-Systems ist, verfehlt das Ziel. Denn mit diesen Systemen wird nur dann etwas erreicht, wenn sie

- so flexibel sind, dass sie auf das Unternehmen und seine spezifischen Anforderungen „passen" oder passend gemacht werden können
- tatsächlich Vereinfachungen in den Abläufen und Verbesserungen in den Informationsflüssen bewirken
- nicht noch eine Insellösung oder noch ein zusätzliches Organisationssystem bedeuten
- das können, was die Marketingabteilungen der Hersteller versprechen
- kostenmäßig im Rahmen bleiben
- sowohl durchschaubar als auch intuitiv verstehbar sind
- von den Benutzern akzeptiert werden.

Sie sollten sich darüber im Klaren sein, dass höchstwahrscheinlich auch nach Einführung eines Content Management-Systems eine Mischform aus „Papier und IT" existieren wird, aber ein Content Management-System hat den großen Vorzug, eine gehörige integrative Kraft zu entwickeln. Dadurch sollte es im Idealfall möglich sein, die im Content-Konzept als relevant betrachteten Contents Schritt für Schritt in das Content Management (-System) zu integrieren. Dazu wird es nicht nur Menschen bedürfen, die Contents aus Informationen generieren, sondern auch technischer Schnittstellen zu anderen IT-Systemen im Unternehmen, deren Informationen im Content Management aggregiert werden sollen.

Um hierfür das richtige System auswählen zu können, müssen Sie das Gesamtbild im Auge behalten. Die nächste Insel-Lösung, die bei der übernächsten Integrationsaufgabe versagt, hilft niemandem weiter. In diesem Fall wäre das Geld wahrscheinlich besser in Papier und Bleistifte investiert worden. Und noch eine Warnung: Wie bei jedem IT-System besteht die Gefahr, dass das Unternehmen es nicht nur nutzt, sondern von diesem System abhängig wird. Daher ist es besonders beim Verlagern vitaler Geschäftsprozesse auf IT-Lösungen immer wichtig, starke Systemlieferanten zu besitzen, die aller Wahrscheinlichkeit nach auch noch in einigen Jahren am Markt präsent sein werden und Service, Support und Weiterentwicklung sicherstellen können.

3.2.2 Knowledge Management!? Warnung vor dem Hunde (II)

Ein Hauptproblem und gleichzeitig eine große Herausforderung in unseren Unternehmen ist das Wissensmanagement oder „Knowledge Management". Solche allgegenwärtigen Äußerungen wie: „Wir müssen aus Informationen Wissen generieren" oder „Das Wissen in den Köpfen der Mitarbeiter für das Unternehmen nutzbar machen" verdeutlichen diese Herausforderung.

„Wissen" entsteht im Kopf. Sobald „Wissen" durch den wissenden Menschen geäußert oder niedergeschrieben wird, gibt es eine sprachliche oder textliche Repräsentation eines Wissenszusammenhanges. Und jetzt wird es „gefährlich": Wenn die Repräsentation eines Wissenszusammenhanges als Content verstanden wird (was durchaus Sinn macht), dann besteht die Gefahr, dass man denkt: „Na prima, dann erledigen wir mit dem Content Management das Knowledge Management in einem Aufwasch gleich mit. Am besten mit einem Content Management-System." Und spätestens hier wird es nicht nur „gefährlich", sondern falsch.

Denn um „Wissen managen" zu können, bedarf es einiger nicht ganz unwichtiger Voraussetzungen, die prinzipiell mit IT-

Systemen nichts zu tun haben und durch diese heute gar nicht oder nur schlecht übernommen oder abgebildet werden können:

- **Input:**
  Grundvoraussetzung ist, dass die Mitarbeiter - also *Menschen* - bereit sein müssen, eigenes Wissen in Content zu repräsentieren (niederzuschreiben oder zu äußern). Das setzt etwas mehr voraus als das Vorhandensein eines Content Management-Systems, nämlich mindestens eine entsprechende Kooperationskultur im Unternehmen (vgl. Kapitel 15 „Change Management").
- **Strukturierung:**
  Diese „Wissens-Contents" müssen von „Wissenden" so strukturiert werden, dass man sie wieder finden kann. Dies ist zwar in einem Content Management-System darstellbar, aber die Strukturierung an sich wird immer von den wissenden *Menschen* vorgenommen.
- **Output:**
  Die *Menschen*, die „Wissens-Contents" nutzen wollen, müssen nicht nur „richtig" suchen können (was - wie wir noch im Abschnitt 4.2 sehen werden - alles andere als einfach ist). Viel schlimmer: Sie müssen verstehen können, was sie finden! Scheinbaren Trivialitäten wie Fachjargon, Ironie oder Augenzwinkern ermöglichen, erleichtern und verkürzen das Lernen und Verstehen, sind aber nicht oder nur sehr schlecht in Computersystemen abzulegen oder gar zu formalisieren.

Wo oder an welcher Stelle immer es um Knowledge-Management geht, braucht man also Menschen. Denn Informationen werden zu verwertbarem Wissen, wenn diese im Gehirn „Anknüpfungspunkte" finden, sich also mit einem vorhandenen Kontext in Beziehung setzen lassen. Sonst sind die gespeicherten Informationen wertlos. Und genau deshalb versagen hier technokratische Ansichten oder blindes Vertrauen auf irgendwelche Systeme.

Sie sehen, dass ein Content Management-System nur ein kleines Hilfsmittel, Werkzeug oder Rädchen *im Rahmen* eines umfassenden Knowledge Managements sein *kann*, aber eben nicht mehr. Denn genau so wenig wie eine gute Präsentationssoftware Ihre Präsentation überzeugend und erfolgreich erstellen oder präsentieren kann, ist es möglich, dass ein Content Management-System allein dazu führt, dass Ihr Knowledge Management funktioniert.

Es hat schon Gründe, warum Einrichtungen wie Mentoren, Lernzirkel, Meetings usw. nach wie vor in unseren Unternehmen gebraucht werden. Kein System kann Wissen momentan schneller transportieren und vermitteln als der direkte persönliche Kontakt zwischen Menschen. *Man muss ja wirklich nicht alles wissen, aber man muss wissen, an wen man sich wenden kann.*

3.3 Zusammenfassung

Zunächst muss der unternehmensinterne Rahmen für das Content Management geklärt werden. Danach sollten die Erwartungen im Unternehmen abgefragt und strukturiert zusammengefasst werden. Dies ist der Beginn des Content Management-Konzepts, zu dem das Content-Konzept genauso gehört wie die weiteren Modelle, welche Struktur, Aufgaben, Prozesse, Organisation, Aufbau usw. des Content Managements beschreiben und im Laufe des Projektes sukzessive mit Leben gefüllt und fortgeschrieben werden.

Danach haben wir abgewogen, ob „Content Management" sofort bedeuten muss, ein IT-System einzuführen und warum Knowledge Management durch Content Management zwar gestützt, aber nicht ersetzt werden kann - schon gar nicht durch ein IT-System.

Dieses Kapitel gab nur einen ersten Einblick in das Content Management. Aufgrund der engen Verzahnung von Content Management mit IT -Systemen in der Praxis finden Sie viele weitere Punkte im Kapitel 4 „Content Management-Systeme".

3.4 Checkliste

Content Management	
Rahmen des Content Managements	⇒ Welche Vorgeschichte hat das Content Management? ⇒ Erwartungen an das Content Management im Unternehmen auf breiter Basis per Fragebogen erfassen. ⇒ Eingehende Analyse der Erwartungen aus den Fragebögen durchführen ⇒ Es ergeben sich Ziele, vorhandene Verfahren, Hinweise auf Umsetzungsdruck, Wünsche und Anforderungen in Hinsicht auf Zielmedien, Funktionen.

Content Management	
Ziele des Content Managements	⇒ Kohärentes Zielsystem für das Content Management aus den Erwartungen und dem Content-Konzept bilden. ⇒ Festlegung zur Ausrichtung des Content Managements, z. B. intern und/oder extern als Dienstleistung.
Das Content Management-Konzept	⇒ Anlegen des Content Management-Konzepts ⇒ Content Management-Konzept = Content-Konzept + Organisationsmodell + Aufgabenmodell + Rollenmodell + Prozessmodell + Informationsmodell + Kommunikationsmodell + Technikmodell + Benutzermodell. ⇒ Präzisierung und Definition der Inhalte aller Teilmodelle.
Ergänzung	⇒ Entscheidung: Content Management manuell, IT-seitig gestützt oder Mischform? ⇒ Wenn Mischform, dann klären, welche Contents welcher Bereiche zukünftig manuell gemanagt werden. ⇒ Welche Rolle soll das Content Management für das Knowledge Management spielen?

4 Content Management-Systeme

Die zwei Grundideen hinter einem Content Management-System sind - vereinfachend gesagt - die Folgenden:

1. Alles wird nur genau einmal abgespeichert. Wenn sich irgend etwas an einer Teilinformation ändert (z. B. ein Messwert, eine Farbe ...), ändert sich dies sofort in allen Produktionen (Dokument, Broschüre, Web-Seite, CD ...), die diese Teilinformation benutzen. Vorbei sind die Zeiten, an denen wegen der Änderung eines Datums erst alle Vorkommen dieses Datums in unterschiedlichen Systemen gesucht, gefunden und danach geändert werden mussten.
2. Alle für Ihr Unternehmen relevanten Contents müssen nach individuellen Vorgaben strukturierbar und wiederfindbar sein - ähnlich wie bei einer Suchmaschine im Internet. So können sinnverwandte Contents gefunden und in einen (neuen) Zusammenhang gestellt werden.

Somit gibt es eine fast unüberschaubare Anzahl von möglichen Zielsetzungen für Ihr Unternehmen im Umgang mit Ihren Contents und genau so viele Möglichkeiten und Optionen für den Einsatz von Content Management-Systemen.

Ein Content Management-System ist nie Selbstzweck, sondern entfaltet seine Stärken einerseits gerade in Bereichen, in denen Informationsblöcke strukturiert werden (etwa Überschrift, Name, Kurzbezeichnung, Beschreibung, mechanische Eigenschaften, elektrische Eigenschaften ...), und mit nur einmal vorhandenen Daten (-sätzen) gefüllt werden können. Und andererseits dort, wo Contents inhaltlich strukturiert werden sollen. Ob es dabei um dynamische Inhalte auf einer Website geht oder die Katalogproduktion für Reiseveranstalter, Computerchiphersteller, um Datenblätter für die Chemische Industrie oder Unternehmensinformationen, Unfallverhütungsvorschriften, Gesetzestexte, Ablaufbeschreibungen, Lieferscheine, Rechnungen, Bestellungen, Telefonlisten, Protokolle, Organisationsanweisungen, Werbebroschüren, Pressemitteilungen, CD-ROMs oder DVDs - all das spielt prinzipiell keine Rolle.

Entscheidend ist, dass in Ihrem Unternehmen nach einem Zielfindungsprozess ganz klar verbalisiert wird, *wofür* das Content Management genutzt werden soll.

4.1 Basisfestlegungen für Content Management-Systeme

Wenn ein IT-gestütztes Content Management in Form eines Content Management-Systems angeschafft werden soll, gibt es neben den Einzelkriterien und -fragen auch formale Gesichtspunkte.

Welche relevanten Kriterien gelten für einen Anbieter oder Hersteller eines Content Management-Systems?

Unserer Erfahrung nach können dies z. B. sein: Das Standing oder der Ruf, die Anzahl der Installationen, die Bereitschaft zur Kontaktvermittlung zu Referenzkunden des Produktes, der indizierte Börsenkursverlauf, das Supportangebot usw.

Soll das Content Management-System im Unternehmen zentral (feste Zuständigkeiten für Pflege- und Redaktionsprozesse mit eigener Organisationsstruktur/eigenem Personal) oder dezentral (Mitarbeiter der Fachbereiche können Content sowohl einstellen als auch pflegen) aufgebaut werden?

Hier zeigt die Erfahrung, dass bis auf relativ wenige Ausnahmen (speziell bei Unternehmen mit extrem hohem Forschungs- und Entwicklungsaufwand) eine Zentralisierung des Content Managements weniger sinnvoll ist als eine dezentrale Organisation, in der jeder Mitarbeiter im Rahmen seiner Berechtigungen das Content Management-System benutzen kann.

Soll das Content Management-System in einem „Big Bang" auf einen Schlag eingeführt werden? Oder sollen schrittweise nach und nach einzelne Content-Bereiche oder Content-Medien auf das Content Management-System umgestellt werden (Realisierungsreihenfolge)?

Es spricht zwar vieles für den „Big Bang". Aber wenn die Umstellung aus irgendeinem (nichtigen) Grund nicht funktioniert, kann im Extremfall das Unternehmen still stehen oder gelähmt sein. Daher empfehlen wir - vor allem dann, wenn vorhandene Datenbestände aus Altsystemen mit integriert werden sollen und „Content" zum Kerngeschäft des Unternehmens gehört - eher das evolutionäre und schrittweise Vorgehen bei der Einführung eines Content Management-Systems. Wichtig ist dann die „Serialisierung", also in welcher Reihenfolge die einzelnen Nachfragebereiche an das Content Management-System angeschlossen werden.

Hierbei kann man nach Organisationseinheiten, nach Inhalten oder nach Medien vorgehen. Alle drei Vorgehensweisen haben Vor- und Nachteile. Eine Bauchentscheidung reicht hier jedoch völlig aus. Gegebenenfalls kann man ja während der Einführung noch die Reihenfolge anpassen. Diese Flexibilität gibt es aber nur, weil einerseits frühzeitig die Anforderungen der erst später angeschlossenen Nutznießer in die Gesamtanforderungen integriert werden (damit das System alle Anforderungen erfüllen kann) und andererseits alle Beteiligten bereits vorher wissen, in welcher Reihenfolge vorgegangen werden soll.

Wie soll die Content-Strukturierung institutionalisiert werden (Kategorisierung/Strukturierung von Nutzinhalten)?

Wie wird die Layout-Definition institutionalisiert (Autor, Auftraggeber, Vorgaben aus Corporate Design/Corporate Identity usw.)?

Beide Fragen gehören logisch zusammen, können aber unterschiedlich beantwortet werden. Generell empfehlen wir, den Kreis der berechtigten Mitarbeiter für beide Felder restriktiv zu halten. Es gibt zwar Unternehmen, die jedem Benutzer erlauben, die inhaltliche Strukturierung selbständig zu erweitern. Wir raten davon jedoch dringend ab. Für beide Fragen können wir Ihnen ohne Kenntnis Ihrer spezifischen Gegebenheiten leider keine konkrete Empfehlung geben.

4.1.1 Digitalisierung nicht-digitaler Contents

Im Content-Konzept wurde bereits festgelegt, welche vorhandenen nicht-digitalen Contents digitalisiert werden sollen. Dies sollte jetzt in Angriff genommen werden. Abhängig von Ressourcen und Menge der zu digitalisierenden Contents kann man externe Dienstleister beauftragen oder diese Aufgabe selbst im Unternehmen bewerkstelligen:

- Texte können durch Abtippen oder - bei ausreichend guter Vorlage - per Scanner mit OCR (Optical Character Recognition-Software/Texterkennungssoftware) erfasst werden.
- Bilder können eingescannt werden. Dabei sollte mindestens eine Auflösung von 600dpi (dots per inch/Punkte pro Inch) oder besser 1200dpi bis 2400dpi und ein gängiges Bildformat (z. B. unkomprimiertes TIF-Format) gewählt werden, um eine qualitativ hochwertige digitale Vorlage zur erreichen. „Kleiner" und weniger hoch auflösend kann man dann die Grafiken immer noch konvertieren. Besser als die höchstauflösende Digitalisierung wird die Qualität jedoch nie mehr werden.

- Analoges gilt für Audio- und Video-Material von Bändern, (Video-) Cassetten und ähnlichem: Höchstmögliche Qualität trotz Daten-Komprimierung und bei Videos keine Verkleinerung des Bildausschnittes bedeuten spätere Wahlfreiheit in der Nutzung.

Auch wenn Sie einen externen Dienstleister mit der Digitalisierung beauftragen, fordern Sie analog zu den Punkten oben Ergebnisse auf höchstem Niveau!

4.1.2 Digitalisierung nicht-digitaler Content-Produktion

Gemäß Ihres Content-Konzepts sollten Contents, die bislang im normalen Arbeitsablauf nicht-digital entstanden sind, zukünftig digital erfasst werden. Sinnvollerweise sollte hierbei Doppelarbeit vermieden werden. Diese entsteht, wenn man am bisherigen Ablauf fest hält: die Contents nicht-digital erzeugt, und erst in einem zweiten Schritt diese digitalisiert. Es ist sinnvoller, diese Contents zukünftig gleich digital zu erstellen und zwar möglichst „nah" am oder direkt im Content Management-System, um zusätzlichen Aufwand durch Import, Verstichwortung usw. zu vermeiden.

4.1.3 Umsysteme des Content Management-Systems

Aus allen bisherigen Festlegungen und Entscheidungen muss nunmehr eine Liste existierender Systeme aufgestellt werden. Dabei geht es um Systeme, die Daten mit dem Content Management-System austauschen sollen, also Daten liefern und/oder Daten vom Content Management-System beziehen sollen. Dabei konzentrieren wir uns auf reine IT-Systeme wie Datenbanksysteme oder Applikationen. Oder kurz: Sie definieren die Liste der relevanten Umsysteme des Content Management-Systems. Und zwar genau für die spezifischen Anforderungen Ihres Unternehmens. Zwei kleine Beispiele zu Umsystemen können Ihnen dabei helfen:

- Eine Produkt-Datenbank, in der neben detaillierten Spezifikationen Ihrer Produkte auch Preisinformationen liegen. Jeder Produkt-spezifische Content könnte sinnvoll von diesen Daten profitieren - unabhängig von Medium und Medienformat (Anzeige, Web, DVD). Für solche Umsysteme sollte eine Online-Schnittstelle geschaffen werden, die das Content Management-System mit jeder Änderung aus der vereinheitlichen Produktdatenbank direkt und ohne Zeitverzug versorgt. Es ist ebenso denkbar, die gesamte Produktdatenbank aufzulösen und ihre Contents nur im Content Management-System zu verwalten und zu pflegen.

- Ein Werbeplanungssystem, das Schnittstellen zur Warenwirtschaft besitzt und die zugehörigen Produktmedien (Bilder, Slogans, Kurztexte) aus dem Content Management-System bezieht. Hier liefert das Content Management-System die Daten.

Grundsätzlich gilt bei der Betrachtung der Umsysteme, dass es keinen großen Sinn macht, Daten doppelt zu halten und in zwei Systemen zu pflegen. In der Regel ist es genauso wenig sinnvoll, ein Umsystem in das Content Management-System integrieren zu wollen, dessen Hauptfunktionalität oder Schwerpunkt in einem Bereich angesiedelt ist, den ein Content Management-System niemals übernehmen kann (z. B. Buchhaltung). Aber Umsysteme können durch das Content Management-System durchaus auf Daten zugreifen, welche ihnen bislang verschlossen waren. Es geht bei der Definition und Betrachtung der Umsysteme also immer um eine Abwägung:

- Welche Umsysteme bleiben bestehen und welche werden in das Content Management-System integriert?
- Welche Datenbanken oder Altsysteme sollen
  - in das Content Management ein-/angebunden werden?
  - für das Content Management Daten liefern?
  - durch das Content Management-System ersetzt werden?
- Ist das Content Management-System auf (ständig) aktualisierte Daten aus anderen IT-Applikationen des Unternehmens angewiesen? Wer liefert dann wem wie häufig welche Daten?
- Welches Zusammenspiel und/oder welche Integration mit anderen Applikationen (wie z. B. Autorentools, Satzsysteme, Application Server) wird erwartet - sowohl für Kunden als auch intern?
- Welche Datenimport-Schnittstellen sollen im Content Management vorhanden sein?

Am Ende sollte eine tragfähige Antwort auf folgende Frage stehen: Welche relevanten Umsysteme hat das Content Management und welches sind die relevanten Schnittstellen?[1]

---

1 Viele nützliche Hinweise und Tipps zum Thema Schnittstellen, Schnittstellendesign und Integration finden Sie auch in unserem Buch „Business-Evolution - Das E-Business-Handbuch" im Abschnitt 2.12 „Integration von Altsystemen".

4.2 Suchet, so werdet ihr finden!?

Wer ein Content Management-System hat, möchte die Contents darin inhaltlich gruppieren oder strukturieren und darüber hinaus wieder finden. Voraussetzung zum Finden von Irgendetwas ist dessen Vorhandensein und ein effektiver Suchalgorithmus. Nachdem wir uns jetzt in einem ersten Schritt zunächst um das Vorhandensein Gedanken machen werden, wenden wir uns später in diesem Punkt dem Wiederfinden zu.

Selbst wenn man Contents nach Inhalt, Form, Format, Medium und Medienformat „zerlegt“, stellt sich bei jeder Form von Content Management die Frage, wie die Contents strukturiert werden sollen, oder kurz: die Frage nach der Content-Art oder Content-Klasse. Dabei geht es darum, eine unternehmensweite Verabredung zu treffen, anhand welcher Kriterien Content mittels unterschiedlicher Klassifizierungs- und Strukturierungsmerkmale einzuordnen ist. Fangen wir einfach ganz naiv an:

Beispiel 1 - Content-Art nach Medium oder Medienformat: Es gäbe also etwa textlichen, bildlichen, Audio-CD und DVD-Video-Content. Eine solche Strukturierung scheitert meist, denn Mischformen führen zu doppelter Datenhaltung. Ein normaler Zeitschriftenartikel ist eine Mischung aus Text und Bildern. Eine weitere Mischform wäre etwa eine Hybrid-CD mit Daten- und Ton-Spuren. Beides würde eine neue Content-Art bedeuten, enthält jedoch nur eine Mixtur vorhandener Content-Arten und macht durchgängige Pflege auf Dauer sehr schwer. Daraus ergibt sich die Forderung, dass die Strukturierung Kompositions-konform sein sollte - d. h. durch die „Komposition“ zweier oder mehrerer Medien(-formate) in einem Content bildet sich keine neue Content-Art.

Beispiel 2 - Content-Art nach Stichworten: Jeder Content wird mit Stichworten versehen, unter denen er gesucht und gefunden werden kann. Dies macht insbesondere für sogenannte A/V-Medien, also für Bilder sowie für Audio- und Video-Contents Sinn. Denn damit wird auf der Textebene eine Vereinheitlichung für Contents aller Art geschaffen, um sie sortieren und wieder finden zu können. Es werden damit aber inflationär viele Content-Arten geschaffen, denn jedes Stichwort schafft eine eigene Content-Art. Die Nachteile liegen in Tippfehlern, fehlerhafter Verstichwortung und darin, dass alle Content-Arten (=Stichworte) die gleiche Wichtigkeit besitzen - oder anders gesagt: auf einer Stufe stehen. Wird so strukturiert, sind „Graf“ und

„Tennis“ genau so weit auseinander wie „Kühe“ und „Ostereier“. Es fehlt also die Möglichkeit, sinnverwandte Stichworte geeignet miteinander zu verbinden. Daher sollte Hierarchie-Konformität gefordert werden, also die Bildung von Über- und Unterbegriffen. Durch Bildung einer Hierarchie kann automatisch Spezialisierung abgebildet werden. Ein Beispiel für eine solche Hierarchie von Begriffen kennen Sie schon: Die Dateiordner und Verzeichnisse in Ihrem Computer.

4.2.1 Das Zusammenspiel - oder: „Alles ist Text“

Da es momentan noch keine geeigneten, zuverlässigen oder bezahlbaren Methoden gibt, alle Medien (speziell Bilder, Audio und Video) automatisiert textlich beschreiben zu lassen, sind wir alle darauf angewiesen, dass dies durch Menschen geschehen muss. Ziel kann es momentan also nur sein,

- die Bestandteile jedes Contents nur genau einmal vorzuhalten (Text, Layout ...), damit man sie zentral anpassen und überarbeiten kann (Lösung des Update-Problems)
- den Inhalt jedes Contents mit Text zu beschreiben (Text-Content durch sich selbst, andere Contents durch textliche Beschreibung)
- ein hierarchisch gegliedertes Beschreibungssystem, also eine Baumstruktur wie die Dateiordner auf Ihrem PC, für die Einordnung, Kategorisierung, Ablage und Suche nach Contents vorzuhalten
- die Contents mit den geeigneten Stellen im Baum zu verbinden, damit man weiß, zu welchen Stichworten ein Content gehört.

Wir haben damit unseren Kategorisierungs-Baum, unsere Contents und die Verbindungen zwischen den Contents und Stellen im Baum. Diese Verbindungen geben darüber Aufschluss, wozu ein Content gehört.

Genau dieses Problem „Wie strukturiere ich meine Content-Welt?“ hatten und haben alle großen Suchmaschinen im Internet. Dort finden Sie hierarchische Strukturierungen ausgehend von sehr allgemeinen Überbegriffen wie „Business“, „Finance“ usw. Und dort steht ein und derselbe Inhalt in unterschiedlichen Verästelungen in diesen Bäumen. Es ist also genau das gleiche Prinzip. Eine hierarchische Baumstruktur wird definiert und die Contents dieser Struktur zugeordnet.

4.2.2 Die Typologisierung des Baums

Was uns jetzt noch fehlt, ist das „Wie wird diese Baumstruktur definiert?". Der Aufbau dieses hierarchischen Kategorisierungsbaums, das „zueinander in Beziehung setzen" von all den Stichwörtern, welche die Contents beschreiben. Nehmen wir an, wir wollten einen Wald hierarchisch darstellen:

```
Wald - Baum - Ast - Zweig - Blatt.
```

Natürlich kann man das so aufbauen. Aber wo bleiben bei dieser Beschreibung dann Waldlichtungen, Pilze und die Tiere im Wald? Wieso fängt die Hierarchie bei der Suchmaschine A im Internet ausgerechnet bei „Business" an, bei der Suchmaschine B mit „Business & Economy" und bei Suchmaschine C mit „Business & Finance"? Ist diese Strukturierung nicht sehr willkürlich?

Die Antwort ist einfach: Es gibt keine algorithmisch korrekte Beschreibung eines relevanten Ausschnitts der Realität oder der Welt. Diese Strukturierungen sind tatsächlich willkürlich. Aber sie sind vor allem praktikabel und zweckdienlich.

Es kann nicht Aufgabe Ihres Unternehmens sein, im Rahmen Ihres Content Managements eine wissenschaftlich basierte und mathematisch korrekte Strukturierungsmethodik zur Beschreibung dieser Welt und des Universums zu entwickeln. Es geht um Praktikabilität und gesunden Menschenverstand. Und wenn sich herausstellt, dass die Baumstruktur nicht mehr passt, wird sie eben erweitert oder geändert. So „einfach" ist das. Wir halten fest:

1. Die Verstichwortung von nicht-textlichen Contents bleibt Handarbeit.
2. Die Strukturierung und Hierarchiebildung in einem Baum bleibt dem gesunden Menschenverstand überlassen - und damit Handarbeit.

Machen Sie sich eingehend Gedanken darüber, welche Tätigkeiten und Arbeiten mit dem Content Management-System bedingen, dass bestimmte Mitarbeiter an der Baumstruktur Änderungen durchführen dürfen sollen. Zu solchen Operationen gehört beispielsweise das Hinzufügen von Begriffen, das Umhängen eines Teilbaums oder Asts oder das Löschen von Blättern.

4.2.3 Good from far but far from good

Nunmehr sollten wir ein gutes Verständnis dafür haben, wie man Contents flexibel durch textliche Beschreibungen strukturieren kann. Und wie sieht es mit Fremdsprachen oder dazu alternativen Bedeutungen aus?

Beispielsweise:

```
wood - tree - branch - sprig - leaf
```

oder

```
forest - tree - knurl - twig - leaf.
```

Nehmen wir an, neben Deutsch wäre Englisch ebenfalls eine Zielsprache Ihres Content Managements. Jeder Text-Content müsste dann - neben anderen Attributen (Erstellungsdatum, Veröffentlichungsdatum, Gültigkeit, bearbeitet von, erstellt von usw.) mit einem Attribut „Sprache" ausgestattet werden, das dann entweder „Deutsch" oder „Englisch" wäre.

Nehmen wir weiterhin an, Sie hätten drei kleine Textmeldungen als Contents und Ihr Content Management-System würde textliche Inhalte von Contents in einer komfortablen Volltext-Datenbank abspeichern.

Meldung A: „Government sources in Canada reported Tuesday that mass layoffs in the lumberjack industry now follow sharply falling wholesale prices for wood over the last months."

Meldung B: "Die Holzfällerindustrie in Kanada muss nach Angaben aus Regierungskreisen als Konsequenz der ins Bodenlose gefallenen Holzpreise jetzt viele Arbeitskräfte freisetzen."

Meldung C: „Kanada in Not. Holzpreis im Keller. Zehntausende gefeuert."

Von gewissen stilistischen Feinheiten abgesehen ist das alles (fast) das Gleiche. Oder etwa nicht?

„Suche mir alle Meldungen mit 'Kanada' und 'Holz'" findet Meldung B und C. Aber „Suche mir alle Meldungen mit 'Kanada' und 'Arbeitslosigkeit'" findet keine einzige der Meldungen, weil „freisetzen" und „gefeuert" für Computer eben nicht „Arbeitslosigkeit" bedeutet. Und Meldung A wird nie gefunden, weil „Canada" eben nicht das selbe wie „Kanada" ist.

Andererseits: Was nutzen Ihnen wirklich gute Contents, wenn Sie nicht in der Lage sind, diese wieder zu finden? Was Sie und Ihr Content Management-System in dieser Situation benötigen, ist:

1. Ein sogenannter **Stemmer** pro verwendeter Sprache, der jede deklinierte oder konjugierte Wortform auf ihren Ursprung zurückführt („gefeuert" wird zu „feuern", „Regierungskreisen" wird zu „Regierungskreis" usw.). Für Englisch gibt es Stemmer-Algorithmen, für Deutsch und viele andere Sprachen nicht. Ohne allzu tief in Grammatik und Semantik einzusteigen: Im Deutschen haben Sie massive Probleme bei der Vereinheitlichung von Stichworten oder textlichen Beschreibungen (z. B. Bildern, Videos, Audio) durch IT-Systeme - gerade weil es keinen Stemmer für Deutsch gibt. Und damit bleiben „kennenlernen" und „kennengelernt" und „kennen lernen" drei unterschiedliche Begriffe ohne Zusammenhang.[1]
2. Ein **Synonymverzeichnis** oder „Wortsinnverwandtheitsverzeichnis" innerhalb einer Sprache für jede relevante Sprache: Das löst das Problem mit „feuern", „freisetzen" und „arbeitslos machen". Wann immer nach einem dieser Begriffe gesucht würde, könnte die Suche auf die anderen verwandten Begriffe ausgedehnt werden.
3. Ein **Übersetzungsverzeichnis** für zwei oder mehrere Sprachen für Begriffe wie „Kanada" und „Canada" oder „layoff" und „feuern" liefert dann die Möglichkeit, mit Sprache X zu suchen und in den Sprachen Y bis Z Ergebnisse zu finden.

Man muss sich darüber im Klaren sein, dass das Fehlen eines Stemmers für die Sprache Deutsch für jedes Content Management mit deutschen Text-Inhalten folgende Implikationen haben muss:

1. Die Verstichwortung von Content darf nur in Grundformen der Worte erfolgen.
2. Textlicher Content muss eventuell separat mit Wort-Grundformen verstichwortet werden, um wiedergefunden zu

[1] Die Verfügbarkeit eines funktionierenden Stemmer-Algorithmus für die Englische Sprache ist ein nicht zu unterschätzendes „Pfund" auf dem Weg zur Weltsprache, denn nur mit einem solchen Algorithmus können erfolgversprechend Forschungen betrieben werden, Sprache oder Text nicht nur per EDV zu erkennen, sondern auch im Wortsinne den Wortsinn.

werden. Es ist ein ausgesprochen gutes und hartes Prüfkriterium für die Suchstärke eines Content Management-Systems, ob und in wie weit dies notwendig ist.

3. Im hierarchischen Strukturierungs-Baum müssen alle Merkmale in der Wortgrundform angelegt werden.

Mit anderen Worten: Wenn Sie mit nicht-englischsprachigen Contents umgehen, benötigen Sie zukünftig mehr Menschen, die konzentrierter an der Content-Strukturierung arbeiten, um die selben Resultate zu erreichen, als hätten Sie es nur mit englischsprachigen Contents zu tun.

Dass eine hierarchische Content-Strukturierung unter Einbeziehung von Wortsinnverwandtheiten und Übersetzungen mit IT-Lösungen auf Basis von Volltext-Datenbanken wirklich funktioniert und sinnvolle Ergebnisse liefert, zeigen Ihnen die größeren englischsprachigen Suchmaschinen im Internet. Dort laufen Suchalgorithmen ab, die sehr ähnlich in der Verwaltung Ihres Content Management-Systems stecken sollten.

4.2.4 Volltext-Datenbanken und ihre Tücken

Nur eine Anmerkung zu Volltext-Datenbanken: Diese arbeiten mit sogenannten „Stop-Listen", also Wörtern, die sie einfach übergehen, weil sie in der Regel nur wenig „suchbare" Informationen beinhalten. Im Deutschen könnten dazu Worte wie „der, die, das, als, aber, eben, oder, war, nicht" gehören. Im Englischen könnten dies Worte sein wie „is, was, and, be, not, or" usw. Wird der Fehler gemacht und nicht für jede Sprache eine eigene Stopliste erstellt, gibt es in dänischen Texten kein Eis („is" engl.), in englischen Texten keinen Krieg („war" dt.) mehr und in deutschen keine Not („not" engl.) mehr. So wunderbar und verlockend diese Aussicht scheinen mag, eine auf diese Art entstandene Volltext-Datenbank eignet sich nur zur direkten Entsorgung. Achten sie bei Mehrsprachigkeit Ihrer Text-Contents unbedingt auf sprachlich getrennte Indizierung in Volltext-Datenbanken und generell saubere Trennung zwischen verschiedensprachigen Inhalten.

In den folgenden Kapiteln werden Sie stark vereinfachend nach Ihren Anforderungen an „eine gute und schnelle Volltextsuche" oder „weitere Suchmöglichkeiten" von Content Management-Systemen befragt. Sie wissen jetzt, welche konzeptuellen Voraussetzungen an eine Strukturierung zu stellen sind und wo die Hauptschwierigkeiten bei einer Suche liegen. Schauen Sie also mehrfach nicht nur ganz genau hin, sondern probieren Sie ganz genau aus, was Ihnen an Suchmöglichkeiten angeboten wird, denn darin liegt ein strategischer Erfolgsfaktor für Ihr Content Management.

Sie sollten sich jetzt eingehend Gedanken machen, welche Anforderungen Sie an ein Content Management hinsichtlich der Content-Arten, der Content-Strukturierung und der Wiederfindbarkeit haben. Dazu gehört auch, einen Kriterienkatalog für die Auswahl derjenigen Mitarbeiter aufzustellen, welche die Content-Strukturierung durchführen sollen. Vergessen Sie dabei bitte nicht, diesen armen Menschen Hilfestellungen und möglichst präzise Richtlinien zu geben!

4.2.5 Content Management. O. K., aber wie?

"Sobald man IT einsetzt gibt es nichts als Probleme!" Mit der IT-Stützung des Content Managements kommen automatisch syntaktische, semantische, grammatikalische, kulturelle, medienabhängige und diverse andere Variablen ins Spiel, die eben nicht in ein triviales 1001010001110-Schema digitalen Ja/Neins hineinpassen. Ist „Arbeitslosigkeit" die Abwesenheit von Arbeit, die Abwesenheit von Beschäftigung oder das allgemeine oder personalisierte Befinden über das Los der Arbeit? Der häufig belächelte Satz „Mein Computer versteht mich nicht!" ist einfach zu 100% wahr.

Und wie sollen dann IT-Systeme alle Facetten und Ausprägungen menschlichen Geistes auseinanderhalten können? Eben. Gar nicht. Sie wollten ein Content Management-System kaufen? Wozu?

Weil es zur Speicherung und Verwaltung von Contents fast keine Alternative gibt, als sich dies durch IT unterstützen zu lassen. Denn wir kennen nichts Besseres. Und schließlich gibt es bereits Computer-induzierte Medien wie das Web. Also sollten wir Contents mittels IT verwalten. Aber wie bringen wir das „Speichern" zum „Nutzen"? Wie können wir überhaupt diesen Content-Wust so strukturieren, dass irgend etwas von diesem Datenberg zugreifbar, findbar und für Menschen wieder transferierbar und damit für einen Dritten nutzbar wird?

Dafür gibt es kein Patentrezept. Und keine Formel. Hier bleiben nur der gesunde Menschenverstand und ein paar Empfehlungen übrig:

∇ Versuchen Sie nicht, eine „Eier legende Wollmilchsau" zu bauen!

Das würde nämlich bedeuten, dass sie jedem Content so viele beschreibende Metainformationen mitgeben müssten, dass der Aufwand, einen einzigen Content in das Content Management-System einzupflegen, hoffnungslos viel Arbeit wäre. Und das leichte und einfach Einpflegen ist eine Grundvoraussetzung für die Akzeptanz des Systems.

∇ Konzentrieren Sie sich auf genau die Gebiete, die in Ihrem Content-Konzept festgeschrieben sind.

Wenn dort das Medium Video nicht vorkommt, dann vergessen Sie Video von vorneherein. Gibt es dort kein Englisch, vergessen Sie Englisch als Sprache. Und fangen Sie später nie mehr damit an, das noch integrieren zu wollen (is, not, war). Nur so können Sie dazu beitragen, Komplexität zu reduzieren und damit Dinge und Zusammenhänge (wieder) für Ihre Mitarbeiter nachvollziehbar zu machen.

∇ Strukturieren Sie Contents auf einer Ebene, die möglichst allgemeinverständlich nachvollziehbar ist und rechnen Sie mit Fehlern sowohl bei der Strukturierung des Content-Baums als auch bei der Zuordnung von Contents in diesen Baum.

Selbst dann haben Sie noch genug Schwierigkeiten: Stellen Sie sich einfach einen Baum vor. Jetzt. In dieser Sekunde. Ein Baum.

Ist Ihr Baum ein Laubbaum oder ein Nadelbaum? Im Winter oder im Sommer? Mit braunen oder grünen Blättern? Und welches Grün? Ein kleiner Baum, ein hoher Baum, ein weit ausladender Baum, ein alter, verknöcherter Baum? Stellen Sie 20 Leuten die simple Frage, ihren Baum zu beschreiben, und Sie haben 20 unterschiedliche Bäume. Wenn Sie „Baum" als Strukturierungsmerkmal benutzen wird „Baum" also durch die selben 20 Menschen in 20 unterschiedlichen Kontexten gesehen. Und „Baum" ist doch allgemeinverständlich, oder? Was machen wir dann mit Dingen wie „Telekommunikationsanlage", „Kultur" oder „Clipping"? Sie haben dann das typische Problem des Anwenderbezogenen Kontexts. So etwas kann nicht formalisiert werden („In unserem Unternehmen sind alle Bäume ... und sehen ... aus.").

Der Schlüssel zum Nutzen eines Content Management-Systems ist die Strukturierung und Einordnung von Contents. Und wenn man schon aus Praktikabilitätsüberlegungen heraus jeden Benutzer mit Freigabeberechtigung eine Entscheidung über die Einordnung des freigegebenen Contents zubilligen muss, so macht es wirklich Sinn, darüber nachzudenken, die Strukturierung des Content-Baums möglichst „gut" zu bewerkstelligen. Dies ist deshalb so wichtig, weil die gesamte Wiederfindbarkeit in erheblichem Maße von der Content-Strukturierung abhängt. Und ohne Wiederfindbarkeit ist ein Content Management (-System) nur Datenmüll.

Eine Lösung für das Strukturierungsproblem liegt z. B. darin, einen wirklich erfahrenen „alten Hasen" mit jeder Menge Erfahrung im Unternehmen zu suchen. Steht dieser Mitarbeiter dem Veränderungsprozess aufgeschlossen gegenüber (extrem wichtig!) und besitzt er zusätzlich eine hohe geistige Flexibilität und gute kommunikative Fähigkeiten, dann ist dieser Mitarbeiter die Idealbesetzung für die Content-Strukturierung und der Pflege dieser Strukturierung. Damit ist er Ansprech- und Kommunikationspartner für die Benutzer zur Einordnung von Content in die Strukturierung. Und diesem Mitarbeiter sollte gleich von Beginn an ein Junior-Partner zur Seite gestellt werden, um das vorhandene Wissen durch Teamarbeit für das Unternehmen zu sichern und somit eine mittel- bis langfristige Kontinuität und Stabilität in der Content-Strukturierung von Beginn an in der täglichen Arbeit zu verankern. Wir nennen diese Mitarbeiter Content-Mentoren (vgl. Kapitel 7 „Organisation").

Wenn Sie in Ihrem Unternehmen viele Contents oder Contents aus vielen inhaltlich unterschiedlichen Bereichen strukturieren müssen, wird ein einziges solches Team aus Senior- und Junior nicht ausreichen. Vielleicht sollten Sie in solch einem Fall bei Bedarf darüber nachdenken, ehemalige Mitarbeiter für die Schlüsselrolle des „alten Hasen" aus ihrem Pensionärsdasein zu reaktivieren, mit zwei Junior-Partnern zu versehen und für eine ein- bis zweijährige Tätigkeit zu gewinnen.

Und jetzt können Sie Ihre eigene Entscheidung und Meinung in die Beantwortung der folgenden Fragen einfließen lassen:

- Welche sind die relevanten Klassifizierungsmerkmale für die unterschiedlichen und relevanten Contents in Ihrem Unternehmen?
- Sind diese Klassifizierungsmerkmale „für die Ewigkeit" oder werden mittel- und langfristig Änderungen/Erweiterungen erwartet?
- Wie sollen diese Merkmale verwaltet oder diese Verwaltung institutionalisiert werden?

4.3 Content Management - Nomenklatur

Es gibt in der Welt der Content Management-Systeme - speziell rund um das Internet - einige Institutionen, Begrifflichkeiten, Standards und Zusammenhänge, die zwar wichtig, aber nicht unbedingt intuitiv nachvollziehbar oder einleuchtend sind. Und genau in dieses Dunkel der Begrifflichkeiten und Zusammenhänge wollen wir jetzt Licht bringen.

4.3.1 Asset Management ist das Management von Assets

Ein Asset ist ein fertiger Content, der vermarktbar ist, der einen Wert hat, dem wir ein Preisschild „aufkleben" können.

> Asset Management ist der Überbegriff für alle Aktionen und Funktionalitäten eines Content Management (-Systems) für den Umgang, das Verwalten sowie das Management echter Assets, also werthaltiger, vermarktbarer Contents.

Einige Hersteller von Web Content Management-Systemen (WCMS) benutzen den Begriff des „Asset Management" fälschlicherweise völlig anders und bezeichnen damit die Menge aller Funktionalitäten auf Contents und ihre einzelnen Bausteine (Texte, Bilder, Grafiken, usw.). Also meinen diese Leute schlicht „Content Management", aber so heißt ja schon das Produkt ...

Wenn Ihnen also der Begriff „Asset Management" unterkommt, fragen Sie ganz genau nach, ob damit lediglich ganz profane Content Management-Funktionalitäten gemeint sind oder ob echtes Asset Management gemeint ist, also Funktionen und Möglichkeiten zur Verwaltung vermarktbarer und werthaltiger Contents.

4.3.2 „Staging" - it's Showtime!

Wenn ein Content freigegeben ist, soll er (be-)nutzbar sein, also Menschen zur Verfügung stehen. Das Theater ist voll; alles wartet; der Künstler ist fertig. Also Licht an und ab auf die Bühne. Wir können „Staging" auch altmodisch als „Veröffentlichung" eines Contents bezeichnen. Dabei spielt das Medium keine Rolle - egal ob Buch, Website, Intranet, CD-ROM oder etwas anderes.

4.3.3 Das W3C

Wer sich mit IT auskennt, weiß, wie wichtig Standards sind, damit sich Programme und Systeme verstehen und miteinander kommunizieren können. Um so wichtiger ist es, dass solche

Standards irgendwo definiert werden. Für Content Management-Systeme gibt es eine ganze Reihe relevanter Standards und Empfehlungen des W3C (World Wide Web Consortium), einer Non-profit-Organisation, die bei der Bündelung und Kanalisierung von Interessen und Entwicklungstendenzen sowie dem Finden von Standards rund um das WWW wirkt. Zwar dauert es lange, bis aus ersten Gedanken eine Empfehlung und daraus ein Standard wird, aber wie wir in den nächsten Punkten sehen werden, entstehen durch diese Standards durchaus innovative, nützliche und neue Dinge, die für das Content Management wichtig sind.

4.3.4 XML und DTD - eXtend it before use

XML ist eine Seitenbeschreibungssprache, also dazu gedacht, Dokumente und Dokumentstrukturen zu beschreiben. Das Kürzel XML steht dabei für E**x**tensible **M**arkup **L**anguage. XML ist durch das W3C standardisiert.

Ein Web-Content in der heute gängigen WWW-Sprache HTML (Hypertext Markup Language) ist eine komplette Mixtur aus Inhalt, Layout und Formatierung - also ein Albtraum für ein Content Management. XML wurde entworfen, um Daten und Datenblöcke zu beschreiben, also etwa Katalogdaten oder Adressdaten und so (wiederkehrende) Inhaltsblöcke vom Layout zu trennen. Ein vereinfachendes Beispiel: Nehmen wir an, Sie wollten einen Werbebrief an 500 Interessenten schreiben. Mit HTML müssen Sie jeden Brief an jeden Kunden einzeln erstellen und in jedem Brief einzeln die Adresse und die Anrede eintippen. Mit XML haben Sie eine Adressdatenbank und einen Brief mit Adressfeld und Anredefeld - kurz das, was man heute in der Textverarbeitung als Serienbrief-Funktion bezeichnet. Welches Vorgehen schneller geht, ist wohl klar.

XML benutzt eine DTD (Document Type Definition) je Dokumenttyp, um die Daten(blöcke) formal zu beschreiben. Der Zweck einer DTD ist, die zugelassenen Bausteine eines XML-Dokuments zu definieren. Die DTD definiert also die Dokumentstruktur mit einer Liste der zugelassenen Elemente.

Ein riesiger Vorteil von XML neben der Portabilität zwischen Print und Web ist, dass Sie Datenblöcke oder Bereiche in Dokumenten definieren können, die je nach Ausprägung mit unterschiedlichen Daten gefüllt werden. So können mittels XML sehr einfach Kataloge produziert und deren Datenblöcke per DTD gefüllt werden. Mit einer DTD hat man also eine Strukturierungsschablone, ein Template oder eine Dokumentvorlage für eine ganze Klasse von Dokumenten - egal, ob dies Produktkataloge, Datenblätter, Pressemitteilungen oder andere Outputs werden.

Der allzu oft besonders von „Nicht-Technikern" unterschätzte Nachteil von XML ist: XML ist keine „fertige" Sprache. Man muss sie „eXtenden", um sie nutzen zu können. XML gibt also nur einen Beschreibungsrahmen vor, mit „Fleisch" - der Definition von Inhalten - kann der Beschreibungsrahmen erst gefüllt werden, wenn er mittels einer DTD beschrieben ist. Trotzdem muss jedes echte Content Management-System, das Content mit Dokumentcharakter produzieren und verwalten soll, standardkonform mit XML umgehen können, Import- und Export-seitig.

Viele Ideen, Konzepte und Anwendungen werden momentan rund um XML aufgebaut: So gibt es XSL (Extensible Stylesheet Language) für Layoutdefinitionen von Dokumenten sowie XMI (XML Metadata Interchange) zum Austausch von Metadaten via XML usw. Weitere funktionale Erweiterungen und XML-basierende Ansätze sind in Vorbereitung. Sie sehen dadurch, wie wichtig XML ist.

4.3.5 RDF - Metadaten mit XML austauschen

Das Resource Description Framework (RDF) ist eine Empfehlung der W3C und beinhaltet einen Beschreibungsrahmen für Metadaten im Web-Kontext. Dazu gehören Sitemaps, Content-Bewertungen durch die Benutzer, Kanaldefinition für streaming media (Audio, Video) sowie verteiltes Bearbeiten von Contents unter Benutzung von XML. Die Idee hinter RDF war es, erste kleine Schritte zum Wissensaustausch über das Web zu machen. RDF ist momentan kein Standard, sondern nur eine Empfehlung des W3C. Wenn Ihr Content Management-System eine starke Affinität zum Knowledge Management haben und/oder sehr Web-orientiert ausgelegt sein soll, empfiehlt es sich, RDF in den Anforderungskatalog der Standards mit aufzunehmen.

4.3.6 ICE - Nein, nicht der Zug!

Information Content Exchange (ICE) ist ein Protokoll, das den kontrollierten Austausch und das Management elektronischer Assets zwischen vernetzten Partnern und Teilnehmern erleichtert. So kann mit Anwendungen, die ICE verstehen oder „sprechen", ein Content-Syndication-Netzwerk zwischen unterschiedlichen Unternehmen relativ leicht realisiert werden.

Wenn Content Providing oder Content Syndication Teile Ihres Business Modells werden sollen, sollte Ihr Content Management-System also mit ICE umgehen können - und natürlich mandantenfähig sein - für Ihre Content-Kunden und -Lieferanten.

4.4 Prozesse und Workflows des Content Managements

4.4.1 Prozesse

Durch die Einführung eines Content Management-Systems ändern sich Geschäftsprozesse im Unternehmen. Daher sollten die vermutlich durch die Einführung betroffenen Prozesse bereits jetzt identifiziert werden. Möglicherweise kann bereits zu einigen Prozessen gesagt werden, wie sie sich verändern, ob Prozesse automatisiert werden sollen, wegfallen oder neue Prozesse hinzukommen. Hilfreich bei diesen Gedanken ist ein Durchgehen der bisherigen Festlegungen und Vorstellungen insbesondere nach Content-Quellen (intern und extern) sowie Qualitätsanforderungen an das Content Management-System.

Als Ergebnis sollten jetzt die durch Einführung des Content Management-Systems gewünschten und erwarteten Änderungen in den Geschäftsprozessen dokumentiert sein. Weitere Informationen und Hinweise dazu finden Sie in Kapitel 9 „Prozesse“.

4.4.2 Modellierung von Workflows

Als nächstes geht es um die Abläufe. Hierbei kann man auf zwei völlig unterschiedliche Arten vorgehen:

1. Definition und Modellierung der Workflows, die sich an den Wünschen und Erwartungen Ihres Unternehmens orientieren.
2. Anpassung Ihrer Abläufe an eine Software (= Content Management-System).

Während der Vorteil des zuerst genannten Vorgehens darin liegt, dass später der Anpassungsaufwand des Unternehmens an die Software in Nomenklatur und gewünschten Abläufen minimiert werden kann, lässt das zweite Vorgehen die kreativen Potenziale im eigenen Unternehmen brach liegen. Also gehen wir so vor, wie es die erste Methode vorschlägt.

Welche Content-relevanten Abläufe sollen wie aussehen und durch das einzuführende Content Management-System abgebildet werden können?

Zur Visualisierung und zum besseren Verständnis von Workflows bieten sich grundsätzlich Diagramme an. Es gibt eine Reihe unterschiedlicher Darreichungsformen für Diagramme. Gebräuchlich, einfach anzuwenden und in der Regel ausreichend ist ein Diagramm aus Kreisen oder Rechtecken für die Stelle, Organisationseinheit oder Tätigkeit einerseits und Pfeilen für die Weitergabe oder Verknüpfungen andererseits.

Dies wollen wir anhand eines Beispiels einmal durchspielen. Die im Verlauf dieses Abschnittes folgenden Fragen sollten alle möglichst plastisch und nachvollziehbar beantwortet werden. So wie wir dies anhand der nächsten Frage beispielhaft tun werden:

Wie soll der Dokument-Life Cycle im Redaktions-Workflow aussehen?

Als grafische Darstellung ergibt sich beispielweise folgendes Bild:

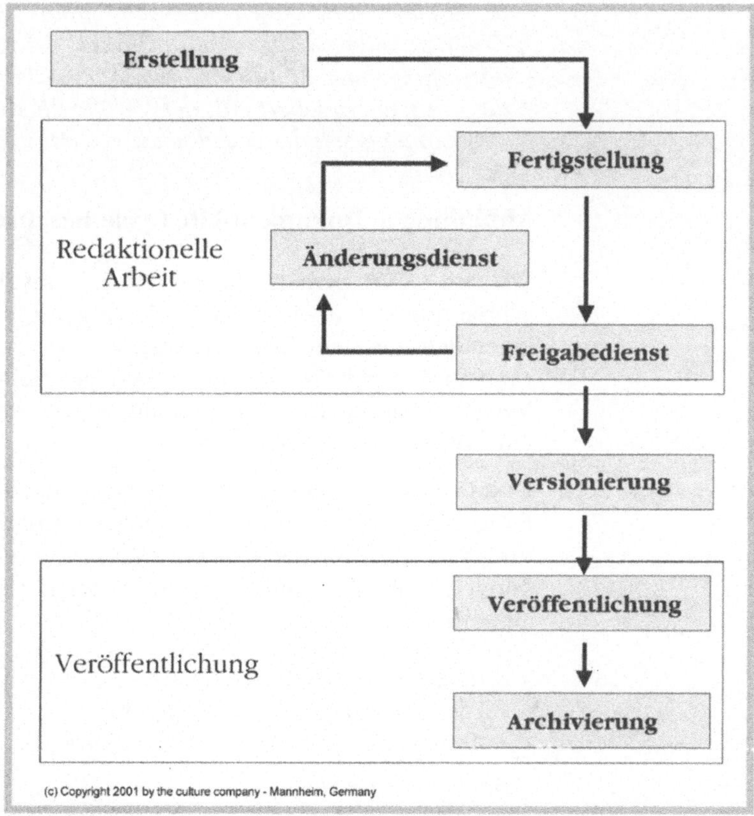

Abbildung 7: Dokument-Life Cycle mit Änderungs- und Freigabedienst

Eine textliche Antwort könnte in etwa so aussehen:

Nach Erstellung, Überarbeitung, Konvertierung oder Einkauf eines Contents und dessen Fertigstellung prüft der Freigabedienst, ob der Content auf Grund von formalen oder inhaltlichen Mängeln zurückverwiesen wird an den Änderungsdienst oder freigegeben wird. Ein durch den Freigabedienst zurückverwiesener Content soll automatisch mit Begründung der Freigabeverweigerung (per E-Mail) beim Änderungsdienst auflaufen. Der Änderungsdienst ist in diesem Fall verpflichtet, den Content so schnell wie möglich auf die vom Freigabedienst angemahnten Kriterien hin zu überarbeiten nach der Fertigstellung diesem wieder zuzuleiten.

Nach der Freigabe des Contents wird diesem eine eindeutige Versionsnummer zugeordnet. Ältere Versionen des Contents werden mit der Freigabe eines Nachfolge-Contents als „Ungültig" erklärt, sind jedoch noch zugreifbar. Anhand bestimmter Kriterien (Eilmeldung = Sofort; Preisliste = Ab Montag bis zum darauffolgenden Montag morgen ...) wird die Veröffentlichung des Contents gesteuert. Mit der Veröffentlichung des freigegebenen Contents soll dieser automatisch archiviert werden.

Abbildung 8: Dokument-Life Cycle-Beschreibung

Wie Sie sicher bemerkt haben, stecken in dieser textlichen Beschreibung schon viel mehr Festlegungen und Präzisierungen als eigentlich aus dem Bild hervorgehen, wie z. B., dass Versionierung und Archivierung automatisch geschehen sollen, dass die Veröffentlichung Kriterien benötigt sowie wann und wie lange ein Content „gültig" ist.

Und dazu gibt es noch implizite Festlegungen, wie z. B., dass der Freigabedienst formale und inhaltliche Kompetenz und Bewertungsmaßstäbe für den Content besitzen muss. Diese Randbedingungen sollten schriftlich fixiert werden. Das könnte dann so aussehen:

Automatisiert (durch das System) sollen erfolgen:
- *Versionierung nach der Freigabe.*
- *Archivierung bei der Veröffentlichung.*

Noch zu erarbeiten:
- *Katalog formaler und inhaltlicher Kriterien für den Freigabedienst.*

- *Fachliche Kriterien für Mitarbeiter zum Erlangen einer Freigabeberechtigung.*
- *Steuerungsmechanismus für die Priorisierung der Arbeit des Änderungsdienstes.*
- *Unternehmensweit gültige Content-Haltbarkeitskriterien (zeitlich, versionsabhängig usw.).*

Abbildung 9: Dokument-Life Cycle-Randbedingungen

Sie sehen aus unserem Beispiel, wie hilfreich Diagramme sind, um sich Zusammenhänge zu vergegenwärtigen. Gleichzeitig sehen Sie auch, wie sinnvoll es ist, die eigenen Wünsche und Anforderungen exakt schriftlich zu fixieren.

Fassen Sie bitte das Schaubild oben nicht als „den allein selig machenden Weg" auf. Obiges Schaubild versagt schon dann, falls Sie Ihre Contents z. B. später gesammelt etwa als Chronik herausgeben wollen. Dann fehlt dort z. B. noch ein Pfeil von der Archivierung zur Erstellung. Oder nehmen wir an, Ihr Content hätte extreme Kurzlebigkeit in der Aktualität wie etwa Aktienkurse, dann kann eine Extra-Überprüfung jedes Contents in einem Freigabedienst ein fataler Fehler sein, denn bis ein Kurs überprüft wäre, wäre er schon nicht mehr gültig. Achten Sie also sowohl bei der Visualisierung als auch bei der textlichen Beschreibung von Workflows unbedingt auf Vollständigkeit und Korrektheit.

Was wir daraus sehen können ist, dass zur Bestimmung und Abbildung von Workflows folgende drei Schritte durchaus sinnvoll sind:

- **Visualisierung** für den Überblick und die Zusammenhänge.
- **Schriftliche Fixierung** der genauen Anforderungen - auch der impliziten.
- **Prüfung der Anforderungen** anhand jeder relevanten Content-Art.

4.4.3 Relevante Workflows

Jetzt muss geklärt werden, welche Workflows zu Ihrem Dokument-Life Cycle in Ihrem Unternehmen gehören und wie diese konkret aussehen sollen - besonders unter dem Aspekt der Qualitätssicherung. Abhängig von der „Lebensdauer" des Contents, der Qualifikation der Mitarbeiter, des Veröffentlichungszieles sowie der Content-Art müssen hier eventuell für unterschiedliche

Zwecke unterschiedliche Workflows implementiert werden. Denn es gibt einstufige und mehrstufige Qualitätssicherungsmethoden bei der Content-Erstellung: Bei der Einstufigen schaltet ein Mitarbeiter nach eigener Prüfung den Content direkt frei und ist für die Korrektheit voll verantwortlich. Eine mehrstufige Gestaltungsmöglichkeit wäre die Folgende: Der Mitarbeiter übergibt den Content, ein Freigeber prüft den Content und schaltet diesen entweder frei oder verweist den Content zurück zur Überarbeitung. Letzteres hatten wir im vorhergehenden Schaubild. Das Schaubild für die Selbstkontrolle und -freigabe von Content direkt nach seiner Fertigstellung sähe so aus:

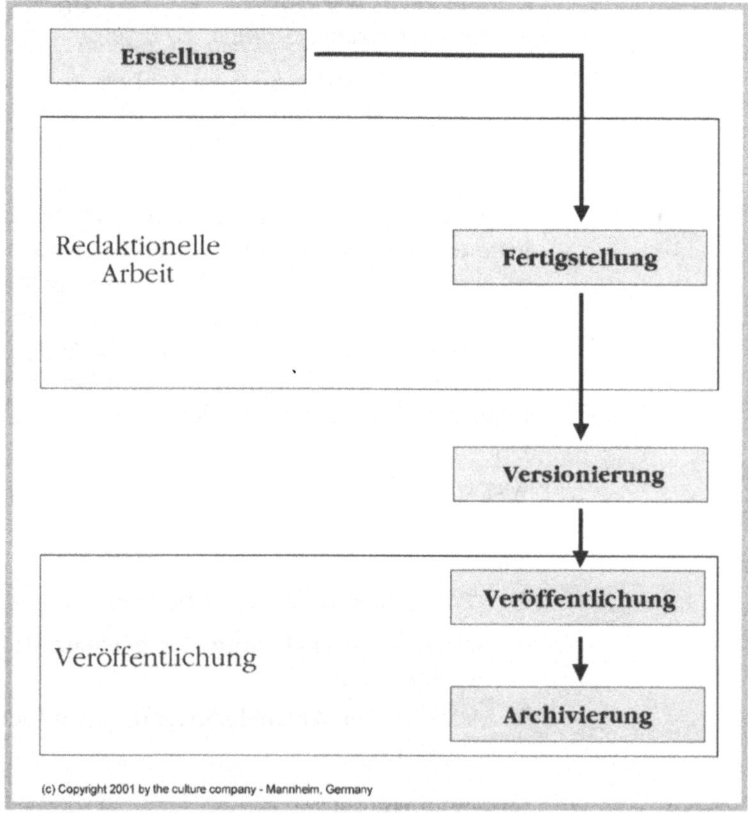

Abbildung 10: Dokument-Life Cycle ohne Änderungs- und Freigabedienst

Natürlich müsste hierbei der Workflow zur „Erstellung" eine starke redaktionsinterne Kontrollkomponente besitzen. Welche dieser Varianten soll bei Ihnen zum Einsatz kommen? Oder benötigen Sie in Teilbereichen noch mehr Kontrollinstanzen oder je nach Inhalt eine Mischform oder vielleicht völlig andere Abläufe?

Die Antworten auf diese Fragen kann Ihnen dieses Buch nicht abnehmen, aber daraus ergibt sich, welche Workflows davon betroffen sind und wie diese grundsätzlich strukturiert sein sollten. Denken Sie daran, dass es unterschiedliche konkrete Abläufe in einem Workflow je nach Content-Bereich geben kann.

Workflow „Redaktion"

Beschreiben Sie Ihre Antwort nach dem Schema

- Visualisieren
- Schriftlich fixieren
- Nachprüfen der Anforderungen.

Es geht um die unternehmensinterne Modellierung Ihrer redaktionellen Abläufe und - falls dies für Ihr Content Management zutrifft - welche speziellen redaktionellen Abläufe auf alte Contents oder Dritt-Contents angewandt werden sollen. Und dies bitte je Content-Art, falls Sie mehrere davon im Content Management-Konzept vorgesehen haben.

Workflow „Qualitätssicherung"

Abhängig von den redaktionellen Abläufen sollen hier die Qualitätssicherungsabläufe definiert werden. Vergessen Sie dabei bitte nicht, was passieren soll, wenn die Qualitätssicherung einmal versagt und bereits veröffentlichter Content zurückgezogen werden muss.

Workflows „Automatisierte Veröffentlichung" und "Haltbarkeit von Content"

Hierbei geht es um die bereits oben angesprochenen Gültigkeitsregeln, (ab) wann und wie lange ein Content gültig sein soll (zeitlich, inhaltlich, neuere Version ...). Und was passiert, wenn er nicht mehr gültig ist. Dazu gehört auch, dass Sie definieren, was passieren soll, wenn der letzte Content zu einer Verästelung im Strukturierungsbaum ungültig wird. Soll sich dann die Baumstruktur ändern oder bleibt diese bestehen? Und soll dies für Benutzer, Mitarbeiter, Kunden und die Archivierung genau so gelten und transparent sein?

Welche Workflows sind bislang noch nicht definiert oder fehlen? Wie sollen diese fehlenden Workflows aussehen (je Workflow ergänzen)?

Damit wir neben den Workflows die neuen organisatorischen Funktionen oder Einheiten besser beschreiben können, sollten in einem weiteren Schritt jetzt folgende Punkte bearbeitet werden:

Änderungsdienst

Sofern Sie einen eigenen Änderungsdienst vorsehen, sollten hier alle Abläufe, Methoden, Vorgehensweisen und Kompetenzen des Änderungsdienstes beschrieben sein.

Freigabedienst

Dasselbe aus Sicht des Freigabedienstes. Eine Fundgrube für eine spätere Aufgaben- oder Stellenbeschreibung, nicht wahr?

Informationsweitergabe im Content Management-System (Workflows, Bearbeitungsaufträge ...)

Diese wichtige Aufstellung soll für alle modellierten Workflows Aussagen darüber machen, wie der Informationsfluss in den Pfeilen der Diagramme angestoßen wird. Wodurch passiert eine Informationsweitergabe, wie wird sie übermittelt und wo laufen die Informationen auf? Beispiele dafür sind:

- Durch die Freigabe erfolgt im Content Management-System automatisiert die Versionierung.
- Durch die Veröffentlichung erfolgt automatisiert sowohl die Archivierung als auch die Gültigkeitssetzung des Contents.
- Durch einen Content Management-System-Überwachungsprozess erfolgt die zeitgesteuerte Veröffentlichung freigegebener Contents.

4.5 Funktionalitäten

Nachdem die Abläufe in und um das Content Management-System geklärt sind, können Sie ohne viel Aufwand feststellen, welche Operationen auf und mit dem Content ausgeübt werden sollen und welche sonstigen Funktionalitäten die Mitarbeiter und späteren Benutzer benötigen werden, um effizient und effektiv mit dem System arbeiten zu können.

Suchmöglichkeiten und Retrievalfunktionalität (funktional, semantisch, sprachlich...)

Denken Sie zurück an die arbeitslosen Holzfäller in Kanada und die Volltext-Datenbanken. Hier ist intensives Nachdenken eine gute Investition, schützt vor bösen Überraschungen und hilft ungemein im Nachhinein.

Zugriff auf die Contents

Hier sollen Vorstellungen angestellt und definiert werden, wie viele Nutzer gleichzeitig mit dem System arbeiten und welche Antwortzeiten erwartet werden.

Sperren von Content zur Bearbeitung
(z. B. „Check-in/Check-out"-Mechanismus)

Wenn Mitarbeiter A an Content C arbeitet und Mitarbeiter B ebenfalls daran arbeiten möchte, muss gewährleistet sein, dass A's Arbeit nicht durch B überschrieben wird oder umgekehrt.

Metadaten-Funktionalitäten
(Management, Strukturierung, Systematik ...)

Metadaten beschreiben Datenstrukturen. Übersetzt für ein Content Management-System bedeutet dies, dass die Attribute (Eigenschaften) und Zusammenhänge jedes Contents verwaltet und beschrieben werden müssen. Ein Beispiel: Die Metadaten eines Bildes könnten z. B. sein: „Untertitel, Stichwörter 1-10, Auflösung, Größe (Breite x Höhe), Copyright, produziert (Datum), ins System eingestellt (Datum), gültig (Ja/Nein), Dateiname des Bildes" usw. Bei Texten gehören Schriftart, Schriftstil, Autor, Version usw. dazu. Ein Content wie z. B. ein Zeitschriftenartikel kann als eine sortierte Auswahl von solchen Einzelbausteinen gesehen werden, wo es mit dem Text des Artikels beginnt und an bestimmten Stellen bestimmte Bilder eingebunden werden. Der Zeitschriftenartikel braucht dann Informationen über seine Position in der Zeitschrift selbst, den Umbruch usw. Da Metadaten in vielen Content Management-Systemen relativ fest „verdrahtet" sind und dann von Ihrem Unternehmen gar nicht oder nur mit Tricks geändert oder erweitert werden können, sollten Sie genau spezifizieren, welche Anforderungen an die Metadaten gestellt werden.

Template-Funktionalitäten/Vorlagen/Schablonen

Templates sind Vorlagen und funktionieren wie die Förmchen im Sandkasten. In Bezug auf Content Management sind dies Form- und/oder Strukturvorlagen zur Füllung mit Inhalten, etwa für Nachrichten (Rubrik, Überschrift, Datum/Zeit, Kurztext, Langtext). Templates sind also strukturierte Platzhalter für Inhalte. Z. B. wäre es doch ausgesprochen praktisch, eine XML-DTD automatisch generieren zu lassen, nachdem man ein Template angelegt hat und die Datenquellen benannt wurden. Um unser Beispiel von eben mit dem Zeitschriftenartikel fortzusetzen: Wenn

Sie für eine Zeitschriftenreihe ein Template erstellen, dann wechseln Sie von Ausgabe zu Ausgabe nur noch Text, Bilder und die Position im Heft aus.

Archivierung

Ein Archiv hat nur dann Sinn, wenn es nicht ungenutzt vor sich hin vegetiert. Ein Content Management-System, das Contents archiviert und diese Contents gleichzeitig aus der Suchwelt heraus nimmt, verfehlt seinen Zweck. Außerdem darf durch die Archivierung der Betrieb nicht aufgehalten werden.

Content- und Benutzer-Aktivitätsanalyse, Auditing und Logging (Audit trail) sowie Bearbeitungshistorie

Dies ist wichtig für das Organisationsmodell, das Benutzermodell und das Rollenmodell Ihres Content Managements. Die zu Grunde liegenden Fragen lauten: „Wie stark wollen Sie Ihre Mitarbeiter kontrollieren?“ sowie „Wer hat wann was mit welchem Content gemacht?“ und „Wer darf von diesen Benutzungs- und Veränderungsdaten was sehen?“.

Konfigurations-Management

Hierzu könnten frei definierbare Bildschirmumgebungen je Nutzer zählen, damit jeder Benutzer seine individuelle und optimale Arbeitsoberfläche konfigurieren kann. Oder ein Abteilungsleiter sollte Benutzerrechte seiner Mitarbeiter in so weit konfigurieren können, dass Neueinstellungen, Urlaubsvertretungen usw. einfach durchzuführen sind.

Customer Relationship Management-Funktionalitäten

Ob Sie Content-Kunden haben oder einfach „nur“ die bisherigen Kunden: Durch das Content Management-System werden Kundendaten zugreifbar bzw. integriert und können somit als Basis für Customer Relationship Management (CRM) genutzt werden.

E-Commerce-Funktionalitäten

Für elektronischen Vertrieb oder Transaktionsbearbeitung gibt es vielfältige Möglichkeiten. An dieser Stelle sollten Sie klar definieren, wie Sie sich den E-Commerce vorstellen und sich zur Sicherheit Ihres E-Commerce-Konzepts, der technischen Details und Fragestellungen gegebenenfalls extern beraten lassen.[1]

---

1 Wir empfehlen Ihnen zum Thema E-Commerce auch unser Buch „Business E-volution - Das E-Business-Handbuch“.

4.6 Der User steht im Mittelpunkt

Die User eines Content Management-Systems sind in erster Linie diejenigen Mitarbeiter, die täglich operativ mit dem Content Management-System arbeiten. Wenn diese wichtige Zielgruppe das System nicht annimmt, kann das beste System nicht helfen. Neben der Vorbereitung, Stützung und Begleitung der Veränderungsprozesse (vgl. Kapitel 15 „Change Management") sollten bereits jetzt klare Vorgaben und Zielrichtungen bezüglich der gewünschten und erwarteten Auswirkungen des Content Management-Systems für und auf die Benutzer gemacht werden.

Benutzerinterface:

Hier stehen grundsätzlich zwei Möglichkeiten zur Auswahl: Eine Web/Browser-Oberfläche oder eine Client-Software.

Regeln zur Nutzung des Content Managements:

Zu diesem umfangreichen Punkt gehören:

- Regelungen zur Absicherung der Bearbeitungsprozesse wie Anleitungen und Richtlinien zur Einordnung von Contents oder zur Verstichwortung
- Sichtbarkeitsregeln (Wer darf was sehen?) und Zugreifbarkeitsregeln (Wer darf auf was zugreifen?)
- Berechtigungen (zum Speichern, Freigeben, Korrigieren), also der gesamte Rechte- und Benutzerrollenkomplex
- Übernahmeregeln (unter welchen Umständen darf wer wann wem welchen Content „wegnehmen" und daran arbeiten)
- Automatisierungsregeln (worum sich Benutzer nicht mehr zu kümmern brauchen oder sollen)
- Eskalationsregeln (Wen kann ein Benutzer fragen - wer kann helfen oder entscheiden?)

Wichtig für Benutzer sind darüber hinaus, welche Schulungen für welche Mitarbeiter verpflichtend sind und Vorgaben wie die Bildschirmarbeitsplatzrichtlinie der EU.

Mitarbeiter(gruppen) ohne/mit Zugang:

Unsere Empfehlung: Grundsätzlich sollten möglichst viele Mitarbeiter Zugang zum Content Management haben.

Anforderungen der zukünftigen Benutzer:

Dies kann nur durch Nachfragen herausgefunden werden. Die Antworten können Usability-Aspekte genauso mit einschließen wie Anpassungen in bestimmten Workflows. Als Basis sollte die Auswertung der Fragebogen aus der Erwartungsabfrage dienen.

Welche Anforderungen an das Content Management fördern und unterstützen die zukünftigen Benutzer?

Oder lapidar ausgedrückt: Wie hilft es den Menschen in ihrer tagtäglichen Arbeit? Wenn Sie etwas Zeit auf diese Frage verwenden, haben Sie doppelten Nutzen davon, denn Sie erhalten damit sowohl eine gute Argumentationshilfe für den Dialog mit den Anwendern als auch eine Liste von Punkten, wo „Unschärfe" erlaubt oder toleriert werden kann, ohne das Content Management (-System) strukturell zu gefährden.

Rollenbasierte, aufgabenbezogene Sicherheit gefordert?

Das System sollte sich so verhalten, dass jeder Benutzer im Rahmen seiner Berechtigungen uneingeschränkt arbeiten kann. Unsere Meinung: Rollenbasierte, aufgabenbezogene Sicherheit ist ein Muss - und zwar ohne Einschränkung oder Alternative.

Sicherheitsfunktionalitäten aus Benutzersicht:

Nur als Ansatzpunkt: Wo ist denn der Punkt, an dem Mitarbeiter A oder Vorgesetzte B im System den Content sehen kann, den Mitarbeiter X gerade bearbeitet oder erstellt?

Frühzeitiges Testen/Verfeinerung der Usability im Userdialog:

Spätestens bei der Systemauswahl (vgl. Kapitel 6 „Systemauswahl") sollten normale Benutzer mit in den Entscheidungsprozess eingebunden werden. Ein sogenanntes „Usability Lab", in dem mehrere Systeme nacheinander oder parallel von Benutzern auf ihre intuitive und logische Benutzbarkeit hin überprüft werden, ist eine grundsätzlich empfehlenswerte Maßnahme, die in der Praxis leider häufig aus Kosten- oder Zeitgründen zu kurz kommt. Dann wird definitiv an der falschen Stelle gespart.

Schulung für fehlende praktische Fähigkeiten im Umgang mit einem Content Management-System:

Die Akzeptanz des gesamten Systems und damit bis auf weiteres auch des „Content Managements" in den Köpfen der Mitarbeiter steht und fällt mit Schulung und Usability.

Service und Support für die Benutzer:

Erfahrungsgemäß ist ein zwei- oder dreistufiger Anwendersupport (Levels) sinnvoll. Die erste Stufe löst alle Standardprobleme, die folgenden Stufen werden nur mit „harten Nüssen" betraut.

Vereinfachung für die Mitarbeiter durch das Content Management-System:

Dies ist ein zentraler Punkt, denn nur dann können Sie auf eine gute Akzeptanz des Systems bereits von Beginn an hoffen. Außerdem dem kann die Reflexion dieser Frage dazu führen, Rationalisierungspotenzial in den Abläufen zu finden.

Anforderungen in Bezug auf Zugriffsrechte, Benutzer-Authentifikation und Benutzerrollen:

Aus Benutzersicht sollten die verwendeten Methoden einfach nur funktionieren und verständlich sein. Dies war zumindest bei einigen Produkten in der Vergangenheit nicht immer selbstverständlich.

Hier angekommen haben Sie alle wesentlichen Punkte beleuchtet, um einerseits den Benutzerwünschen so weit als möglich entgegenzukommen und andererseits die Benutzung des Content Management-Systems so weit wie nötig abzusichern.

4.7 Content-Kunden

Falls Sie Content Management für Ihre Kunden als Dienstleistung vermarkten möchten und/oder von Dritten Content beziehen, sollte Ihr Content Management-System darauf vorbereitet und dazu in der Lage sein.

Kundenkonten (Mandanten) im Content Management-System:

Hierbei geht es nicht nur um die Anlage von Kunden und Mandanten und die Erfassung der Nutzung, d. h. der Leistungsbereitstellung, sondern auch um die Sicherstellung aller zur Abrechnung der Kunden und Lieferanten relevanten Daten.

Mandantenfähigkeit des Content Management-Systems (Funktionalität, Billing, Abrechnungsmodus, Produktdaten, Kundendaten, Marketingunterstützung ...):

Ausgehend von dem von Ihnen geplanten Produkt- und Dienstleistungsportfolio für Ihre Content Management-Kunden muss jetzt definiert werden, wie sich diese Leistungen im Content Management-System für den Kunden konkret darstellen sollen. Die nächste wichtige Entscheidung ist dann, ob über das Sammeln der Leistungsnachweise für die Abrechnung hinaus das Content Management-System selbst die Abrechnung vornehmen soll oder nicht. Erfahrungsgemäß ist der Einsatz einer Schnittstelle zu einem Standardsystem für das Administrative (Rechnungsstellung,

Zahlungseingangsprüfung, Mahnlauf) sinnvoll. Denken Sie an eine Leistungsnachweismöglichkeit für Content-Consulting durch Ihre Mitarbeiter für Kunden.

Service und Support für Kunden:

Grundsätzlich können Sie den Anwendersupport für Kunden genau so gestalten wie für Ihre internen Benutzer auch. Schwieriger und rechtlich problematischer wird es mit dem technischen Support. So kann z. B. alles perfekt laufen, aber ein Kunde erhält trotzdem keinen Zugriff auf das System, weil ein Bagger irgendwo die Datenleitung zwischen Ihrem Rechenzentrum und dem Kunden zerstört hat. Haftungsrisiken daraus sollten Sie ausschließen. Kunden sollten im Störungsfalle garantierte Reaktionszeiten nebst entsprechender telefonischer Hotline zur Verfügung stehen.

Anforderungen hinsichtlich des Kunden-Benutzerinterface:

Hier lautet die einfache Regel: Die Kunden machen genau das, was Sie in Ihrem Unternehmen machen. Keine technischen Spielereien, die nur zu Doppelarbeit und zusätzlichen Problemen führen können.

4.8 Kontrollfragestellungen

In diesem Stadium ist es entscheidend, die wichtigsten Kriterien zu hinterfragen, um ganz sicher zu gehen, dass einerseits im Unternehmen an einem Strang gezogen wird und andererseits der bisherige Anforderungskatalog - das Content Management-Konzept - einem Konsistenz-Check unterzogen wird.

Kontrollfragen zum Content Management:

- Gibt es bezüglich all dieser Vorgaben und Anforderungen Rechtliches zu beachten (Datenschutz, Schutz- und Verwertungsrechte ...)?
- Besteht im Unternehmen Einigkeit über die Anforderungen und Implikationen bezüglich Strukturierung, Suche und Findbarkeit von Contents speziell bei Mehrsprachigkeit des Content Managements?

Kontrollfragen zum Content Management und zum Content Management-System:

- Gibt es weitere wichtige Aspekte/Funktionalitäten, die bislang nicht genannt oder bedacht wurden (einzeln beschreiben/hinterfragen)?

- Zu welchen Punkten sollen externe Dienstleister mit eingebunden werden?
- Priorisierung: Welche Punkte des jetzt vorliegenden Vorgaben- und Anforderungskataloges sind unabdingbar (K. o.-Kriterien), welche davon sind wichtig und welche sind „nice to have"?
- Sind die Anforderungen an das Content Management-System in Hinblick auf Workflows, Datenformate, Basissysteme, Skalierbarkeit, Customization, Schnittstellen, Funktionalität und Kosten vollständig?

Kontrollfragen zum Content Management-System:

- Welcher Implementierungszeitrahmen soll bis zur Einführung vorgesehen werden (inkl. Customizing, Migration, Parallelbetrieb, Schulung und „Scharfschalten")?
- Wird durch die Content Management-System-Einführung aller Voraussicht nach die interne Kommunikation und der Content-Austausch auch über Standortgrenzen hinweg erheblich erleichtert?
- Werden (Content-)Produktionsprozesse durch ein Content Management-System voraussichtlich besser gesteuert?
- Ist eine Vereinheitlichung des Daten-Managements die wahrscheinliche Folge der Einführung eines Content Management-Systems?

4.9 K(l)eine Zusammenfassung

Dieses Kapitel hat es im Wortsinne in sich. Wenn Sie es erfolgreich bis hierher geschafft haben, dann brauchen Sie wirklich keine großartige Zusammenfassung mehr. Denn deren Inhalt haben Sie bereits in den Modellen des Content Management-Konzepts und im Content-Konzept erarbeitet - genau so, wie es für Ihr Unternehmen sein sollte. Sie kennen Ihre Umsysteme und wissen um die Standards Ihrer Arbeit beim Betrieb (XML ...), die Fallstricke von Logik und Semantik usw. In derjenigen Detaillierung, die Ihnen möglich ist und der Unschärfe, die Sie akzeptieren. Dazu unseren herzlichen Glückwunsch.

4.10 Checkliste

Content Management-Systeme	
Anzeichen für mangelhafte Anforderungen:	⇒ Unvollständige oder unpräzise Antworten zu den Kontrollfragestellungen im Abschnitt 4.8. ⇒ Undefinierte Zustände oder bislang nicht entschärfte oder gelöste Meinungsverschiedenheiten zwischen Interessensgruppen im Unternehmen. ⇒ Fehlende Content-Arten. ⇒ Fehlendes Einführungskonzept (schrittweise/„Big Bang"). ⇒ Bislang keine klare Verantwortlichkeiten für das Content Management definiert. ⇒ Weniger als 7 Workflows beschrieben. ⇒ Weniger als 25 Funktionalitäten gefordert. ⇒ Weniger als 15 benutzerinduzierte oder benutzerrelevante Anforderungen oder Festlegungen getroffen. ⇒ Keine Grobstruktur zu den Benutzerrollen im Content Management vorhanden. ⇒ Fehlen eines ausgearbeiteten inhaltlichen Strukturierungs-Konzepts für Contents mit Anforderungen an und Hilfestellungen für die Mitarbeiter. ⇒ Detaillierte Beschreibung aller Typen von Suchanforderungen an das Content Management-System auf weniger als 3 Seiten DIN A4 und mit weniger als 10 konkreten Suchbeispielen.

5 Technik

Dieses Kapitel behandelt die technischen Implikationen bei der Einführung eines Content Management-Systems. Dabei sind folgende Grundfragestellungen von Bedeutung:

Basissysteme:
Welche Voraussetzungen und Änderungen auf Seiten der IT-Struktur müssen gegeben sein, um ein Content Management-System erfolgreich zu etablieren und wie können diese gegebenenfalls geschaffen werden?

Sicherheit:
Welche relevanten Punkte zur IT-Sicherheit sind bei Einführung und Betrieb eines Content Management-Systems zu klären und als Daueraufgabe zu institutionalisieren?

Schnittstellen:
Welche Einschränkungen, Restriktionen oder Vorgaben sind hinsichtlich der Integrationsfähigkeit eines Content Management-Systems in die bestehende IT-Struktur zu beachten?

IT-Bereich:
Hat der IT-Bereich ausreichend Kapazitäten und Know-how für eine Content Management-System-Integration?

Neben diesen eher IT-internen Gesichtspunkten wird technischer Rat und Unterstützung noch häufig im Projekt benötigt werden.

Bei der Einführung eines Content Management-Systems genauso wie bei jedem anderen Projekt mit IT-Bezug sollte bereits ganz zu Beginn eines geklärt sein:

Wer trägt die technische Verantwortung für das Content Management-System?

5.1 Basissysteme

Von der IT-Abteilung werden zu Recht für das Einführungsprojekt eines Content Management-Systems umfassende und möglichst klare technische Vorgaben erwartet. Ausgehend von einer Bestandsaufnahme der vorhandenen IT-Struktur in Ihrem Unternehmen und den dazu gehörigen Systemen steht eine kritische Prüfung des aktuellen Zustandes im Vordergrund:

Vorfestlegungen und Restriktionen für die Content Management-System-Einführung, wenn der Status Quo nicht verändert würde:

Denken Sie hierbei an die gesamte Palette vorhandener Basisinstallationen: Hardwarearchitektur, Betriebssysteme (Client/Server) und deren Patchlevel, Netzwerk-Topologie, Protokolle, Verkabelung, Netzwerkauslastung, Drucker- und Backup-Infrastruktur sowie Lieferanten-Rahmenverträge. Dadurch können Sie technische Anforderungen an das zukünftige Content Management-System formulieren, die kohärent mit Ihrer bisherigen IT-Strategie sind. Denn sicherlich werden Sie kein System einführen wollen, das etwa auf einem Server-Betriebssystem läuft, für das Sie kein Know-how besitzen. Oder falls der Netzwerkverkehr während der Arbeitszeit sowieso schon am oberen Limit liegt, macht es wenig Sinn, ein weiteres System einzuführen, ohne den Datendurchsatz im Netzwerk zu verbessern.

Zeigen Sie auf, was mit der momentanen Infrastruktur ohne Anpassung (nicht) geht. Beachten Sie dabei gegebenenfalls vorhandene IT-Strategien, die Festlegungen hinsichtlich der Basissysteme beschreiben. Machen Sie gerade bei Engpässen, die einer Einführung im Wege stehen, klar, welche Maßnahmen und Mittel und innerhalb welchem Zeithorizonts eine nachhaltige Behebung dieser Engpässe beanspruchen würde.

Ein weiterer Aufgabenkomplex zielt auf die Standards und die vom Content Management-System benutzten Applikationen (wie z. B. ein Datenbanksystem):

Vom Content Management-System aus technischer Sicht geforderte Standards:

Dies könnten etwa sein: XML, XHTML (Extended Hypertext Markup Language), ICE, TCP/IP, Schnittstellen zu oder Verwendung von gängigen Standard-Datenbanksystemen wie Oracle, IBM (Informix (jetzt Ascential) oder DB2), Fernüberwachung mittels SMNP-Trapping, Logging, Auditing usw.

Zusätzliche Hardware- und Software-Anforderungen an die IT-Infrastruktur durch das Content Management-System:

Hier geht es sowohl um die Anwender/Clients als auch um die Server wie ebenfalls um die zu Grunde liegende Netzwerkinfrastruktur.

Erarbeiten Sie einen unternehmensindividuellen Anforderungsrahmen für die technische Basis und das technische Umfeld eines Content Management-Systems bezüglich der Basissysteme. Möglicherweise müssen Sie bestehende Technik-Prozesse im IT-Umfeld umorganisieren oder neu schaffen. Sollten die Ergebnisse Änderungen in der IT-Infrastruktur voraussetzen, müssen diese in das Einführungsprojekt mit eingeplant werden.

5.2 Sicherheit

IT-Sicherheit ist das am meisten unterschätzte und traurigste Kapitel im heutigen Geschäftsleben. Es würde den Rahmen dieses Buches sprengen, hier detailliert auf allgemeine IT-Sicherheit einzugehen.[1] Wir setzen an dieser Stelle ein „sicheres" internes Netz je Standort und - bei Vernetzung von mehreren Standorten - die standortübergreifende IT-Sicherheit schlicht voraus. Auch, wenn wir wissen, dass dies in der Praxis meist nicht gegeben ist.

Konzentrieren wir uns auf die spezifischen Sicherheitsanforderungen durch ein und in einem Content Management-System:

Speicherung sensibler Daten:

Ein paar Anregungen: Denken Sie an die gleichzeitige Benutzung von Betriebssystem-Konten für die User des Content Management-Systems, damit diese sich nicht noch ein zusätzliches Passwort merken müssen („single logon") und die IT-Administration entlastet wird. Die Zugriffsberechtigungen zu Dateisystemen und Servern - auch über Standortgrenzen hinweg - sowie Backupfragen spielen hier eine besondere Rolle.

Betriebssicherheit des Content Management-Systems:

Hierbei geht es um Dinge wie:

- Zugriffsschutz und Verschlüsselung der Daten benutzter Subsysteme, etwa für den Informationsaustausch zwischen dem Content Management-System und seinen Umsystemen
- Verschlüsselung oder Transparenz der Datenübertragung im LAN/im WAN - insbesondere wichtig für Funknetze
- Systemstabilität (Last, Dauerlast, Antwortzeiten, Zuverlässigkeit, Fehlertoleranz)

---

1 Zum Thema IT-Sicherheit - nicht nur für IT-ler sondern auch für Geschäftsführer und Vorstände vgl. das Kapitel 2.4 unseres Buches „Business E-volution".

- Sicherheit von internen Schnittstellen (z. B. Datenbank <=> Content Management-System)
- Die Sicherung von speziell für Ihr Unternehmen und Ihre Altsysteme entwickelten Schnittstellen zum Content Management-System.

Warmes und kaltes Backup und Recovery gehören natürlich ebenfalls zur Betriebssicherheit wie die physische Sicherheit der Datensicherung. Entsprechende Pläne und Notfallpläne müssen erarbeitet oder angepasst werden.

Sicherheitsanforderungen und die technische Administration des Content Management-Systems:

Bedenken Sie Möglichkeiten zur Remote-Administration (unverschlüsselt?) oder an einen spezieller User ausschließlich für Console-Administration. Die Speicherung von wichtigen Konfigurationsdaten oder gar Metadaten des Content Management-Systems in Klarschrift ist ebenfalls nicht sinnvoll - egal ob in einer Datei oder einer „Registry".

Sicherheitsanforderungen und die inhaltliche Administration des Content Management-Systems:

Zwang zum Passwortwechsel, Passworthistorie, Passwortlänge und -mindestzusammensetzung, Benutzersperre usw. sind hier die klassischen Anforderungskategorien. Darüber hinaus ist wichtig, dass es nicht nur Benutzerrollen-abhängige Sichtbarkeitsregeln gibt, sondern diese auch nicht zu umgehen sind!

Sicherheitsanforderungen an die Benutzerverwaltung des Content Management-Systems:

Hier sollten Sie einen Schwerpunkt legen. Benutzerrollen, Sichtbarkeitsregeln, Zugriffs- und Änderungsberechtigungen für Contents und fachliche Zuständigkeiten sollten sauber voneinander getrennt und flexibel definiert werden können. Und diese Daten zur Benutzerkonfiguration gehören nicht in Dateien, sondern verschlüsselt in eine Datenbank.

5.3 Schnittstellen und Integration

Falls das geplante Content Management-System keine Schnittstellen zu existenten Altsystemen haben soll, überlesen Sie diesen Punkt einfach.

Die einfache Grundregel lautet: „So lange eine Schnittstelle nur in eine Richtung liest, gibt es relativ wenig Probleme." Versuchen

Sie, die für die Integration des Content Management-Systems geforderten Business Needs möglichst nur durch lesende Schnittstellen zu implementieren, die auf Anforderung oder zeitgesteuert offline arbeiten. Lesende Online-Schnittstellen lassen sich gut mit Datenbank-Triggern realisieren, versagen aber oft den Dienst beim Patch oder Upgrade des Altsystems, wenn die Datenbankstruktur sich ändert oder migriert wird.

Sobald es wirklich unumgänglich ist, in Altsysteme schreibend einzugreifen, sollte dies möglichst auf genau dem selben Wege passieren, als würde ein Benutzer aus Fleisch und Blut die gleichen Änderungen am Altsystem durchführen. Denn spätestens beim nächsten Upgrade oder Release-Wechsel auf einem der beiden „Enden" einer Schnittstelle versagt erst die Schnittstelle und dann oft auch das gerade upgegradete System - wenn man mit einer schreibenden Schnittstelle mitten in der Datenbank des Altsystems fröhlich vor sich hin schreibt und sich durch das Update die Struktur der Datenbank geändert hat ...

Integrationsbedingte Restriktionen, die vor Einführung eines Content Management-Systems gelöst werden müssen:

Prüfen Sie, ob solche Restriktionen in Ihrem Unternehmen vorliegen. Diese Inkompatibilitäten kommen meistens auf Protokollebene, oder auf der Datentyp-Ebene vor.

Fehlende Schnittstellen zum Content Management-System aus Umsystemen heraus:

Aus der Liste der Umsysteme, die angebunden werden sollen und der Kenntnis des aktuellen Projekt-Status heraus kann dies leicht herausgefunden werden.

Festlegungen für vorhandene Datenbanken:

Je Datenbank muss festgelegt werden, ob sie

- in das Content Management integriert/angebunden wird,
- für das Content Management Daten liefert,
- durch das Content Management-System ersetzt werden soll,
- nichts mit dem Content Management zu tun hat, also eine Informations-Insel bleibt.

Schnittstellen und Ihre Einführungsstrategie:

Wenn ein Parallelbetrieb (Daten-Austausch online oder per Batch) zwischen Altsystemen und dem Content Management-System aufgrund der vorliegenden Anforderungen des Content

Management-Konzepts notwendig, sinnvoll oder gewünscht ist, dann sollte bereits beim Design der Schnittstellen der Parallelbetrieb berücksichtigt werden. Ein Parallelbetrieb stellt tendenziell höhere Anforderungen an das Design von Schnittstellen. Dieser Mehraufwand bedeutet in der Umstellungsphase jedoch zusätzliche Stabilität.

Funktionierende Schnittstellen preiswert beschaffen:

In der Regel werden Schnittstellen zur Integration von Altsystemen für ein Content Management-System mit Unterstützung des Anbieters oder einer Systemintegrationsfirma gebaut. Dabei ist es durchaus von Vorteil, wenn ein anderer Kunde bereits die gleichen Systeme mit einer Schnittstelle ausgerüstet haben wollte und diese quasi fertig bei Ihrem Content Management-System-Anbieter in der Schublade liegt. Die Kosten für deren Anpassung dürften dann nämlich deutlich niedriger liegen als für eine Neuentwicklung.[1]

5.4 IT-Kapazität und Know-how

Es gibt kein neues System ohne Probleme oder „Kinderkrankheiten". Daher ist es besonders wichtig, Anforderungen zu formulieren, die sowohl die Personalausstattung als auch das Know-how der IT-Mitarbeiter betreffen.

Sinnvollerweise unterscheidet man dabei die folgenden Phasen:

1. **Implementierungsphase**, in der installiert, adaptiert, parametrisiert und gegebenenfalls noch programmiert wird.
2. **Einführungsphase**, wenn die (ersten) Benutzer sich an das System gewöhnen („'s druckt nicht!").
3. **Betriebsphase**, wenn sich der „Normal"-Betrieb eingependelt hat und die User brauchbar mit dem System umgehen können.

Je nachdem, in welcher Phase Sie sich zukünftig bewegen werden, ist es gut möglich, dass Sie zu den folgenden Themen unterschiedliche Antworten oder Lösungen brauchen werden. Die Anforderungen werden sich mit der steigenden Erfahrung der Mitarbeiter wandeln.

1 In „Business E-volution" finden Sie unter 2.13 weiter gehende Informationen zur Integration von Altsystemen und Schnittstellen.

Technischer Support (DB, Content Management-System, Schnittstellen, Basissysteme) für die IT-Abteilung:

Besonders zu Beginn und dann direkt bei Umstellungen, Upgrades und Release-Wechseln entstehen Bedarfsspitzen in diesem Bereich des Systemwissens. Auch für Ihre IT-Mitarbeiter ist das System zu Beginn neu.

Inhaltlicher Support (Funktionalität, Bedienung) für die Benutzer des Content Management-Systems:

Je angepasster, spezieller und vom Standardsystem abweichender Ihre spezielle Installation wird, desto weniger ist es empfehlenswert, diese Dienstleistung auszulagern.

Schnittstelle zwischen technischem und inhaltlichem Support und Zuständigkeit der IT-Abteilung für inhaltliche Fragen:

Häufig wird der IT-Abteilung der Support für das gesamte Anwenderwissen „aufgebrummt". Das *kann* funktionieren, aber je spezieller die Fragestellungen werden, desto weniger effizient ist dies für die Lösung der beim User Help Desk auflaufenden Fragestellungen. Eine grundsätzliche organisatorische Trennung zwischen System- und Benutzersupport mit einer guten und eng zusammenarbeitenden operativen Schnittstelle dazwischen hat sich bereits oft ausgezahlt, rechnet sich aber erst ab einem gewissen Anfragevolumen.

Notfallpläne - neue und alte zu überarbeitende (Sie haben doch hoffentlich Notfallpläne!?):

Für die möglichen schweren Fälle wie Wassereinbruch, Brand, Feuer, Stromausfall, Hardwareversagen, Netzwerkzusammenbruch, Virenbefall, Hacker-Intrusion, Einbruch usw. sollten zumindest drei Dinge existieren, um die Downtime so weit als möglich zu minimieren: Erstens: ein Backupsystem. Zweitens: eine funktionierende saubere Datensicherung an einem räumlich getrennten und gut gesicherten Ort. Drittens: Mitarbeiter, die in der Lage sind, mit Beidem zuverlässig und schnell eine „frische" Produktion aufzubauen. Einrichtungen wie Telefonketten und Notfallvorschriften vorausgesetzt, müssen die Mitarbeiter in der Lage sein, Probleme zu erkennen, zu analysieren, zu priorisieren und entsprechend tätig zu werden. Dazu gehört auch, dass für solche Fälle bestimmte Mitarbeiter sehr weit gehende Kompetenzen haben müssen (Kosten, Eskalation, Entscheidungsbefugnisse). Es gibt Unternehmen, die üben solche „IT-Katastrophen" halbjährlich unter extrem harten Bedingungen. Das trainiert.

IT-seitige Stützung des Content Managements: Teilweises Outsourcing, komplett intern oder Mischung aus Beidem?

Abhängig von Ihrem Unternehmen kann es durchaus Sinn machen, Dienstleistungen, den 1st-Level-Support (User Help Desk) oder gar das gesamte Operating auszulagern und dafür externe Dienstleister zu nutzen. Je stärker das Content Management jedoch in Kernprozesse des Unternehmens eingebunden ist, desto eher begibt man sich auf diesem Wege in eine Abhängigkeit von Dritten. Je stärker Ihr Geschäft also direkt oder indirekt vom Content Management-System abhängt, desto eher sollten alle für den Betrieb notwendigen Ressourcen in ausreichender (Personal-) Stärke intern vorgehalten werden. Oder Sie sichern sich im Rahmen von Kooperationen, Allianzen oder Beteiligungen einen direkten Zugriff auf dann „Quasi"-interne Ressourcen.

Sie können jetzt sicherlich schon ein paar Angaben dazu machen, wie viele Mitarbeiter mit welchem Know-how für das Content Management-System benötigt werden. Die folgenden drei Fragen sollten einigermaßen planbar sein und ebenfalls in den Anforderungskatalog mit einbezogen werden.

- Werden neue IT-Mitarbeiter benötigt? Falls ja: Mit welchen Qualifikationen?
- Wie viele Mitarbeiter brauchen tiefgehendes Systemwissen?
- Wie viele Mitarbeiter brauchen tiefgehendes Anwenderwissen?

Und noch einen ganz wichtigen Punkt gilt es zu beachten: Ziehen die Mitarbeiter mit? Sind sie bereit für Veränderungen, die unter Umständen ihre „Babys" ersetzen oder es notwendig machen, wieder ein neues System zu lernen? Dies kann man nicht planen, möglicherweise fordern, aber am besten fördern. Das ist Aufgabe der IT-Verantwortlichen. Tipps hierzu gibt es u. a. im Kapitel 15 „Change Management".

5.5 IT-Aspekte des Content Management-Projekts

Bei den folgenden Themen kann die IT das Einführungsprojekt nur begleiten und sollte meinungsbildend mitwirken.

Testen Sie relevante und zukünftig benötigte vorhandene „digitale" Contents auf ihre Nutzbarkeit (d. h. sind z. B. Bänder noch lesbar/in welchem Format, existieren noch funktionsfähige Lesegeräte?)

Diese Prüfung sollte möglichst rasch und frühzeitig abgewickelt werden, was eine gute Gelegenheit ist, von den später noch benötigten digitalen Contents gleich in einem geeigneten Format Sicherungskopien zu machen.

- Digitalisierung bislang nicht digitalisierter Contents:

  Hier ist zu klären, ob die interne IT Kapazitäten und die notwendigen Werkzeuge für diese Aufgabe besitzt und/oder diese Aufgabe preiswerter übernehmen kann als Externe.

- Prozesse oder Funktionalitäten des Content Management-Systems bereits IT-seitig abgebildet/automatisiert?

  Falls dem so ist, stellt sich die Frage, wo und wie am zweckmäßigsten zukünftig das Content Management-System zum Einsatz kommt: an die vorhandene Struktur „angeflanscht" oder integrativ, indem das Vorhandene durch das Content Management-System ersetzt werden kann.

- Benutzerinterface und Arbeitsumgebung der Content Management-System-Nutzer aus IT-Sicht sowie die Integration der Arbeitsumgebung in die vorhandene IT- Infrastruktur:

  Möglicherweise differieren hier die Ansichten und Interessen zwischen IT und anderen Projektteilnehmern. Während Client-Software einen zusätzlichen Administrationsaufwand je Arbeitsplatz bedeutet, kann eine reine Web-Schnittstelle funktional die Bedienung des Systems erschweren. Darüber hinaus können z. B. Java-basierte Web-Clients möglicherweise nur auf ganz bestimmten Versionen von Java oder des Browsers genutzt werden, was für die IT eine komplette Rekonfiguration der Web-Browser im Unternehmen zur Folge haben könnte.

- Konfigurations-Management des Content Management-Systems bestehen aus technischer Sicht:

  Aus Sicht der IT ist es sicherlich wünschenswert, die Rollenvergabe und Authentifizierung so weit als möglich in die netzwerkweite Benutzerverwaltung zu integrieren. Sobald einzelne Personen mehrere Rollen gleichzeitig ausüben müssen, kann dies aber zu Problemen führen, etwa weil sie z. B. nur in der einen Rolle auf ihre E-Mails zugreifen können, in der anderen Rolle jedoch nicht.

- Ebenen der Administration des Content Management-Systems:

  Nicht nur aus IT-Sicht ist eine klare Trennung der Administrationsaufgaben in „technische" und „inhaltliche" Aspekte durchaus wünschenswert. Die Content-Strukturierung kann keine IT-Aufgabe sein, die Sicherstellung des Betriebes und der Datenkonsistenz im Content Management-System wiederum kann keine Aufgabe für diejenigen Mitarbeiter sein, die sich inhaltlich um die Strukturierung der Contents kümmern (vgl. das Konzept der Content-Mentoren in Kapitel 7 „Organisation").

Vereinheitlichung des Daten-Managements durch das Content Management-System:

Diesem Punkt wird zu selten die gebührende Aufmerksamkeit geschenkt. Es ist nämlich die zahm formulierte Frage: „Wenn wir etwas Neues aufbauen, was schalten wir dann an Altem ab?" Es kann nicht Sinn eines Content Management-Systems sein, das IT-seitige Daten-Management im Unternehmen weiter aufzublähen. Dieses hätte nämlich erfahrungsgemäß fast sicher zur Folge, dass Abläufe und Prozesse umfangreicher werden. Und das wiederum würde die Grundidee zur Einführung eines Content Managements oder eines Content Management-Systems karikieren.

Weitere Punkte aus IT-Sicht:

Kein Unternehmen ist wie das andere. Daher besteht die Möglichkeit, dass ein für Ihr Unternehmen wichtiger Punkt hier bislang nicht zur Sprache gekommen ist. Gerne wird dabei übersehen, dass Ihr Content Management-Konzept zwar eine konkrete Vorstellung, aber auch im jetzigen Stadium noch ein Wunschbild ist. Es ist nicht nur möglich, sondern wahrscheinlich, dass im Anforderungskatalog gerade in Bezug auf den Betrieb nach der Einführung Anforderungen stehen, die weniger realistisch sind, bislang nicht bedacht und schon gar nicht budgetiert wurden. Also empfiehlt es sich für die IT-Abteilung, den Anforderungskatalog ständig auf solche Anforderungen hin zu überprüfen.

5.6 Zusammenfassung

Aus technischer Sicht bedeutet die Einführung eines Content Management-Systems durch dessen Integrationspedanterie eine besondere Herausforderung. Schnittstellen müssen gebastelt, getestet und stabilisiert, neue Systeme gelernt und das Zusammenspiel vom Server-Betriebssystem bis zum Anwender-Client muss „eingefahren" werden. Dies bindet Ressourcen und benötigt Know-how. Wird darüber das Tagesgeschäft oder die IT-Sicherheit vernachlässigt, wird es meist „interessant". Daher sollten bereits im Vorfeld harte Restriktionen herausgearbeitet, verbalisiert und schriftlich festgelegt werden.

5.7 Checkliste

Technik	
Basissysteme:	⇒ Lässt der Status Quo die Einführung zu? ⇒ Technische Rahmendaten für das System erarbeiten und vorgeben. ⇒ Standards und funktionale Anforderungen an das System formulieren und einbringen. ⇒ Gibt es zusätzliche Hard- und Softwarevoraussetzungen durch das System?
Schnittstellen und Integration	⇒ Integrationsbedingte Restriktionen vor der Einführung identifizieren und kommunizieren. ⇒ Welche Schnittstellen müssen gebaut werden? ⇒ Einbinden von Altsystemen. ⇒ Ersetzen/Abschalten von Altsystemen. ⇒ Einführungsstrategie festlegen: Parallelbetrieb oder „Big bang"? Was sagt die IT?
Sicherheit	⇒ Sicherung des internen Netzwerkes. ⇒ IT-Sicherheit über Standortgrenzen hinweg. ⇒ Sicherheitsanforderungen bezüglich sensibler Daten definieren. ⇒ Anforderungen an die Betriebssicherheit (Stabilität) des Systems erarbeiten. ⇒ Anforderungen an die Administrierbarkeit des Systems (Trennung von inhaltlicher und technischer Administration) formulieren. ⇒ Anforderungen an die Benutzerverwaltung des Systems stellen. ⇒ Backup-, Recovery- und Notfallpläne überprüfen und überarbeiten. ⇒ Anforderungen an die Benutzerverwaltung des Systems stellen.

Technik	
IT-Personal	⇒ Sicherstellen des technischen Systemsupports durch die IT. ⇒ Sicherstellen des inhaltlichen Supports im Projekt. ⇒ Schnittstelle zwischen inhaltlichem und technischem Support definieren und testen. ⇒ Einsatz von externen Dienstleistern? Wenn ja: Für welche Bereiche und Aufgabenstellungen? ⇒ Zusätzliche Mitarbeiter? Wenn ja: Mit welchem Qualifikationsprofil? ⇒ Schulungen der IT-Mitarbeiter in Hinsicht auf Recovery, Systemwissen und Anwenderwissen festlegen. ⇒ Bereitschaft der IT-Mitarbeiter eruieren und stärken, am Veränderungsprozess mitzuwirken.
Projektarbeit	⇒ Überprüfung und Sicherung vorhandener relevanter digitaler Contents. ⇒ Digitalisierung nicht-digital vorliegender relevanter Contents. ⇒ Prüfung, ob Content Management-Prozesse nicht bereits IT-gestützt sind (Verhindern von Doppelarbeit). ⇒ Arbeitsumgebung der Benutzer und das Benutzerinterface festlegen. ⇒ Authentifizierung und Verteilung der Administrationsaufgaben (technisch/inhaltlich) einvernehmlich klären. ⇒ Was wird im Daten-Management des Unternehmens gewonnen?

6 Systemauswahl

Seit dem Beginn dieses Buches haben Sie Stück für Stück Ihre Vorstellungen von einem maßgeschneiderten Content Management entwickelt. Für Ihr Unternehmen haben Sie umfangreiche Kriterien für ein passendes Content Management-System zusammen getragen. Soviel zur grauen Theorie. Jetzt kommt der Punkt, an dem in der Realität nach der besten Entsprechung für dieses Bild gesucht werden muss. Und diese Suche wird leider nicht ohne Kompromisse vonstatten gehen. Daher ist der Weg zur Beantwortung der folgenden drei Fragen der Inhalt dieses Kapitels:

- Welche Lösungen in Form von Content Management-Systemen sind derzeit auf dem Markt?
- Durch welche Merkmale, Features und technischen Spezifikationen sind diese Systeme gekennzeichnet?
- Welches ist das optimale System in Hinblick auf die eigenen spezifischen Anforderungen?

Die Auswahl eines Content Management-Systems ist von strategischer Bedeutung, da ein späterer Wechsel hohe Kosten (Datenübernahme, konzeptuelle Probleme, Schulung) verursacht. Wenn die Anforderungen nicht zum System passen oder umgekehrt, ist nichts gewonnen. In den letzten drei Kapiteln wurde Stück für Stück ein klares und detailliertes Anforderungsprofil an das zukünftige Content Management-System in Hinsicht auf Workflows, Datenformate, Basissysteme, Skalierbarkeit, Customization, Umsysteme, Schnittstellen und Funktionalität erstellt. Als nächstes gilt es, diese Anforderungen hinsichtlich real existierender Content Management-Systeme auf Machbarkeit und möglichst hohe Passgenauigkeit hin zu überprüfen. Das am Besten geeignete Content Management-System für Ihr Anforderungsprofil soll gefunden werden.

Zur Systemauswahl bedarf es neben Ihres klaren Kriterienkatalogs der sauberen Evaluation. Scheuen Sie sich dabei nicht, neben einer Priorisierung der Wichtigkeit jedes einzelnen Punktes K. o.-Kriterien zu definieren, also Punkte, die für Ihr Content Management-System absolut unabdingbar sind und möglichst vollständig genau so wie gefordert funktionieren oder vorhanden sein müssen.

Die Vorbereitung und Durchführung der Evaluation einzelner Systeme sind ebenso Themen dieses Kapitels. Zur Evaluation „an sich“ finden Sie einen umfangreichen, strukturierten Fragenkatalog, der es Ihnen erleichtern sollte, die zu testenden Systeme hinsichtlich Ihrer Anforderungen zu untersuchen.

6.1 Das Finden der richtigen Mischung

Wie in den bisherigen Kapiteln beschrieben kann man mit einem reinen Web Content Management-System alleine noch kein umfassendes Content Management aufbauen (fehlende Medienvielfalt und meist zu starke Konzentration auf das Medium Web). Leider sind viele so genannte „Content Management-Systeme“ heute reine Web Content Management-Systeme mit ein paar Schnittstellen.

Das ist gut für diejenigen Unternehmen, deren Anforderungskatalog damit tatsächlich abgedeckt wird - für den „Rest“ empfiehlt sich grundsätzlich folgende Strategie:

- schwächere Beachtung der Grundfunktion Content-Produktion. Diese kann bei guten und sauberen Schnittstellen (s. u.) durch Tools oder andere Software erledigt werden.
- stärkere Betonung der Grundfunktionen Content-Erstellung und Content-Verwaltung. Dadurch gewichten Sie den tagtäglichen Umgang mit dem System stärker - was nicht nur den Usern (Usability) oder der IT (Betriebssicherheit) zugute kommt, sondern oft auch der Content-Qualität.
- starker Focus auf Import- und Export-Schnittstellen nicht nur für die gängigen und geforderten Standards (etwa XML), sondern z. B. auch für in Ihrem Unternehmen genutzte proprietäre Redaktions-, Autoren- und Produktionstools. So stellen Sie sicher, dass „geübte Praxis“ übernommen und gegebenenfalls weiter gepflegt werden kann (weniger Umstellungsaufwand für die Mitarbeiter), aber gleichzeitig alles sauber im Content Management-System verwaltet wird (Integration).

Das Ergebnis ist ein Content Management-System,

- das aufgrund seiner Schnittstellen im Wortsinn „offen“ und gut ausgerüstet ist für zukünftige Anforderungen und Anwendungen,

- das umfassendes Content Management ermöglicht, weil es integrierend und übergreifend wirkt und
- das sich für Spezialaufgaben über seine Schnittstellen gut für die Zusammenarbeit mit anderen Softwareprodukten eignet.

Unabhängig davon, welchen Weg Sie wählen: es muss erst einmal ein für Ihr Content Management-Konzept passendes System gefunden werden.

6.2 Das Finden der richtigen Anbieter

Es stellt sich also die Frage, wer überhaupt ein Content Management-System anbietet, das für Ihr Unternehmen in Frage kommen könnte. Dabei macht es wenig Sinn, hier eine solche Liste abzudrucken, weil die Herstellerlandschaft heftig in Bewegung ist. Ständig gibt es neue Anbieter, andere fusionieren und wiederum andere werden von Firmen aufgekauft, die das Content Management-System als Bereicherung oder Erweiterung der eigenen Produktpalette verstehen. Das bessere Medienformat für diesen Content ist das Web:

Eine Liste mit Anbietern von Content Management-Systemen sowie interessanten Websites und Produkten im Umfeld des Content Managements finden Sie unter der Rubrik „Content" auf unserer Website http://www.business-e-volution.de.

Sind Sie dadurch mit ersten Eindrücken, Adressen und Kontaktmöglichkeiten ausgestattet, ist es durch die Vielzahl der Anbieter natürlich unmöglich und unsinnig, alle angebotenen Systeme evaluieren zu wollen. Erfahrungsgemäß macht es ebenfalls wenig Sinn, bereits in diesem Stadium mit noch relativ wenig eigenem Know-how einen „Beauty Contest" (Schaulaufen der Anbieter, die den Zuschlag bekommen möchten) durchzuführen. Es muss vielmehr jetzt darum gehen, die Spreu vom Weizen zu trennen und dies möglichst effektiv, schnell und zuverlässig. Was kann man also tun? Wir empfehlen folgenden Drei-Stufen-Plan:

1. Formulieren Sie die wichtigsten **Business Needs** Ihres zukünftigen Content Management-Systems. Stellen Sie aus Ihren gesammelten Anforderungen eine Liste zusammen, in der Sie diejenigen Punkte mit der höchsten Priorität sammeln: die Eingangsmedien, die Zielmedien, die Formate, die K. o.-Kriterien, die Anforderungen mit hoher Priorität, wo eine bestimmte Funktionalität oder ein bestimmter Workflow in einer von Ihnen definierten Art und Weise implementiert werden

soll. Nehmen Sie Punkte wie z. B. die Schnittstelle zum Altsystem sowie technische Rahmendaten von den IT-Experten im Unternehmen mit in diese Liste auf. Natürlich sollten ebenso „harte" Restriktionen - wie z. B. zeitliche - mit in diese Liste der Business Needs mit aufgenommen werden.

2. Konfrontieren Sie alle in Frage kommenden Anbieter mit dieser Liste und geben Sie jedem etwa zwei Wochen Zeit für eine detaillierte schriftliche Stellungnahme zu den Anforderungen in Ihrer **Anfrage**. Dabei geht es nicht um ein Angebot, sondern um die verbindliche schriftliche Aussage der Hersteller, was von Ihren Anforderungen diese in der Lage sind, mit ihrem jeweiligen System abzudecken. Fordern Sie in der Anfrage je einzelnem Punkt eine klare Aussage dazu, ob das von Ihnen Gewünschte in der Standardfunktionalität enthalten ist, Teil eines Zusatzmoduls ist oder separat entwickelt werden muss. Fordern Sie detaillierte Angaben zu Historie, Entwicklung und Geschäftszahlen des Anbieters sowie zur Anzahl der Installationen, um dadurch ein Gefühl dafür zu bekommen, wie ein möglicher zukünftiger Softwarelieferant als Partner beurteilt werden kann. Wichtig: In diesen zwei Wochen sollten die Projektverantwortlichen und internen Know-how-Träger den Anbieterfirmen für schriftliche Rückfragen zur Verfügung stehen.

3. Das sich durch den Rücklauf von den Anbietern ergebende Bild führt in der Regel zu einer überschaubaren Anzahl von in Frage kommenden Content Management-System-Lösungen. Diese gilt es dann im Detail anhand aller Evaluierungskriterien und Anforderungen nochmals sauber „abzuklopfen". An die übrig gebliebenen, interessanten und interessierten Anbieter sollten Sie mit dem vollständigen Anforderungskatalog herantreten und diese um eine Präsentation mit konkretem Angebot im Rahmen eines für alle Anbieter am gleichen Stichtag stattfindenden „**Beauty Contests**" bitten.

Die Anzahl der zur Evaluation anstehenden Systeme sollte zum Zeitpunkt des „Beauty Contests" höchstens an einer Hand abzählbar sein. Achten Sie auf Form und Ausmaß der Evaluationsunterstützung durch die Anbieter.

6.3 Die Vorbereitung der Evaluation

Spätestens jetzt wird es Zeit, ein Evaluationsteam zu bestimmen, dessen Mitglieder die Aufgabe haben, die bestehenden Anforderungen auf Passgenauigkeit in den Evaluationssystemen hin zu überprüfen. Dazu sind Mitarbeiter mit IT- oder Fach-Know-how genauso notwendig wie „normale Benutzer" aus den wichtigen Bereichen. Alle im Evaluationsteam sollten auf möglichst breiter Basis an dieser Aufgabe zusammenarbeiten. Dem Teamleiter obliegt die Verantwortung für die Durchführung der Evaluation und die Dokumentation der Evaluationsergebnisse. Für jedes der bislang erarbeiteten Kriterien und je Content Management-System muss konkret geprüft und bewertet werden, welches Content Management-System dem idealen Wunschbild am nächsten kommt. Findet das Evaluationsteam die Nichterfüllung eines K. o.-Kriteriums, ist die Evaluation dieses Content Management-Systems beendet.

Falls bereits im Vorfeld und zeitnah in Ihrem Unternehmen Content Management-Systeme evaluiert wurden, sind folgende Fragen zu klären, denn aus gemachten Erfahrungen kann man lernen:

- Welche Systeme wurden evaluiert - und mit welchen Ergebnissen?
- Welche praktischen Probleme traten bei der Evaluation auf und was kann man verbessern (Ziel: Beschleunigung und qualitative Verbesserung des Evaluationsprozesses)?

Es müssen nur noch ein paar Rahmenbedingungen geklärt werden und schon direkt danach kann die Evaluation beginnen:

- Welche Zusammensetzung hat das Evaluationsteam?
- Welchen Zeitrahmen gibt es für die Evaluation?
- Können mehrere Systeme gleichzeitig aber ohne Qualitätsverlust evaluiert werden?
- Sind externe Dienstleister zur Evaluation mit eingebunden oder zugelassen? Und falls ja: Für welche Aufgaben?
- Wie bewerten Sie? Es gab schon Evaluationen, bei denen man nach zwei Wochen festgestellt hat, dass die Ergebnisse nicht vergleichbar waren, weil unterschiedliche Bewertungsmaßstäbe herangezogen wurden. Treffen Sie dafür einfache Vereinbarungen wie z. B.: Anmerkungen/Kurzbeschreibung, Bewertung gemäß Schulnoten-System usw.

Definieren Sie anhand des strukturierten Fragenkataloges (vgl. Abschnitt 6.3) Standardtests, z. B. für Echtdatenimport, Exporte usw. Dadurch schaffen Sie gleiche Bedingungen für alle evaluierten Systeme.

Noch ein abschließender Punkt:

∇ Testen Sie keinesfalls irgendwelche „ganz neuen" Versionen oder „Zwischenversionen", die Ihnen die Anbieter zur Verfügung stellen möchten. Testen Sie stattdessen ausschließlich genau die Version eines Content Management-Systems, die bei normalen Kunden des Herstellers aktuell im Einsatz ist.

Und dies aus mehreren Gründen:

- Softwaresysteme, von denen man weiß, dass sie „nur" evaluiert werden, können „frisiert" werden, um schneller zu laufen. Dieses System würde dann gegebenenfalls keine Volllast in der Produktion aushalten, aber die Evaluation wäre bezogen auf Antwortzeiten usw. brillant.
- Softwarehersteller halten in der Regel einen internen Qualitätssicherungsprozess ein, bevor eine Änderung am System freigegeben wird. Die „neuen Zwischenversionen" haben diesen Prozess in der Regel nicht durchlaufen. Somit könnten Ihre Testergebnisse von der tatsächlichen Leistungsfähigkeit des Content Management-Systems stark abweichen oder ungewollte Seiteneffekte produzieren, was das Evaluationsergebnis verzerren oder gar entwerten könnte.
- Wenn Sie sich später für das System entscheiden, sind Sie normaler Kunde. Haben Sie dann auch immer das Neueste aus den Entwicklungslabors des Herstellers zur Verfügung?

6.4 Der Evaluationsprozess

Es folgt der strukturierte Fragenkatalog zur Evaluation. Dieser Fragenkatalog ist deshalb unvollständig, weil er Ihre speziellen und individuellen Anforderungen nicht beinhalten kann. Da bei der bisherigen Arbeit mit diesem Buch von Ihrer Seite mit Sicherheit noch Anforderungen und klärungsbedürftige Punkte hinzugekommen sind, sollten Sie diese natürlich ebenfalls priorisieren und dann evaluieren (vgl. Abschnitt 6.4.10).

Der Punkt 6.4.7 bezieht sich nur auf Web Content Management-Systeme und sollte nur dann evaluiert werden, wenn das Evaluations-System ein Web Content Management-System ist oder das Web eines Ihrer Zielmedien darstellt.

6.4.1 Allgemein

Die folgenden sechs Fragen haben schon manche Evaluation erheblich verkürzt. Denn wird nur einer dieser Punkte vom System nicht erfüllt, lohnt sich normalerweise der Aufwand der weiteren Evaluation dieses Systems nicht mehr. Es sei denn, der Hersteller verpflichtet sich schriftlich, das fehlende Feature innerhalb eines festgesetzten Zeitrahmens in der gewünschten Art und Weise realisieren zu können.

1. Wie steht es um die Sprachunterstützung? Werden alle benötigten Sprachen, Schriftarten und Sonderformen (z. B. mathematische Zeichen) unterstützt (Eingabe- und Ausgabe-seitig)?
2. Welche Standards versteht das Content Management-System (z. B. XML, ICE, RDF, XMI ...)? Gibt es irgendwelche geforderten Standards, die entweder an der Export- oder der Import-Seite nicht vorhanden sind?
3. Welche Metadaten-Funktionalitäten werden zur systematischen Strukturierung von Contents geboten? Gibt es vordefinierte starre Kategorien, ist dies hierarchisch gelöst oder kurz: Wird die gebotene Strukturierungssystematik Ihren Anforderungen gerecht?
4. Wo liegen die Wurzeln oder aus welcher „Ecke" kommt das Content Management-System (z. B. Redaktionssystem, Dokumentenmanagement, Shopsystem, Retrieval-orientiertes System, Web Authoring System, Community-System ...)?
5. Passen diese Wurzeln zu Ihrem Anforderungsprofil?
6. Funktionieren im Rahmen eines überblickartigen „Schnelltests" die K. o.-Kriterien, also diejenigen harten Restriktionen, die Sie fordern, wenigstens dem ersten Anschein nach? Stolpert das System bereits zu Beginn mit einem einfachen Test über eine Ihrer harten Restriktionen, dann ist die Chance nicht sehr hoch, dass dies das optimale System für Ihr Unternehmen ist.

6.4.2 Workflow

So kurz und knapp der Punkt über Workflows hier steht, er ist extrem wichtig. Gerade weil die Workflows von Unternehmen zu Unternehmen stark variieren, sollten Sie hier höchste Aufmerksamkeit auf die Erfüllung Ihrer eigenen Anforderungen legen.

1. Kann der Workflow „Redaktion" zufriedenstellend abgebildet werden?
2. Kann der Workflow „Qualitätssicherung" zufriedenstellend abgebildet werden?

3. Können die Workflows „Automatisierte Veröffentlichung“ und “Haltbarkeit von Content“ wie gefordert (automatisiert) abgebildet werden?
4. Für alle anderen angeforderten Workflows: Können diese zufriedenstellend abgebildet werden (je Content Management-System und angefordertem Workflow)?

6.4.3 Funktionalität

Der Kernpunkt jedes IT-Systems - neben der oft als selbstverständlich erwarteten Sicherheit und Benutzbarkeit - ist die Abbildung der gewünschten Funktionalität. Nur, wenn Klarheit herrscht, was geleistet werden soll, kann man verhindern, später im Nebel zu stochern.

1. Administration: Wie schwierig gestaltet sich die Administration? Findet diese auf unterschiedlichen Ebenen statt (z. B. unterteilt in inhaltliche, benutzerspezifische und systemspezifische Administration oder gibt es diesbezüglich keine Unterscheidung)?
2. Datenquellen und Import: Welche Content-Quellen (Datenbanken, Dateien ...) zum Datenimport sind nutzbar? Wie gut sind die Import-Ergebnisse mit Echtdaten?
3. Mandantenfähigkeit (I): Erfüllt das Content Management-System die Anforderungen bzgl. der Mandantenfähigkeit?
4. Mandantenfähigkeit (II): Wie werden Kundenkonten im Content Management-System verwaltet?
5. Änderungsdienst: Deckt sich die Abbildung des Änderungsdienstes mit Ihren Erwartungen?
6. Freigabedienst: Wie wird der Freigabedienst abgebildet? Deckt sich dies mit den Erwartungen?
7. Produktion: Kann das Content Management-System alle definierten Zielmedien produzieren, exportieren und importieren? Welche Schnittstellen stellt es dafür bereit?
8. Ausgabe: Wie steht es um die Ausgabequalität (Formatierungen) und die Einhaltung von Standards wie z. B. XML?
9. Versionierung und Versionskontrolle: Sind mehrfache Versionen des selben Contents möglich? Sind „Versionierung“ und „Versionskontrolle“ zufriedenstellend abgebildet?

10. Archivierung: Wird die Funktionalität „Archivierung“ Ihren Ansprüchen gerecht?

11. Bearbeitungssperre: Gibt es einen “Check-in/Check-out“-Mechanismus zum exklusiven Sperren von Content zur Bearbeitung? Funktioniert dieser? Kann man den Mechanismus umgehen?

12. Suchmöglichkeiten (I): Ist eine gute und schnelle Suche möglich? Nach welchen Kriterien (Volltext; Bool'sche Verknüpfungen mit „und“, „oder“ und „nicht“; Suche nach Bildern und Videos; semantische Fragen ...)?

13. Suchmöglichkeiten (II): Welche weiteren Suchmöglichkeiten gibt es? Sind diese durchgängig (d. h. in jedem relevanten Programmteil vorhanden)? Werden Ihre Anforderungen diesbezüglich erfüllt?

14. Replikation: Gibt es eine stabile Replikations-Funktionalität?

15. Templates: Wie einfach und wirkungsvoll gehen Erstellung, Pflege und Benutzung von Templates vonstatten?

16. Ist ein rollenbasiertes Approval vorhanden und funktionstüchtig (d. h. auch, dass es nicht trivial umgangen werden kann!)?

17. Audit trail: Sind alle notwendigen und geforderten Funktionalitäten im Bereich Content- und Benutzer-Aktivitätsanalyse, Auditing und Logging (Audit trail) vorhanden?

18. Konfigurationsmanagement: Entspricht dies Ihren Anforderungen (Benutzer, Rollen, Administration)?

19. Auffälligkeiten: Bietet das Content Management-System weitere sonstige Funktionalitäten, die zwar nicht Teil des Anforderungsprofils waren, aber für das Unternehmen interessant sein könnten oder besonders überzeugend oder ansprechend gelöst worden sind (je Funktionalität einzeln beschreiben)?

6.4.4 Benutzer

Gerade für eine gute Benutzbarkeit sollten hohe Maßstäbe an Verständlichkeit und Intuitivität des Content Management-Systems gestellt werden. Dies ist ein kritischer Faktor für die Akzeptanz. Insofern sollte man überlegen, subjektive Eindrücke in diesem Bereich stärker als sonst zu gewichten.

1. Welches Benutzer-Interface (Web-Browser vs. Client-/Server-Software) ist vorgesehen?

2. Wie steht es um die Benutzerfreundlichkeit (Usability)? Wie intuitiv sind Oberfläche, Navigation und Nomenklatur?
3. Welche notwendigen praktischen Fähigkeiten zum Umgang mit diesem Content Management-System sind möglicherweise nicht überall vorhanden und müssen geschult werden?

6.4.5 Sicherheit und Technik

Eine entsprechend hohe IT-Sicherheit vorausgesetzt sollte das Content Management-System diese Standards nicht torpedieren oder ad absurdum führen. Daher und wegen der teilweise sensiblen Inhalte der Contents sind System-immanente Sicherheitskriterien wichtig. Darüber hinaus sollte das Content Management-System ohne allzu große Probleme in die „hauseigene" IT-Infrastruktur passen und sich sowohl betriebssicher als auch stabil präsentieren.

1. Technische Daten: Entspricht das System bzgl. Hardware, Betriebssystem, Datenbanksystem den gestellten Anforderungen und der unternehmensinternen IT-Strategie? Sind die „technischen Daten" des Systems kohärent zum Anforderungsprofil?
2. IT-Integration: Lässt sich das Content Management-System in die vorhandene Hardware- und Software-Infrastruktur sowie in die Netztopologie integrieren?
3. Sicherheit und Verschlüsselung: Welche Sicherheitsfunktionalitäten werden geboten? Wie wird die Sicherheit sensibler Informationen gewährleistet?
4. Rollen und Sicherheit: Gibt es rollenbasierte, aufgabenbezogene Sicherheit? Lässt sich diese nicht trivial umgehen?
5. Rollendefinition: Können Benutzerrollen frei definiert werden oder sind diese vorgegeben? Falls Letzteres zutrifft: Reicht diese Vorgabe aus?
6. Rollen und Zugriffsrechte: Können die Benutzerzugriffsrechte detailliert rollenbasiert definiert und gepflegt werden?
7. Authentifizierungs-Services: Welche werden geboten oder benutzt (Betriebssystem-Konten)? Sind diese ausreichend?
8. Stabilität: Funktioniert z. B. ein großes Rollback ohne Probleme?
9. Antwortzeiten: Reagiert das System ausreichend schnell? In der Evaluation, wo nur wenige gleichzeitige Benutzer und

meist nur wenige Daten im System vorhanden sind, sollte das Antwortzeitverhalten überhaupt niemandem auffallen - schon gar nicht negativ!

6.4.6 Integration

Falls neue Schnittstellen von oder zu Altsystemen erstellt werden müssen oder (externe) Dateninhalte in das Content Management-System eingebunden werden sollen, sind folgende Fragestellungen überaus wichtig:

1. Welche Integrationsschnittstellen für den Daten-Austausch mit Altsystemen werden benötigt? Sind diese grundsätzlich mit dem Content Management-System realisierbar oder bereits verfügbar?
2. Wie steht es um das Zusammenspiel und die Integration mit Autorentools und anderer Software?
3. Gibt es eine Möglichkeit oder Schnittstellen zur Nutzung von Applikationen externer Anbieter oder Dienstleister?
4. Welchen Eindruck machen die IT-Mitarbeiter des Anbieters oder welche Kompetenz billigt das Evaluierungsteam diesen zu? Können die fehlenden Schnittstellen mit diesen Externen zügig und korrekt implementiert werden?
5. Wo liegen nach Auffassung des Evaluierungsteams die Stärken und Schwächen des Content Management-Systems (Benutzerfreundlichkeit, Skalierbarkeit, Datenhaltung, technische Basis, Strukturierungsmethodik, Offenheit der Schnittstellen, Customizing, Suchfunktionen, Aufbereitung, Ausgabe, Integration und Migration von Altdatenbeständen, medienneutrale Datenhaltung usw.)?

6.4.7 Web Content Management-Systeme (WCMS)

Speziell für Web Content Management-Systeme sollten mindestens die folgenden Fragen evaluiert werden:

1. Gibt es eine Unterstützung anderer Client-Protokolle außer Web (z. B. WAP für Handys, PDA's)?
2. Wie ist die Codequalität der Ausgabe einzuschätzen (Scriptsprachen, Tag-Struktur ...)?
3. Welche Features muss ein Client-Browser erfüllen (Java, Javascript, Frames, Cookies, Session-Cookies ...) um überhaupt

mit der Ausgabe etwas anfangen zu können, diese darstellen zu können oder die Funktionalität nutzen zu können? Und sind diese Benutzungshürden akzeptabel?

4. Ergeben sich bei der Ausgabe Darstellungsunterschiede zwischen unterschiedlichen Browsern? Falls ja: Sind diese tolerierbar?
5. Gibt es vorhandene, nutzbare, eingebaute oder optionale CRM-Funktionalitäten?
6. Auf welche Arten ist Interaktivität und Personalisierung möglich?
7. Falls angefordert: Gibt es eine ausreichende Abbildung der E-Commerce-Funktionalität(en)?
8. Gibt es Link-Überwachung?
9. Wie steht es um das Link-Management?
10. Wie steht es um das Site-Management?

6.4.8 Wirtschaftlichkeit

Hierbei geht es nicht nur um Kosten für Anpassung, Integration, Customizing, Installation, Betrieb sowie Support und Service sondern auch um das Standing des Anbieters.

1. Wie steht es um die Anforderungen bezüglich Marktposition und Kompetenz des Anbieters (strategische Sicht)?
2. Wie ist das Anbieterunternehmen als Partner zu beurteilen?
3. Wie hoch sind die laufenden Fixkosten des (Web) Content Management-Systems?
4. Welche zusätzlichen Dienstleister-Kosten (Programmierung, Consulting usw.) entstehen nach der Einführung?
5. Wie groß wird der Anpassungsaufwand sein?
6. Wie hoch kann der Aufwand für die Einführung geschätzt werden?
7. Welche Kosten entstehen durch die Datenmigration und wer trägt diese?
8. Welcher Implementierungskostenrahmen würde bei der Einführung notwendig (inkl. Customizing, Migration, Parallelbetrieb, Schulung und Scharfschalten)?

9. Welche externen Kosten von Auftragserteilung bis zum vollständigen Produktionsstart können geplant werden (Produkt, Lizenzen, Customizing, Programmierung ...)?
10. Wie erfolgen der Leistungsnachweis und die Rechnungsabwicklung für Kunden bei Mandantenfähigkeit? Welche Teile sind intern im Content Management-System bereits gelöst?

6.4.9 Zeitrahmen

Ihre bisherige Kenntnis des Evaluations-Systems, Ihre Einschätzung des Lieferanten, seiner Mitarbeiter und dem sich möglicherweise ergebenden Anpassungsbedarf sollten eine qualitative Antwort auf die folgende Frage möglich machen: Welcher Implementierungszeitrahmen würde bei der Einführung notwendig werden (inkl. Customizing, Migration, gegebenenfalls Parallelbetrieb, Schulung und Scharfschalten)?

6.4.10 Weitere spezielle Evaluierungspunkte

Dieser Abschnitt ist reserviert für individuelle Evaluations-Fragestellungen hinsichtlich der Anforderungen, die sich im Laufe der Kriterienerarbeitung in Ihrem Unternehmen ergeben haben - falls sie bislang nicht im Evaluations-Fragenkatalog vorkamen.

6.5 Nach der Evaluation

Welches Content Management-System passt am ehesten oder besten zum Anforderungskatalog? Dies sollte aus einer abschließenden Wertung des Evaluationsteams im Abschlußbericht hervorgehen. Denn im Normalfall gibt es jetzt einen Favoriten oder zwei dicht beieinander liegende Systeme. Ein entsprechendes Gremium (z. B. die Geschäftsführung) muss dann aufgrund der vorliegenden Fakten und Informationen entscheiden, welches Content Management-System eingesetzt werden soll.

Sollte keines der evaluierten Systeme die spezifischen Bedürfnisse Ihres Unternehmens in Sachen Content Management-System ausreichend berücksichtigen oder abbilden können, dann ist auch dies ein Ergebnis - zumindest eines, das Ihr Unternehmen von einer Fehlentscheidung abhalten sollte. Sie haben dann folgende Möglichkeiten, die alle geprüft werden sollten:

1. Überprüfung der Anforderungen: Kann auf (eine) bestimmte Anforderung(en) verzichtet werden, die zur Abwertung eines Systems führte und die nicht sicherheitsrelevant ist? Wenn bei

Wegfall dieser Anforderung(en) mindestens ein System die Evaluation „überstanden" hätte, wäre dies eine schnelle und elegante Lösungsmöglichkeit.

2. Überprüfung der Anbieterseite: Hierzu gibt es vier Ansatzpunkte mit höchst unterschiedlichem zeitlichen, personellen und finanziellen Aufwand:
   - Sprechen Sie mit den Anbietern Ihrer Evaluations-Systeme. Kann ein in Frage kommender Anbieter in Kürze die Kriterien und Anforderungen erfüllen und sichert er dies schriftlich zu (Konventionalstrafe in Bezug auf Zeitpunkt und Umfang)? Das würde das Problem lösen (Verschiebung der Einführung).
   - Ist es möglich, dem „besten" Anbieter einen Entwicklungsauftrag zu geben, um die suboptimale, fehlerhafte oder nicht hinreichende Anforderung zu implementieren?
   - Kann ein Team aus eigenen IT-Spezialisten und Entwicklern des Anbieters gemeinsam das Fehlende Stück schneller und besser in einem Entwicklungsprojekt erstellen?
   - Wurden bei der Auswahl der Evaluationssysteme Anbieter ausgelassen? Dies kann aus finanziellen Erwägungen geschehen sein oder weil das System als „eine Nummer zu groß" eingestuft wurde.
   - Gab es seit Beginn der Systemauswahl und der Evaluation neue Produkte oder erhebliche Produktverbesserungen im Markt, welche die zusätzliche Evaluation eines weiteren Systems nahe legen?

6.6 Zusammenfassung

Stecken Sie in die präzise Evaluation viel Energie und Sie werden mittel- und langfristig erheblich davon profitieren.

Dieses Kapitel bietet keine detaillierte Besprechung oder gar Empfehlung für das Content Management-System X oder Y. Und dies aus ganz einfachen, nachvollziehbaren Gründen:

- **Individualität**: Jedes Unternehmen stellt andere Anforderungen und Schwerpunkte an das eigene Content Management - und somit gegebenenfalls an das Content Management-System. In dem Moment, wo etwa Altsysteme integriert werden müssen oder Daten aus Altsystemen in das Content Management einfließen sollen, kann System X durchaus besser abschneiden als das bisher favorisierte System Y.

- **Aktualität**: Eine Studie oder Marktübersicht zu Content Management-Systemen ist bereits kurze Zeit nach der Veröffentlichung in etwa so aktuell wie die Tageszeitung von gestern. Das liegt zum einen an der Feature- und Update-Flut seitens der System-Anbieter und zum anderen daran, dass Anbieter zunehmend von anderen Unternehmen oder Konkurrenten geschluckt werden.

Neben detaillierten Vorschlägen zum Ablauf und zur Organisation des Auswahlprozesses für Ihr Content Management-System haben wir in diesem Kapitel einen weiteren Schwerpunkt auf den strukturierten Fragenkatalog gelegt - also auf das Arbeitsprogramm des Evaluationsteams. Auch für den wenig erfreulichen Fall, dass keines der evaluierten Systeme Ihrem Anforderungskatalog gerecht wird, finden sich Vorschläge.

6.7 Checkliste

Systemauswahl
⇒ Alle Anbieter herausfinden.
⇒ Business Needs definieren und alle Anbieter damit konfrontieren.
⇒ Aus der Reaktion Vorauswahl unter den Anbietern treffen.
⇒ Maximal eine Handvoll möglicher Systeme identifizieren.
⇒ Anbieter zu Präsentation, „Beauty Contest“ und Angebot laden.
⇒ Evaluierungsorganisation aufbauen.
⇒ Evaluationskriterien festlegen (Testprogramm, Bewertungsmassstäbe).
⇒ Evaluation gemäß strukturiertem Fragekatalog durchführen - die harten Punkte zuerst.
⇒ Evaluations-Abschlußbericht mit Empfehlung fertigen.
⇒ Entscheidung zur Systemauswahl: Einführung - oder im Fall, dass kein System die Evaluation bestanden hat, weiteres Vorgehen gemäß Abschnitt 6.5.

7 Organisation

In diesem Kapitel kümmern wir uns nicht um die Projekt-Organisation für das Content Management-Einführungsprojekt, denn alles hierzu finden Sie im Kapitel 14 „Projekt-Management". Vielmehr nehmen wir uns der Fragestellungen an, welche Änderungen auf das Unternehmen durch die Einführung zukommen und wie dieser Veränderungsprozess organisatorisch gestützt werden sollte. Dies kann noch zu weiteren, bisher nicht definierten Anforderungen an das Content Management-System führen.

Veränderungen in Unternehmen führen nicht nur zwangsläufig zu Änderungen in der Unternehmenskultur, sondern fast immer auch zu Veränderungen der gelebten Organisationsstruktur - auch wenn im Organigramm als formale Darstellung vielleicht nur ein paar Namen geändert werden. Oder haben Sie schon einmal ein Organigramm gesehen, das wirklich gestimmt hat und so gelebt wurde?

Angestrebt werden sollte, Neues - wie etwa ein Content Management-System - organisatorisch so zu integrieren, dass es gelebt wird und nicht nur auf einem Stück Papier steht. Weiterhin macht es keinen Sinn, unnötige Organisationseinheiten zu „erfinden", die als Beschwichtigung für den Machtproporz von Abteilungsleitern, Konzerngesellschaften, Geschäftsführern oder Vorständen installiert werden. So etwas kostet einfach nur Geld, gute Leute und Motivation. Darüber hinaus löst dies nicht das zu Grunde liegende Problem und schafft dafür neue und zusätzliche Probleme.

Inzwischen haben Sie im bisherigen Projekt-Verlauf - aus Ihrer Kenntnis der spezifischen Gegebenheiten und Rahmenbedingungen Ihres Unternehmens heraus - über zweihundert zum Teil recht schwierige Fragen zum Thema Content, Content Management und Content Management-Systeme beantwortet und geklärt. Da wir beim Schreiben dieses Buches aber Ihre spezifische Situation nicht kannten, möchten wir Sie bitten, bei den Fragestellungen zur Organisation ein wenig Nachsicht zu üben, falls die Thematik für Ihr Unternehmen „kein Thema" ist oder sich zumindest in dieser Form nicht stellt.

7.1 Eine baufällige Scheune wird nie ein High-Tech-Glaspalast

Völlig „harmlos“ möchten wir mit ein paar ganz einfachen Fragen beginnen und Sie zum Nachdenken anregen:

- Welche organisatorische Vorgeschichte in Ihrem Unternehmen besteht in Hinsicht auf Content Management?
- Sind Ihre vorhandenen Organisationsstrukturen eigentlich sinnvoll und zeitgemäß?
- Lässt Ihre Organisationsstruktur überhaupt konstruktive Veränderung zu?
- Ist eine Bereitschaft zur Veränderung bestehender Organisationsstrukturen vorhanden?
- Inwieweit müssen vorhandene Organisationsstrukturen erhalten bleiben?
- Wie werden durch die Einführung des Content Management-Systems bestehende Machtverhältnisse voraussichtlich verändert?

In einer immer stärker vernetzten Geschäftswelt, in der Team- und Projektarbeit strukturell immer wichtiger werden, sollte es erlaubt sein, derartige Fragen zu stellen. Die Konservativität vieler Zeitgenossen bezüglich der Organisationsstrukturen kann diverse Ursachen haben. Beispielsweise:

- Angst vor Machtverlust
- Eine Änderung könnte vorhandene informale Gewohnheiten zukünftig verhindern
- Veränderungen könnten auch Verschlechterungen mit sich bringen

Was dies alles mit Content Management zu tun hat? Es ist leider sehr weit verbreitet, sich mit diesen unangenehmen Fragen ungern oder gar nicht auseinandersetzen zu wollen. Aber Content Management soll ein Unternehmen schneller und effektiver machen. Dazu gehört, dass die Kommunikationsprozesse und Abläufe „passen“ und angenommen werden. Wir meinen, dass bei solchen weit reichenden Forderungen und Erwartungen ein prüfender Blick auf die Organisationsstruktur und -kultur im Unternehmen durchaus angebracht ist. Denn ein noch so gutes Content Management - gestützt auf ein optimales Content Management-System - ist noch lange kein Garant dafür, dass die erhofften und erwarteten Effekte auch eintreten, wenn die Organisation nicht stimmt.

Content Management ist zu wichtig für das Unternehmen und zu kostenintensiv, als dass man das mögliche gute Ergebnis mangels durchdachter organisatorischer Vorarbeit gefährden sollte.

7.2 Fragen zur Organisation

Jetzt sind Sie am Zuge und wir müssen uns zurücknehmen, denn wir kennen Ihre spezifische Unternehmenssituation nicht.

7.2.1 Fragen zum Status Quo

Zur Bestandsaufnahme Ihrer Organisation ohne Content Management sei auf die Fragen im vorhergehenden Abschnitt 7.1 verwiesen. Falls sie dort für Ihr Unternehmen leider tatsächlich Handlungsbedarf sehen, ist dies zwar bedauerlich, aber Sie gehören dann zu den eher selten zu findenden Verantwortungsträgern, die zumindest sich selbst gegenüber bereit sind, solches einzugestehen. Um dann der Sachprobleme Herr zu werden, können wir nur zwei Dinge empfehlen: Erstens sollten Sie so viel wie möglich Nutzen aus dem Kapitel 15 „Change Management" ziehen und zweitens ist es in einer solchen Situation sicherlich mehr als eine Überlegung wert, eine professionelle Begleitung der notwendigen und sinnvollen Veränderungsprozesse durch externe Berater zu erwägen.

Ansonsten lassen Sie uns davon ausgehen, dass Ihre Organisation im Status Quo „funktioniert und einigermaßen vernünftig strukturiert ist." Dann bleibt ja eigentlich „nur" das Content Management (-System) und seine Auswirkungen auf die Organisation übrig. Lassen Sie uns das einmal hinterfragen:

Sollten oder müssen im Vorfeld der Einführung eines Content Management (-Systems) Strukturen geändert werden? Oder: Welche Voraussetzungen auf Seiten der Organisationsstruktur müssen gegeben sein, um ein Content Management-System erfolgreich zu etablieren und wie können diese geschaffen werden?

Möglicherweise müssen Sie zuerst unterschiedliche Kulturen oder Häuptlinge zusammen bringen. Dies kann man über die Organisationsstruktur unterstützen.

7.2.2 Organisatorische Zielvorstellungen

Die Beantwortung der folgenden Fragen hilft dabei, ein kohärentes Zielsystem und einen unternehmensweiten Konsens für das Content Management (-System) zu schaffen. Gleichzeitig zeigen die Antworten Potenziale zur Einbindung („Betroffene zu Beteiligten machen“) auf. Beides unterstützt Sie ganz konkret beim Finden tragfähiger Organisationsstrukturen.

Anknüpfungspunkte für organisatorische Zielvorstellungen	
Organisations-struktur	• Welche Organisationseinheiten sind grundsätzlich durch die Einführung des Content Management (-Systems) betroffen? • Gibt es spezifische Anforderungen an ein Content Management-System aufgrund der heutigen oder zukünftig absehbaren Organisationsstruktur? (z. B. Verfügbarkeit „mit der Sonne“ rund um den Erdball durch globale Nutzung (Deutschland, Kalifornien, Japan) des Content Management-Systems.)
Einflüsse	• Welche Notwendigkeit besteht zur Einführung eines Content Management-Systems aus organisatorischer Sicht und/oder in welchen Organisationseinheiten herrscht bereits Umsetzungsdruck? • Welche Konsequenzen ergeben sich aus möglichen unterschiedlichen Ausrichtungen von Unternehmensbereichen, die das Content Management-System zusammen nutzen und betreiben sollen? • Welche organisatorischen Vorgaben, Einflüsse und Wünsche von Konzernmutter, Töchtern, Außenstellen, verbundenen Unternehmen, unterschiedlichen Unternehmensbereichen usw. bezüglich des Content Managements sind relevant für dessen Organisation? • Was genau spricht organisatorisch aus Sicht der einzelnen Abteilungen für oder gegen das Content Management (-System)? • Welche organisatorischen Implikationen gibt es für das Informationsmodell des Content Managements (Informations-Ressourcen, Themen-Strukturen) in Abhängigkeit von den Bedürfnissen einzelner Bereiche und Abteilungen?

Anknüpfungspunkte für organisatorische Zielvorstellungen	
Ressourcen	• Sind ausreichend personelle Ressourcen in den einzelnen Abteilungen vorhanden? • Welche Aufgaben des Content Managements können auch zukünftig von bestehenden Abteilungen übernommen werden?
Koordination und Kommunikation	• Wer hat die Verantwortung für die Einbettung und organisatorische Verankerung des Content Management (-Systems) im Unternehmen? • Gibt es in den einzelnen Abteilungen einen Ansprechpartner der Fragen oder Tätigkeiten abteilungsintern koordiniert? • Wie ist die interne Informationsweitergabe zwischen Mitarbeitern/Abteilungen organisiert? • Welche organisatorischen Regeln zur Nutzung des Content Managements sollen festgelegt werden?
Implementierung	• Wie soll das Content Management organisatorisch abgebildet werden? • Wie wird der Freigabedienst organisatorisch installiert? • Wie wird der Änderungsdienst organisatorisch installiert? • Wie wird die Content-Strukturierung organisatorisch institutionalisiert (Kategorisierung/Strukturierung von Nutzinhalten)? • Wie soll das Asset Management institutionalisiert und installiert werden und welche Organisationseinheit(en) ist/sind dafür verantwortlich? • Wie werden Systemsupport und User Help Desk organisatorisch implementiert und voneinander abgegrenzt?

Tabelle 3: Anknüpfungspunkte für organisatorische Zielvorstellungen

7.2.3 Kostenaspekte

Es gibt darüber hinaus noch mindestens die folgenden Kostenaspekte mit Auswirkungen auf die Organisationsgestaltung durch ein Content Management (-System):

- Welche laufenden Einsparungen von Organisationskosten sollen nach der Einführung realisiert werden?
- Welche Implikationen hat dies auf die geplante Struktur?
- Welche einmaligen Reorganisationskosten entstehen durch die Einführung des Content Management-Systems und der resultierenden Anpassungen und Änderungen?

Nach all diesen spezifischen und individuellen Fragen möchten wir die weiteren Teile dieses Kapitels dazu benutzen, Ihnen konkrete Vorschläge und Anregungen zu geben.

7.3 16 Imperative zu Organisation und Content Management

Der eine oder andere der folgenden 16 Punkte ist für Manche völlig selbstverständlich und von daher unnötige Papierverschwendung. Andere sind völlig unterschiedlicher Meinung. Die Beraterpraxis hat uns jedoch gezeigt, dass es durchaus Sinn macht, die folgenden Forderungen aufzustellen:

1. Betroffene nicht übergehen!

Wer das Content Management vorantreiben will, muss Strukturen schaffen, die dies erlauben. Content Management ist eine Angelegenheit, die vielleicht nicht alle im Unternehmen betreiben, die aber jeden im Unternehmen betrifft. Und sei es nur mit der Mitarbeiterpostille jeden Monat, bei der Gehaltsabrechnung, bei Ablaufanweisungen usw.

2. Fordern und fördern Sie Feedback auf allen Ebenen - dauerhaft!

Denn durch Content Management internen Content-Nutzen (vgl. Abschnitt 2.4.1) generieren möchte, braucht positive Feedbackschleifen. Nur durch Feedback „von der Basis" können sinnvoller Korrekturbedarf überhaupt erst erkannt und Intransparenzen abgestellt werden. Das ist eine Daueraufgabe und keine Bringschuld der Mitarbeiter! Werden Sie nie müde, zu fragen. Und hören Sie zu! Nehmen Sie Feedback ernst. Oft kann mit minimalen Aufwand Dutzenden oder sogar Hunderten Mitarbeitern die tägliche Arbeit mit dem Content Management erleichtert werden.

3. Kultur und Struktur der Organisation müssen zusammen passen!

Sonst haben Sie (über kurz und nicht über lang) ein Organigramm, das nicht einmal das Papier wert ist, auf dem es steht, weil die Realität komplett anders gelebt wird. Dann ist Content Management eines Ihrer kleineren Probleme.

4. Keep it simple, stupid!

Oder: Vereinfachen, Vereinfachen, Vereinfachen! Mitarbeiter, die nicht verstehen, warum etwas getan wird oder was z. B. durch das Content Management erreicht werden soll, werden kaum motiviert daran mitarbeiten können. Das gilt für Benutzeroberflächen genau so wie für Funktionalitäten und eben auch für die Organisation. Also sollten Strukturen und Wege in der Organisation einfach zu verstehen und einfach zu benutzen sein.

5. Umfassend und regelmäßig schulen!

Mangelnde Akzeptanz und teilweise sehr hohe ungeplante Kosten in Einführungsprojekten und danach in der täglichen Produktion sind oft die Folge, wenn an der Schulung der Mitarbeiter gespart wurde. Da hilft die beste Organisationsstruktur nicht mehr. Wäre es darüber hinaus nicht durchaus sinnvoll, spätestens nach einem Jahr regelmäßig ein Content-User-Forum zum Erfahrungsaustausch stattfinden zu lassen? Nebenbei entsteht so ein wunderbares Qualitätsprüfungsinstrument für das Content Management.

6. Nur mit Puffern ist eine Umstellung machbar!

Bei solchen Großvorhaben wie integriertem Content Management ist es notwendig, die Organisation während der Umstellungsphase nicht zu überlasten oder gar das Tagesgeschäft darüber zu vernachlässigen. Dies kann bedeuten, dass mehr Personal vorgehalten werden muss, bis die neuen Prozesse stabilisiert sind. Überlasten Sie also Ihre Organisation nicht, denn entweder leidet das Tagesgeschäft oder Sie erhöhen dadurch die Fluktuation oder beides.

7. Internes Know-how zu Technik und Content-Strukturierung ist ein Imperativ!

Wenn nur eine dieser beiden Säulen - etwa per Outsourcing - wegbricht, verlieren Sie das strategische Wissen um den IT-Betrieb oder - noch schlimmer - um die Content-Strukturierung.

8. Die Schulungstruppe wird zum User Help Desk!

Denken Sie daran, eine kleine, aber gute interne Schulungsgruppe („train the trainer“) in der Einführungsphase zu installieren, die später den User Help Desk für die Anwender bildet (mit dem Schwerpunkt auf Anwenderwissen). Anwender und Mitarbeiter des User Help Desks kennen sich dann bereits von den Schulungen her, können so besser aufeinander zugehen, internes Know-how wird gehalten, sinnvoll angewendet und weiter entwickelt.

9. Content-Mentoren einführen!
Die Rolle des Content-Mentors oder Content-Moderators macht als Job Enrichment für „wissende" Innendienstler macht durchaus Sinn! Dezentrale Ansprechpartner für die Mitarbeiter zur inhaltlichen Hilfe mit Contents verkürzen Wege, schaffen Vertrauen und beschleunigen Abläufe. Formal sollten Content-Mentoren zur Content-Abteilung wechseln.

10. Kommunikation und Austausch fördern!
„... Man muss nur wissen, an wen man sich wenden kann." Machen Sie publik, wen Ihre Mitarbeiter worüber fragen können. Z. B. den User Help Desk bei Verständnisproblemen, den zuständigen Content-Mentor bei Strukturierungsfragen, den Änderungsdienst bei Überarbeitungsfragen, den zuständigen Freigeber bei Veröffentlichungs- und Qualitätssicherungs-Fragen usw. Alle diese Funktionen müssen den Mitarbeitern verdeutlicht werden und sie müssen nachprüfbar Ansprechpartner in diesen Bereichen haben. Schaffen Sie Freiraum für Fragen und Antworten, für Tipps, Tricks und Kniffe.

11. Die wenigen „Content-Strukturierer" müssen gehätschelt werden!
Daran führt kein Weg vorbei. Deren Arbeit ist das Rückgrat des Content Managements und definiert die Kategorisierungs- und damit in weiten Teilen die Denkstruktur im Unternehmen. Deswegen ist es wichtig, dass diese Mitarbeiter sich untereinander gut verstehen. Falls Ihre Organisation bislang noch keine Spezialistenlaufbahn vorsieht, sollte Ihr Unternehmen diese für das Content Management ins Auge fassen.

12. Keine abgeschottete Content-Abteilung!
Die Kunst besteht darin, diese zentral geführte und dezentral agierende Abteilung so zu installieren, dass sie im Unternehmen als Hilfe und Serviceabteilung geschätzt und weder als Fremdkörper noch als abgehobenes „Raumschiff" oder gar als Kontrollinstrument verstanden wird. Der richtige Weg dahin ist absolut unternehmensindividuell und kulturabhängig.

13. Content-Kompetenz muss Teil der Leistungsbeurteilung werden!

Nur so kann mit der Zeit formalisiert durch Eigen- und Fremdeinschätzung die Zuordnung der Benutzer-Rollen klar objektiviert werden und sich andererseits Content-Qualität als Wert im Bewusstsein der Mitarbeiter verankern.

14. „How to ...?"-Sammlung anlegen!

Alle praktischen Probleme im Zusammenhang mit dem Content Management (-System) und Lösungen dafür gehören ab der ersten Sekunde in eine „How to ...?"-Sammlung im Content Management (-System) selbst! Warum? Dies führt bereits sehr früh von einer Spielwiese über eine Eingewöhnungsphase zum selbstverständlichen Umgang und hat dabei noch diverse Lerneffekte. So entsteht ein Nachschlagewerk mit Standardprozeduren für Standardprobleme, das sowohl die Content-Mentoren als auch den IT-Support entlastet. Und genau dieses Verfahren der „How to's" kann man auf viele andere Systeme, Projekte, Produkte und Themenbereiche ausweiten.

15. Schaffen Sie Regeln!

Das Einbringen neuer Contents muss gefördert werden. Dafür benötigen Sie positive Nutzungsanreize. Die Pflege und Aktualisierung von Contents muss so einfach und effizient wie irgend möglich gehandhabt werden können. Das Löschen oder Wegwerfen obsoleter Contents sollte ebenfalls so klar wie möglich geregelt sein, sonst wird die Menge an Contents unnötig aufgebläht und immer schwerer zu überschauen.

16. Ein Einführungsprojekt braucht Stabilität!

Auf absehbare Zeit muss für ein großes und umfassendes Einführungsprojekt das Unternehmen frei sein von Blockaden, Hemmungen oder Ängsten der Mitarbeiter um das Unternehmen oder um Standorte. Wenn sich Ihr Unternehmen in schwerer See befindet und die Mitarbeiter möglicherweise überwiegend ihre Arbeitszeit damit verbringen, Jobbörsen im Internet zu besuchen und Gerüchte über Mergers, Verkäufe oder Schließungen die Runde machen, dann brauchen Sie alles andere als ein größeres Einführungsprojekt. Es würde schlicht scheitern.

7.4 Fünf Grundprinzipien der Organisation

Da wir (die Autoren dieses Buches) sich als Unternehmensberater auch mit der Projektbegleitung zur Einführung eines Content Managements beschäftigen, haben wir versucht, Ihnen hier einen

Vorschlag für die organisatorische Einbettung eines Content Management-Systems zu entwickeln. Dieser Vorschlag basiert auf fünf Prinzipien:

1. Prinzip der dezentralen Nutzung
Das Content Management-System soll dezentral genutzt werden, obwohl Betrieb und Datenhaltung zentral erfolgen und es ein koordiniertes gemeinsames und unternehmensweites Vorgehen in der Strukturierung der Contents gibt.

2. Prinzip der Offenheit in Angebot und Kommunikation
Grundsätzlich sollte jeder Mitarbeiter Zugang zum Content Management-System haben, um daraus Nutzen zu ziehen. Falls nicht bereits vorgesehen, sollten so viele interne Informationsflüsse wie möglich durch das Content Management-System abgebildet oder gestützt werden (schrittweise Einführung). Zur Nutzung und Arbeit mit dem Content Management-System sollten grundsätzlich so viele Mitarbeiter wie möglich die Zeit und die Möglichkeit (Schulung) besitzen. Stellen- und Abteilungsübergreifender Austausch über das und im Content Management ist zu fördern. Feedback ist erwünscht. Dies alles muss ebenfalls klar und offen als gewünscht kommuniziert werden.

3. Prinzip des technischen und inhaltlichen Schutzes
Benutzerrollen sollten entweder systemseitige (IT) oder inhaltliche Berechtigungen aufweisen, jedoch niemals beides zugleich in hohem Maße. Gleichzeitig sollten die Benutzerrollen nochmals geeignet nach Organisationseinheit (Personal, Entwicklung, Lohn und Gehalt usw. sind besonders schützenswert) und Grundfunktionalität im Content Management-System (Erstellung, Verwaltung, Produktion) segmentiert werden. Aus dieser dreidimensionalen Rollenmatrix ergibt sich, dass nicht jede mögliche Rolle wirklich überall gebraucht wird (Content-Erstellung ist etwa für das Lager in der Regel sehr viel nachrangiger als für die Entwicklung oder die Öffentlichkeitsarbeit). Die IT ist für die Sicherheit und Verfügbarkeit der Applikation und der Datenübertragung auch über Weitverkehrsnetze (WAN) verantwortlich.

4. Prinzip der operativen Kompetenzführerschaft
Nach Sicherheits- und Handhabungs-Kriterien sollten Erstellung, Freigabe-, Änderungs- und Pflegedienst im Content Management-System operativ dezentral dort angesiedelt werden, wo im Unternehmen die größte Fachkompetenz dafür vorhanden ist. Das Zusammenspiel von Content-Mentoren, Help Desk und Systemsupport durch die IT braucht stabile und zuverlässige Schnittstellen, die Urlaubs- und Krankheits-resistent sein müssen. Dies

kann durch die Institutionalisierung funktionsübergreifender Teams erreicht werden. Regelmäßige Treffen der Content-Mentoren untereinander und mit dem User Help Desk sind formell und fest einzuplanen. Diesen Gremien obliegt die organisatorische Verantwortung für die Bündelung und Kanalisierung von technischen Change Requests am eingeführten System sowie das Vorschlagsrecht gegenüber der Geschäftsführung.

5. Prinzip der kleinen Schritte
Je funktionalem Bereich (Abteilung, Tochter oder verbundene Gesellschaft) sind die Content-Mentoren - als Daueraufgabe - dazu verpflichtet, für die ständige Verbesserung und Verfeinerung der Abläufe in den Workflows zu sorgen. Dies muss abhängig vom speziellen funktionalen Bezug (Fachabteilung, Organisationseinheit) geschehen. Auf diese Weise entstehen standardisierte Vorgaben und ein ständiger Verbesserungsprozess.

7.5 Zur Organisationsstruktur des Content Managements

Nach wie vor beherrschen hierarchische Strukturen die formale Organisation unserer Unternehmen. Dies gilt gerade für die Führung von Mitarbeitern, Gruppen, Abteilungen usw. Eine typische Abbildung solcher Strukturen finden Sie auf fast jedem Organigramm - mehr oder weniger eine Art Pyramide der „klassischen" Bereichs- oder Spartenorganisation. Wie stark sich diese Struktur überlebt hat, zeigt sich an den Versuchen in den 90ern, durch „Lean Management" ganze Hierarchieebenen abzuschaffen.

Zunehmend und in immer stärkerem Maße wird operativ im Tagesgeschäft in einer Projekt-Organisation gearbeitet, die durchaus abteilungsübergreifend arbeiten kann. Für diesen Trend sprechen einige Argumente:

- Viele Projekte und Herausforderungen im Unternehmen benötigen zur effizienten Lösung übergreifendes Know-how in einer Tiefe, wie es in einer einzelnen Abteilung oftmals nicht mehr zu finden ist.
- Eine „operative Projekt-Organisation" führt zu Teams von Mitarbeitern, in denen sich das interne Know-how für die spezifische Herausforderung optimal bündeln lässt.
- Die Komplexität und die Vernetzung der Prozesse im Unternehmen machen es immer häufiger notwendig, bei Änderungen eine Abschätzung der Folgen auf das Gesamtsystem durchzuführen. Dies ist mit einer jahrzehntelang gelebten tayloristisch spezialisierten Organisationsstruktur kaum möglich.

Es ist nicht zu erwarten, dass dieser Trend hin zu flexiblen Projekt-orientierten Strukturen in absehbarer Zeit gestoppt wird oder sich umkehrt. Denn immer mehr Unternehmen unterschiedlichster Größe und Branche gehen dazu über, die Verantwortung einer einzelnen Organisationseinheit abzunehmen und ein übergreifendes Team zu bilden - zumindest in denjenigen Teilbereichen, in denen internes Know-how wichtig ist und/oder weite Teile des Unternehmens in den Auswirkungen betroffen sind. Und genau dies trifft für ein Content Management zu: es betrifft weite Teile des Unternehmens und beschäftigt sich sogar direkt mit internem Know-how.

Wollte man schwarz-weiß malen, dann gäbe es grundsätzlich zwei Möglichkeiten, wie das Content Management im Unternehmen organisatorisch angesiedelt sein kann:

- in der Hierarchie - als (Stabs-)Abteilung oder
- als übergreifendes Projekt.

Wir halten diese Ansätze beide für falsch. In einer Abteilungsstruktur wird zwar einerseits die „strategische Content-Sicht" gepflegt und unternehmensweit kommuniziert. Dieser Abteilung fehlt aber sowohl das fachliche Know-how, um Probleme der Mitarbeiter verstehen zu können als auch die Bodenhaftung und Verankerung im Unternehmen selbst. Die Gefahr, dass durch eine solche Organisationsstruktur im Endeffekt alles zerfasert und auseinander läuft, ist recht hoch. Eine reine Projekt-Struktur - abteilungsübergreifend zusammengesetzt - birgt jedoch die Gefahr, dass das Content Management zu einem Feigenblatt verkommt, dass eine klare Linie fehlt und im Endeffekt jede Organisationseinheit im Grunde das macht, was sie will.

7.6 Ein Vorschlag zur organisatorischen Einbettung

Eine - für Ihr Unternehmen individuell eingesteuerte - Mischung aus beiden Modellen kann in optimaler Weise die strategische Linie mit der gewünschten Flexibilität, dem Know-how und der notwendigen „Bodenhaftung" verbinden. So läuft keine Entwicklung zu sehr aus dem Ruder und gleichzeitig wird das Content Management flächendeckend im Unternehmen verankert.

Wie dies konkret ausgestaltet wird, ist absolut Unternehmensspezifisch. Für ein recht großes mittelständisches Unternehmen mit einer breiten Palette an Contents, überdurchschnittlicher Unternehmenskultur und Eigentümercharakter wäre folgende konkrete Ausprägung möglich:

Es gibt eine Organisationseinheit „Content Management". Deren Leiter ist Mitglied der Geschäftsführung oder des Vorstandes. Ihm unterstellt sind die Content-Mitarbeiter (z. B. Content-Mentoren als Gruppenleiter sowie die Mitarbeiter des User Help Desks und - falls benötigt - zentrale Content-Redakteure). Diese Mitarbeiter sitzen operativ mit beratender Funktion als Dienstleister in den Fachabteilungen. Für die Gruppenleiter gibt es klare Ansprechpartner sowohl in IT (für technische Fragen) als auch zum User Help Desk. Die Mitarbeiter der Abteilung Content Management haben keine Weisungsbefugnis in die Arbeit der Fachabteilungen hinein, können jedoch im Konfliktfalle - über ihren Abteilungsleiter - quasi direkt auf Geschäftsführungs- oder Vorstandebene eskalieren, falls dies nötig ist. So wird gesichert, dass „nicht jeder macht, was er will" und die strategische Sicht auf das Content Management gesichert wird. Weiterhin ist es Aufgabe der Mitarbeiter in der Abteilung Content Management, Feedback aus dem Unternehmen zu kanalisieren und zu bündeln sowie Änderungswünsche an Verfahren und dem System aufzunehmen, zu bewerten und zur Implementierung vorzuschlagen.

So weit zu Hierarchie, Regeln und Aufgaben. In der Praxis werden die Mitarbeiter der Abteilung Content Management als Partner bei der täglichen Arbeit aufgefasst. Sie sind in ihrer Rolle als interne Berater vor Ort in der Fachabteilung am konkreten Problem geschätzt und anerkannt. Nur noch einmal zur Wiederholung: *hierarchisch => Abteilungsstruktur, operativ => übergreifende Projektstruktur.*

7.7 Zusammenfassung

Das Finden der wichtigsten relevanten organisatorischen Aspekte, die durch die Einführung eines Content Managements oder eines Content Management-Systems entstehen können, ist eine echte Herausforderung.

Dabei sollte zuerst eine Analyse stehen, in wie weit Struktur, Kultur und Zustand der Organisation die weitreichenden Veränderungen überhaupt erlauben. Sind diese Voraussetzungen erfüllt, geht es daran, die unternehmensindividuellen organisatorischen Fragen zu beantworten. Dabei sollte man sich Klarheit darüber verschaffen, wo die Rahmenbedingungen für die Organisation liegen und diese entsprechend postulieren. Dies ist überwiegend abhängig vom Aufbau des Unternehmens, der Unternehmens-, Kommunikations- und Führungskultur. Dadurch kann man modellhafte Prinzipien entwickeln, wie das Content

Management (-System) organisatorisch im Unternehmen verankert und implementiert werden soll. Anschließend haben wir uns nach einer geeigneten Organisationsstruktur umgesehen und diese anhand eines Beispiels konkretisiert. Die Ergebnisse dieses Kapitels sollten für Sie und Ihr Unternehmen auf zwei Ebenen wirken: zum einen gibt es eine klare Marschroute, wie das Content Management (-System) organisatorisch eingebettet werden soll und zum anderen sollte Ihr Organisationsmodell des Content Managements (vgl. Abschnitt 3.2) dadurch finalisiert sein.

7.8 Checkliste

Organisation

⇒ Muss vor der Einführung strukturell an der Organisation etwas geändert werden?

⇒ Wie soll das Content Management organisatorisch eingebunden werden (strategische Linie/Nähe zu den Mitarbeitern)?

⇒ Welche Änderungen hinsichtlich der Organisationsstruktur ergeben sich durch die Einführung eines Content Management (-Systems)? Welche Organisationseinheiten sollen

- o neu hinzukommen?
- o wegfallen?
- o erweitert werden?
- o verkleinert werden?

⇒ Welche Aufgabenbereiche und Verantwortlichkeiten ändern sich in welcher Organisationseinheit?

⇒ Sind die Aufgaben und Verantwortlichkeiten hinsichtlich des Content Managements in organisatorischer Hinsicht zwischen den Beteiligten klar definiert und dauerhaft tragfähig?

⇒ Wie und wann werden die Mitarbeiter über was informiert?

⇒ Wer wird die notwendige Schulung und Personalentwicklung organisatorisch tragen?

⇒ Sind die Beteiligten mit entsprechenden Kompetenzen ausgestattet und ist dies gegenüber allen Beteiligten und Betroffenen deutlich kommuniziert?

⇒ Macht die geplante Struktur in diesem Licht besehen Sinn? Was sagt der „Bauch“ dazu?

⇒ Werden Informationsflüsse im Unternehmen durch diese Struktur zukünftig transparenter?

8 Personal

Die Einführung eines neuen Systems, sei es IT-gestützt oder nicht, hat immer direkte und indirekte Auswirkungen auf die Mitarbeiter und Führungskräfte des Unternehmens. Zugleich hängt der Erfolg neuer Systeme in hohem Maße von den Menschen im Unternehmen ab: einerseits hinsichtlich der erfolgreichen Realisierung, zum anderen in Hinblick auf die nachhaltige Integration in die Betriebsprozesse und -strukturen.

Für die Einführung eines Content Management (-Systems) gilt dies in besonderem Maße, denn aus einem solch umfassenden Vorhaben resultieren Veränderungen, die Einfluss auf nahezu alle Bereiche und Prozesse im Unternehmen haben.

Wir wollen uns zunächst mit den grundlegenden Zusammenhängen zwischen Content Management und Human Resources (Human„kapital" = Mitarbeiter) beschäftigen. Vier konkrete Fragestellungen sollen danach genauer diskutiert werden:

- Welche Anforderungen werden aus Personal- oder Human Resources-Sicht an ein Content Management (-System) gestellt?
- Welche Folgen oder Auswirkungen hat die Einführung eines Content Management (-Systems) auf die Mitarbeiter und Führungskräfte?
- Welche Zusammenhänge bestehen zwischen einer erfolgreichen Projekt-Realisierung und den Personalressourcen im Unternehmen?
- Welche konkreten Maßnahmen und Methoden zur Bewältigung der aus den zuvor genannten Fragestellungen erwachsenden Herausforderungen stehen zur Verfügung?

Ergänzt wird die Betrachtung durch einen Exkurs zum Thema Betriebsrat und seine Rolle im Rahmen der Etablierung eines integrierten Content Managements im Unternehmen.

8.1 Content Management und Human Resources

Die Einführung und der Betrieb eines Content Management (-Systems) bringen für den Bereich Human Resources eine Vielzahl von Herausforderungen. Die Entwicklung von konkreten Maßnahmen und Methoden zur Bewältigung dieser Herausforderungen sollte sich immer an nachfolgenden Punkten orientieren:

Menschen als Träger des Veränderungsprozesses

Der Erfolg von Veränderungsprozessen steht und fällt mit der Bereitschaft der beteiligten und betroffenen Menschen im Unternehmen, diese Veränderungen zu unterstützen und zu tragen (nicht nur zu „er"-tragen). Veränderungen werden durch Menschen vollbracht und nicht durch Technologien. Frühzeitige Information sowie offene und intensive Kommunikation sind dabei die Schlüssel zum Erfolg (vgl. Kapitel 15 „Change Management").

Betroffene und Beteiligte

Die Beziehungen zwischen Content Management (-System) und Human Resources innerhalb eines Unternehmens spielen sich vorwiegend innerhalb von drei Mitarbeitergruppen ab:

- **User**
  Die Gruppe aller Mitarbeiter, die das Content Management (-System) innerhalb des Unternehmens nutzen.
- **Fachspezialisten**
  Die Mitarbeiter, die direkt innerhalb eines Teams, einer Gruppe oder Abteilung „Content Management" tätig sind und mit inhaltlichen oder organisatorische Fragen zu tun haben: beispielsweise Content Manager, Content-Redakteure usw.
- **IT-Spezialisten**
  Mitarbeiter im Bereich IT oder EDV, die für die technischen Aspekte des Content Managements zuständig sind: Programmierer, Systemadministratoren, Techniker usw. (bei einem Content Management-System).

Bei der Betrachtung der relevanten Fragestellungen müssen immer alle drei Gruppen differenziert berücksichtigt werden.

Bedürfnisorientierung

Jedes Content Management (-System) muss sich letztlich daran messen lassen, in wie weit es den Bedürfnissen und Anforderungen aber ebenso den Kompetenzen der betroffenen Mitarbeiter gerecht wird. Tut es dies nicht, und wird es in der weiteren Folge von den Usern nicht akzeptiert und damit nicht genutzt, sind jede Menge Ressourcen unnötig verschwendet worden. Daher muss den Human Resources bei der Konzeption und Planung eine besondere Rolle zukommen. Geschieht dies, dann können echte Synergieeffekte wirksam zum Tragen kommen.

Bei den einzelnen Fragestellungen in den folgenden Abschnitten gehen wir grundsätzlich von einer IT-gestützten Content Management-Lösung aus, da hier die Anforderungen und Auswirkungen am umfangreichsten sind. Im anderen Falle können einfach die entsprechenden Aspekte, die sich nur auf IT-Fragestellungen beziehen, unbeachtet bleiben.

8.2 Anforderungen an das Content Management

Von Seiten der Mitarbeiter im Unternehmen, die durch die Einführung und den Betrieb eines integrierten Content Management-Systems betroffen oder daran beteiligt sind, lassen sich vier Anforderungskategorien unterscheiden:

Systemdesign

Besonders von Seiten der User eines umfassenden Content Management-Systems werden konkrete Anforderungen an das IT-System und die eingesetzte Software gestellt. Typische Aspekte sind beispielsweise:

- Usability (einfache Bedienbarkeit und Verstehbarkeit, auf die Bedürfnisse der User zugeschnittene Funktionalität usw.)
- Design oder Look & Feel (angenehme und ansprechende Bedienoberfläche usw.)
- Reliability (Zuverlässigkeit des Systems)
- Geschwindigkeit (Eingabe, Änderung, Suche usw.)

Generell geht es um die Fragestellungen, ob und in wie weit das System tatsächlich die Ansprüche der User erfüllt, für die es gedacht ist, und wie User-freundlich das Content Management-System dabei ausgelegt ist. Zur Beantwortung dieser Fragen ist die differenzierte Kenntnis sowohl über das bei den Usern vorhandene Know-how als auch über die Erwartungen, die von User-Seite an das Content Management-System gerichtet werden, notwendig. Hieraus lässt sich die Frage beantworten, auf welche Aspekte bei dem neuen Content Management-System speziell geachtet werden sollte bezüglich der Verwendung durch User mit unterschiedlichem Background, unterschiedlichem Know-how-Level und unterschiedlichen methodischen Voraussetzungen. Wichtig ist auch, welche Qualitäts-Anforderungen durch die

Mitarbeiter von dem Content Management-System gefordert und welche umgekehrt von Seiten der User unterstützt werden.

Personalstruktur

Die innerhalb des Unternehmens bestehende Personalstruktur hat maßgeblichen Einfluss auf die tatsächliche Ausgestaltung des Content Management-Systems. Auf die Personalstruktur Einfluss haben neben der hierarchischen Struktur auch Stellenbeschreibungen und -funktionen, Verantwortlichkeiten, Zuständigkeiten und Aufgaben einzelner Mitarbeiter und Mitarbeitergruppen. Die zentrale Frage in diesem Zusammenhang lautet: Ergeben sich aus der Personalstruktur Einschränkungen, Restriktionen oder Vorgaben für das Content Management-System und dessen Integration?

Diese Fragestellung soll kurz beispielhaft am Thema Datensicherheit oder Sicherheit sensibler Daten aufgezeigt werden.

Wie sieht es mit der Sicherheit sensibler Daten aus? Dazu gehören zum Beispiel alle Daten aus der Personalabteilung oder der Geschäftsleitung. In Zusammenarbeit mit der IT-Abteilung sollten Sie die Zugriffsrechte der einzelnen User klären. Ebenfalls geklärt werden muss in diesem Zusammenhang, wie diese Zugriffsrechte gepflegt werden können - bei internem Wechsel der Mitarbeiter im Unternehmen, dem Ausscheiden eines Mitarbeiters oder bei der Einstellung neuer Mitarbeiter. Findet diese Pflege durch die IT-Abteilung oder doch besser durch die Personalabteilung statt?

Die Frage der Zugriffsberechtigung und der Sicherheit sensibler Daten spielt beispielsweise im Zusammenhang mit der Sperrung des Contents zur Bearbeitung eine Rolle. Wenn Daten gerade in Bearbeitung sind, sollten diese sinnvoller Weise vor dem Zugriff eines anderes Users geschützt werden. Hier sollte dann die strategische wie wohl auch politische Frage nach der Bearbeitungs- und Leseberechtigung geklärt werden. Dürfen alle User, die Inhalte in das System einstellen, diese wieder ändern? Das kann sinnvoll sein, muss es jedoch nicht zwangsläufig. Die Beantwortung dieser Fragen hängt in hohem Maße von der Personalstruktur Ihres Unternehmens ab.

Prozesse

Auf den Themenbereich Prozesse wird im Kapitel 9 „Prozesse" noch ausführlich eingegangen. An dieser Stelle sind die Unternehmensprozesse in soweit von Bedeutung, als sie den einzelnen Mitarbeiter oder ganze Mitarbeitergruppen in ihrer jeweiligen Funktion und ihrem Arbeitsbereich betreffen. Alle Mitarbeiter sind auf Grund ihrer Position innerhalb des Unternehmens in bestimmte Arbeitsabläufe und Workflows eingebunden, von denen die meisten notwendig sind, damit sie ihre Aufgaben erfolgreich bewältigen können.

Wenn es darum geht, die Anforderungen an ein Content Management-System zu definieren, dann müssen diese essentiellen Arbeitsabläufe und Workflows berücksichtigt werden. Typische Überlegungen dabei sind:

- Klären, welche Workflows und Prozesse durch das Content Management-System berührt werden?
- Eruieren, welche Rolle diese für den einzelnen Mitarbeiter im Rahmen seiner Aufgabenerfüllung spielen.
- Bestimmen, in wie weit diese Workflows und Prozesse durch das Content Management-System verändert/ersetzt werden.
- Klären der Auswirkungen für die einzelnen Mitarbeiter und deren Aufgaben.
- Bestimmen, welche neuen Workflows und Prozesse durch das Content Management-System etabliert werden.
- Feststellen, in welchem Bezug diese zur Aufgabenerfüllung der einzelnen Mitarbeiter stehen.

Damit Sie einen Überblick darüber bekommen, welche Prozesse in Ihrem Unternehmen sich wie ändern, ist eine intensive Zusammenarbeit aller betroffenen Abteilungen unbedingt erforderlich - nicht nur bei der Definition der Anforderungen, sondern ebenso bei der Bestimmung der sich ergebenden Auswirkungen. Sonst werden Sie unter Umständen wichtige Veränderungen im Prozess-Ablauf übersehen.

Es geht also - wie schon bei der Betrachtung der Personalstruktur - darum, Vorgaben und Restriktionen zu ermitteln, die für die Konzeption und Ausgestaltung eines Content Management-Systems berücksichtigt werden müssen. Ebenso muss sichergestellt werden, dass die Veränderung von Prozessen bezogen auf die Mitarbeiter nicht zu mehr Nachteilen und Hindernissen bei der Bewältigung ihrer Aufgaben führt (auch indirekt), als vordergründig durch die Einführung des Systems an Vorteilen gewonnen wird. Andernfalls müssen von vorne herein Strategien und Lösungen erarbeitet werden, um solche Nachteile und Verschlechterungen zu kompensieren (beispielsweise durch eine entsprechende Veränderung von Stellenbeschreibungen, Neuzuordnung von Aufgaben- und Verantwortungsbereichen usw.).

Zielsetzungen

Der Frage der Ziele wird bei der Betrachtung von Human Resource-Aspekten häufig nicht genug Beachtung geschenkt. Im Regelfall wird zwar klar festgelegt, welche Unternehmensziele mit der Einführung eines Content Management-Systems verfolgt werden. Auch die Zielsetzungen für einzelne Bereiche (Beschaffung, Produktion, Marketing, Kundenservice usw.) werden dabei erörtert. Welche Ziele aber verbinden die einzelnen Mitarbeiter mit der Einführung? Gibt es überhaupt Ziele, die sie damit verbinden? Oder auch: In wie weit werden bereits bestehende Ziele einzelner Mitarbeiter durch die Einführung eines Content Management-Systems unterstützt oder vielleicht behindert?

Lediglich übergeordnete Ziele in die Konzeption und Realisierung eines Content Management-Systems einfließen zu lassen, kann sich sehr schnell als katastrophaler Fehler erweisen, denn Einsparungs- und Nutzeneffekte werden letztlich immer auf der untersten strukturellen Ebene - beim einzelnen Mitarbeiter - erzielt. Damit ein Content Management-System von den Mitarbeitern angenommen wird und tatsächlich bis hinunter zur kleinsten organisatorischen Einheit Früchte trägt, müssen zwei Voraussetzungen erfüllt sein:

- Das Content Management-System muss in der Lage sein, die Zielsetzungen der einzelnen Mitarbeiter im Rahmen ihrer Aufgaben zu unterstützen und die Zielerreichung zu erleichtern.
- Die von den Mitarbeitern an das Content Management-System selbst gestellten Anforderungen (Zielsetzungen) müssen weitgehend realisiert werden können.

Wie bei den bereits zuvor diskutierten Bereichen ergeben sich aus diesen zwei Bedingungen wieder vielfältige Anforderungen und Restriktion an das Content Management-System und dessen Ausgestaltung.

Voraussetzung für die Klärung aller dieser Anforderungen ist, dass im Unternehmen Klarheit über die grundlegende Personalstruktur, die Mitarbeiterqualifikation und die Mitarbeitermotivation besteht - aber ebenso Klarheit über zukünftige Entwicklungen der Personalstruktur und der Mitarbeiter. Natürlich gilt es bei all diesen Aspekten immer, neben den eigentlichen Usern auch die Fach- oder Content-Spezialisten und die IT-Experten in die Betrachtung mit einzubeziehen.

8.3 Folgen der Content Management-Einführung

Die Betrachtung der Auswirkungen des Content Management-Systems auf die Mitarbeiter des Unternehmens ist gleichsam die spiegelbildliche Vorgehensweise zur Analyse der Anforderungen. Es gilt festzustellen, welche Veränderungen sich durch das Content Management-System auf den bereits betrachteten Ebenen ergeben:

- Software-System
- Personalstruktur
- Prozesse
- Zielsetzungen

In einem zweiten Schritt ist zu überprüfen, wie sich diese auf den einzelnen Mitarbeiter und seinen Arbeitsplatz oder auf Mitarbeitergruppen auswirken.

Die gleichen Überlegungen, die im Rahmen der Analyse der Anforderungen bearbeitet wurden (siehe Abschnitt „Prozesse" im vorangegangenen Punkt), führen auch bei der Betrachtung der Auswirkungen zu den notwendigen Erkenntnissen.

Hieraus wird deutlich, dass es - bezogen auf die vier oben genannten Aspekte (System, Struktur, Prozesse, Ziel) - durchaus Sinn macht, von Anfang an parallel über Anforderungen einerseits und Auswirkungen andererseits nachzudenken. Nach Möglichkeit sollten beide bereits frühzeitig weitestgehend aufeinander abgestimmt und miteinander in Einklang gebracht werden.

Durch die Einführung eines Content Management-Systems werden noch weitere Ebenen berührt, die bei der Betrachtung der Anforderungen noch nicht aufgetaucht waren, sondern sich eher als sekundäre Auswirkungen bemerkbar machen.

Durch die Veränderungen im Aufgaben- und Verantwortungsgebiet von Mitarbeitern und durch die Veränderung von Stellenprofilen können sich ebenso Änderungen hinsichtlich der benötigten Kompetenzen ergeben. Dies betrifft nicht nur die Fach- und Methodenkompetenz, sondern kann ebenso soziale und kommunikative Aspekte und die persönliche Kompetenz des Einzelnen umfassen. Neben direkten Maßnahmen, die unter dem Punkt 8.5 „Umsetzung" noch erläutert werden, kann dies ebenso langfristige Folgen für die Personalentwicklung des Unternehmens haben. Ebenfalls kann die Personalführung im Unternehmen dadurch betroffen sein.

Die zentralen Fragestellungen sind demnach:

- Welche Voraussetzungen auf Seiten der Mitarbeiter müssen für eine erfolgreiche Etablierung eines neuen Content Management-Systems gegeben sein oder wie können diese geschaffen werden?
- Wie ist dementsprechend die Personalentwicklung in der Zukunft auszurichten und zu gestalten?
- Welche Voraussetzungen auf Seiten der Führungskräfte müssen für eine erfolgreiche Etablierung des neuen Content Management-Systems gegeben sein oder wie können diese geschaffen werden?

An dieser Stelle sei nochmals explizit darauf hingewiesen, wie wichtig diese Fragestellungen für die tatsächliche und nachhaltige Integration des Content Management-Systems ins Unternehmen sind. Nur wenn im Bereich Human Resources die entsprechenden Voraussetzungen geschaffen, d. h. Veränderungen durchgeführt werden, macht ein integriertes Content Management Sinn. Dass bei der Betrachtung der Folgen alle drei Hauptgruppen (User, Content Management-Spezialisten und IT-Experten) gleichermaßen differenziert berücksichtigt werden müssen, ist eigentlich selbstverständlich.

8.4 Projekt-Realisierung

Für das Projekt „Content Management“ oder „Einführung eines Content Management-Systems“ ist einer der entscheidenden Faktoren für den erfolgreichen Projektverlauf die frühzeitige Berücksichtigung personeller Ressourcen. Diese können sich erheblich von dem Zeitraum nach der Einführung - dem Betrieb des Content Management-Systems - unterscheiden. In der Regel sind gerade bei so komplexen Projekt-Vorhaben wie einem Content Management-System umfangreiche und vielfältige Ressourcen zur erfolgreichen Realisierung notwendig.

Der erste Schritt besteht in der Ermittlung aller notwendigen personellen Ressourcen, die während des Projektes benötigt werden. Diese ergeben sich aus der detaillierten Projekt-Planung (vgl. Kapitel 14 „Projekt-Management“). Wichtig ist insbesondere, diese Ressourcen von Anfang an zeitlich zuzuordnen, d. h. auch zu bestimmen, zu welchem Zeitpunkt welche Ressourcen benötigt werden, um frühzeitig Belastungsspitzen zu erkennen.

In einem zweiten Schritt muss geklärt werden, welche Ressourcen im Unternehmen überhaupt zur Verfügung stehen, ob diese ganz oder teilweise für das Projekt zur Verfügung stehen und ob sie zu den benötigten Zeitpunkten verfügbar sind.

In der Praxis werden sich hier Diskrepanzen zwischen Bedarf und verfügbaren Ressourcen ergeben. Also muss zwangsläufig nach Lösungsmöglichkeiten gesucht werden. Neben der Weiterbildung vorhandener und der Einstellung neuer Mitarbeiter wird dabei in der Regel auf die Mitwirkung freier Mitarbeiter, Berater und Experten zurück gegriffen (vgl. Kapitel 12 „Kooperation").

Natürlich stehen Content Management-Experten und IT-Fachleute im Rahmen der Projekt-Planung im Vordergrund der Betrachtung. Gerade deshalb wird aber häufig übersehen, dass Mitarbeiter und Führungskräfte „in der Linie" ebenso zur erfolgreichen Projekt-Realisierung beitragen und dementsprechend einen erheblichen Teil ihrer Zeit für das Projekt aufbringen müssen.

Wichtig ist nicht nur, die für das Projekt benötigten Ressourcen zu ermitteln und diese abzudecken, sondern genauso umfassend zu ermitteln, welche Belastungen in personeller Hinsicht durch das Projekt auf das Unternehmen zu kommen. Gegebenenfalls müssen neue Mitarbeiter oder Zeitarbeitskräfte eingesetzt werden, um die Ressourcen, die in das Projekt gesteckt werden und somit für den laufenden Betrieb wegfallen, wieder auszugleichen. Gerade bei längerfristigen und umfangreichen Projekten besteht die Gefahr, dass zu spät über diesen Punkt nachgedacht wird - mit zwei möglichen Folgen:

- Das Projekt leidet darunter, weil entgegen der durchgeführten Planung und getroffener Absprachen doch nicht ausreichend Personalressourcen zur Verfügung gestellt werden.
- Das Unternehmen leidet insgesamt bei der normalen Betriebstätigkeit, weil zu viele Mitarbeiter für das Projekt abgezogen sind und die alltägliche Aufgabenerledigung zu kurz kommt.

Dies gilt besonders für die IT-Abteilung. Selten warten die Mitarbeiter einer IT-Abteilung sehnsüchtig auf neue Projekte. Vielmehr ruft die Aussicht auf ein neues Projekt ein mildes Lächeln bis große Verzweiflung hervor - aus rein menschlicher Sicht und nicht aus fachlicher. Somit ist es für die Personalplanung und die erfolgreiche Realisierung eines neuen Content Management-Systems zwingend notwendig, die Kapazitäten und das Knowhow in der IT-Abteilung besonders sorgfältig zu eruieren und in die weitere Planung mit einzubeziehen.

8.5 Umsetzung

Hier wollen wir uns mit einigen Ansatzpunkten zur Bewältigung der personellen Herausforderungen beschäftigen, die sich aus der Einführung eines integrierten Content Managements im Unternehmen ergeben:

- Die Information der betroffenen und beteiligten Mitarbeiter und die Kommunikation mit und zwischen den Mitarbeitern
- Die Evaluation und Analyse der notwendigen Daten zur Konzeption, Planung und Realisierung
- Die erfolgreiche Personalentwicklung.

Dabei geht es nicht um die Erläuterung vollständiger Maßnahmen, sondern lediglich um sinnvolle Tipps und Hinweise zu einzelnen Punkten. Während Fragen zu Information und Kommunikation im Kapitel 15 „Change Management“ detailliert besprochen werden, wollen wir diese hier nur gelegentlich einfließen lassen und uns im Folgenden schwerpunktmäßig auf die Themen Evaluierung und Personalentwicklung beschränken.

8.5.1 Evaluierung

Veröffentlichen sollte man bekanntermaßen vorzugsweise nur das, was man wirklich weiß. Ganz besonders dann, wenn es sich um Veränderungsprozesse im Unternehmen handelt. Bei der Evaluierung gilt es nicht nur, einfach die notwendigen Daten und Informationen zu beschaffen, sondern gleichermaßen bereits von Anfang an mit den beteiligten und betroffenen Mitarbeitern in einen offenen Dialog zu treten.

Erwartungen

Aus diesem Blickwinkel ist es wohl hilfreich, die Erwartungen der einzelnen Mitarbeiter in Bezug auf das Content Management-System abzuklären. Damit Ihre Mitarbeiter wissen, was Sie von ihnen wollen, hat es sich neben anderen Maßnahmen - wie beispielsweise Gesprächsrunden - bewährt, einen detaillierten und umfassenden Fragebogen vorzubereiten. Dieser wird nicht nur einfach an die Mitarbeiter ausgeteilt, sondern hierzu werden weitere Information schriftlich oder persönlich gegeben und den Mitarbeitern ausreichende Zeit zur Verfügung gestellt, sich mit dem Fragebogen auseinander zu setzen.

Das bietet einerseits den Vorteil, dass es den Mitarbeitern leichter fällt, sich mit Hilfe eines Fragebogens in einen Vorgang gedanklich hineinzuversetzen. Zum anderen haben Sie zumindest ansatzweise Einfluss darauf, dass alle relevanten Aspekte zum Thema berücksichtigt werden. Denn es ist meistens unangenehm, wenn hinterher Aussagen zu Tage kommen wie: „Ja, wenn ich das vorher gewusst hätte, dann ...“ Nutzen Sie also den Fragebogen, um gezielt auf Bereiche aufmerksam zu machen, die sonst in Ihrem Unternehmen gerne „vergessen“ oder für allzu selbstverständlich genommen werden.

Wird das Abklären der Erwartungen aus zeitlichen oder sonstigen meist wenig gehaltvollen Gründen ausgelassen - und das ist leider eher die Regel als die Ausnahme - wundern sich hinterher vor allem die Verantwortlichen, warum das neue System von Seiten der Mitarbeiter nicht angenommen wird und das, obwohl man sich doch so viel Mühe mit der Benutzeroberfläche gegeben hat. Gleichermaßen wundern sich die Mitarbeiter, warum sie denn niemand gefragt hat, zumal sie doch die Betroffenen sind.

Wenn sich die Mitarbeiter mit dem System nicht anfreunden können, dann sind jede verbrauchte Minute und jeder investierte Euro vergeudete Ressourcen. Wenn Sie sich genau dies immer wieder vor Augen führen, wird es Ihnen hoffentlich leichter fallen, in vordergründig nicht so wichtige Aspekte ausreichende Zeit zu investieren. Die betroffenen Mitarbeiter und die Unternehmensleitung werden Ihnen dies sicherlich in Form von erfolgreicher Integration danken.

Betroffene

Apropos betroffen: Welche Mitarbeiter in Ihrem Unternehmen sind von der Einführung eines Content Management-Systems betroffen? Eine detaillierte Aufstellung aller Mitarbeiter, die durch die Einführung von Content Management und somit auch eines entsprechenden Systems betroffen sind, sollte rechtzeitig angelegt werden. Diese Mitarbeiter sollten so früh wie möglich über die Einführung eines Content Management-Systems informiert und so weit wie möglich in den Prozess integriert werden. Ein Mitspracherecht dieser Mitarbeiter bei wichtigen Entscheidungen kann sich als unschätzbarer Vorteil erweisen. Gute Entscheidungen können gerade dann getroffen werden, wenn die Entscheider wissen, was aus Sicht der Betroffenen gegen oder für das jeweilige Content Management-System spricht.

Beteiligte

Sicherlich ist es sinnvoll, bei der Entscheidung, welche Mitarbeiter bei der Einführung eines Content Management-Systems beteiligt sein sollen, Abteilungs-übergreifend und unabhängig von der Hierarchie vorzugehen. Im Vordergrund sollte dabei die Betroffenheit stehen, im Sinne eines „Betroffene zu Beteiligten machen". Es liegt auf der Hand, dass Mitarbeiter aus unterschiedlichen Hierarchien und unterschiedlichen Abteilungen automatisch jeweils andere Blickwinkel einnehmen und somit unterschiedliche - jedoch wichtige Aspekte - berücksichtigt werden können.

Bei einer solchen Herangehensweise fällt es sehr viel leichter, einen ganzheitlichen Ansatz zu schaffen. Und ein ganzheitlicher Ansatz ist für die Einführung eines Content Management-Systems mit Sicherheit mehr als sinnvoll. Schließlich soll bei der Verwirklichung eines durchgängigen Content Managements im Unternehmen ein integrierender und Synergie ermöglichender Ansatz verfolgt werden. Dies kann nur unter einer ganzheitlichen Betrachtungsweise gelingen.

8.5.2 Personalentwicklung

Für die erfolgreiche Etablierung eines Content Management-Systems ist die Frage nach den ausreichenden personellen Ressourcen mit Sicherheit keine Unerhebliche. Denn es reicht nicht, nur einige wenige hochqualifizierte Mitarbeiter zu haben. Wenn ein oder zwei dann versehentlich krank werden und keiner kann einspringen, bricht im Unternehmen alles zusammen. Es zählt also nicht nur die Qualität, sondern - wie so häufig - auch die Quantität der personellen Ressourcen mit den benötigten spezifischen Kompetenzen.

Damit wird sofort die nächste Aufgabe klar: Die Erstellung der Maßnahmen für die anstehende Personalentwicklung. Typische Fragestellungen hierzu sind:

- Welches Know-how und welche Fähigkeiten werden zukünftig benötigt?
- Welches Know-how und welche Fähigkeiten sind schon vorhanden?
- Welche Vorkenntnisse gibt es bereits und wie können diese genutzt werden?
- Welche Maßnahmen zur Weiterbildung, Mitarbeiterqualifizierung oder zur Akquisition neuer Mitarbeiter werden nötig?
- Wer aus den eigenen Reihen möchte sich in Richtung Content Management weiterentwickeln?

- Welches Know-how sollte aus strategischer Sicht im Haus aufgebaut werden und welches sollte besser eingekauft werden?
- Was muss hinsichtlich der Personalplanung geändert werden?

Ein neues System bringt immer neues Wissen und neue Anforderungen an das Wissen der Mitarbeiter mit sich. Im Optimalfall ist dieses Wissen bei den Mitarbeitern schon vorhanden. Die wohl berechtigte Frage an dieser Stelle lautet: In welchem Unternehmen können wir von diesem Optimalfall ausgehen? Die wahrscheinliche Antwort: In den wenigsten!

Weiterbildung

Somit wird es Ihnen wohl nicht erspart bleiben, sich intensiv mit dieser Thematik zu beschäftigen. Gerade für den nachhaltig erfolgreichen Betrieb eines Content Management-Systems ist es wichtig, entweder die eigenen Leute zu hochqualifizierten Fachleuten auszubilden oder sich bereits ausgebildetes hochqualifiziertes Personal mit ins Boot zu holen. In Anbetracht der schwierigen Situation auf dem Personalmarkt bezüglich hochqualifizierten Personals im Bereich Content Management dürfte das Ausbilden der eigenen Leute - zumindest zum Teil - wohl in vielen Fällen die bessere Lösung sein.

Überprüfen Sie, welche Qualifikationen ihre Mitarbeiter in der Zukunft benötigen. Sind diese Qualifikationen nicht vorhanden, planen Sie in jedem Fall die notwendige Zeit ein, um die entsprechenden Mitarbeiter weiterzubilden.

Gerade bei der Einführung neuer Systeme ist es von entscheidendem Vorteil, wenn Sie den betroffenen und beteiligten Mitarbeitern eine Lernmöglichkeit bieten, zum Beispiel in Form eines Pilotprojektes. Denn hier können ohne weitgreifende Konsequenzen erst einmal Fehler gemacht werden. Personalentwickler wissen, wie wichtig die Möglichkeit zum praktischen Üben und Ausprobieren sowie die Chance, „Fehler machen zu können und zu dürfen“, für den Lernprozess ist. Darauf zu vertrauen, dass schon alles gut gehen wird, denn schließlich sind die Mitarbeiter ja entsprechend „geschult“ worden, reicht nicht aus.

Ein weiterer Aspekt im Rahmen der Weiterbildung sind die Soft Factors, die sich bei unzureichender Ausbildung sehr schnell in Hard Facts niederschlagen können. Wenn Mitarbeiter auf Grund ihrer Fachkenntnisse Führungspositionen übernehmen sollen, dann ist dies grundsätzlich erst einmal eine willkommene Veränderung - zumindest für die Meisten. Die große Ernüchterung kommt schnell, wenn die Betroffenen merken, dass sie unter Umständen bezüglich Führung kaum Erfahrung und noch weniger Know-how haben. Hierdurch betroffene Kollegen dürften diese Situation dann schnell als unbefriedigend empfinden. Weiter verschlimmert wird diese Situation noch, wenn die neue Führungskraft sich auch über die neuen Aufgaben und die damit ausgestatten Kompetenzen nicht ganz im Klaren ist oder vielleicht nicht darüber informiert wurde. Unter solchen Vorbedingungen müssen Sie sich dann über die Akzeptanz des neuen Content Management-Systems zwangsläufig nicht mehr viele Gedanken machen.

Neu- und Umbesetzung

Wie die organisatorischen Aufgaben, z. B. die Schaffung einer neuen Abteilung oder die Benennung eines Content-Verantwortlichen je Abteilung, im Unternehmen am sinnvollsten umgesetzt werden können, bedarf strategischer Überlegungen, die auf Ihr Unternehmen angepasst sein müssen. In diese Überlegungen muss die Personalabteilung oder zumindest der/die Personalverantwortliche mit einbezogen werden.

Aufgrund der Neu- und Umgestaltung betrieblicher Strukturen und Prozesse kann es notwendig sein, eine ganze Reihe von Stellen umzubesetzen. Entscheidend für den Erfolg dieser Maßnahmen ist, die Mitarbeiter zum frühest möglichen Zeitpunkt zu informieren und gemeinsam mit den Betroffenen eine neue Lösung zu erarbeiten und Alternativen zu diskutieren. Bei Veränderung per Dekret reagieren Menschen komischer Weise immer etwas seltsam - vor allem, wenn es um sie selbst geht.

Freisetzung

Einige Mitarbeiter sehen durch die Einführung eines Content Management-Systems die Chance, sich im Unternehmen weiter zu entwickeln, wieder andere möchten die Tatsache der Einführung am liebsten ignorieren - Veränderungen werden nicht immer als willkommene Herausforderungen verstanden. Mitunter ist die Veränderung für einen Mitarbeiter ein willkommener Anlass, eine schon länger bestehende Unzufriedenheit jetzt offen zum Ausdruck zu bringen und das Unternehmen zu verlassen.

Auf der anderen Seite sollten Sie sich darauf einstellen, dass es unter Umständen notwendig sein kann, sich von einigen Mitarbeitern zu trennen. Dies kann fachliche oder organisatorische Gründe haben, mitunter ist es aber auch die fehlende Bereitschaft, Veränderungen mit zu tragen - oder die Bereitschaft die Veränderungen sogar (still und heimlich) zu sabotieren. Bedenken Sie dabei: Jeder verdient eine Chance. Aber seien sie nicht zimperlich, wenn es darum geht, Schaden (auch potenziellen) vom Unternehmen abzuwenden. Schließlich besteht eine Fürsorgepflicht gegenüber den anderen Mitarbeitern, die viel Zeit und Energie in die Realisierung investieren.

Akquisition

In diesem Zusammenhang sollte die strategische Entscheidung getroffen werden, ob im Unternehmen eine grundsätzliche Bereitschaft vorhanden ist, neue Mitarbeiter einzustellen, die nicht in die bestehende Gehalts- und Hierarchiestruktur passen. Wenn diese Bereitschaft da ist, wird das die Suche nach geeigneten Mitarbeitern eventuell erleichtern. Bedenken Sie, dass dies dann aber auch unternehmensintern kommuniziert werden muss.

8.6 Special: Betriebsrat

Content Management-Systeme können in Unternehmen tiefgreifende Veränderungen hervorrufen. Tiefgreifende Veränderungen rufen ihrerseits wiederum den Betriebsrat - sofern vorhanden - auf den Plan. Die Zusammenarbeit mit dem Betriebsrat kann gepaart mit ein wenig gesundem Menschenverstand und gegenseitigem Wohlwollen nur zum allseitigen Vorteil sein. Sorgen Sie dafür, dass der Informationsfluss zum und vom Betriebsrat reibungslos läuft. Konkrete Beispiele für die Zusammenarbeit mit dem Betriebsrat könnten sein:

- Prüfen Sie zusammen mit dem Betriebsrat, ob eine Betriebsvereinbarung zur Einführung eines Content Management-Systems sinnvoll ist.
- Unter Umständen brauchen Sie von allen Mitarbeitern eine unterschriebene Geheimhaltungsklausel, sofern eine solche nicht sowieso schon Bestandteil des Arbeitsvertrages ist.
- Es kann eine gute Möglichkeit sein, den Konfliktverantwortlichen für den gesamten Prozess aus dem Betriebsrat zu holen. Wichtig ist, dass diese Person die volle Unterstützung aller beteiligten Abteilungen und der Geschäftsleitung hat. Ebenso grundlegend sind natürlich die eigene Konfliktfähigkeit und fundierte Kenntnisse. Planen Sie die Schulung dieses Konfliktverantwortlichen gegebenenfalls in die Weiterbildung mit ein. Das Thema Konfliktmanagement werden wir im Kapitel 15 „Change Management“ noch ausführlicher behandeln.

- Eine weitere sinnvolle Aufgabe in der Zusammenarbeit von Betriebsrat, IT-Abteilung, Personalabteilung und Projektgruppe kann die dauerhafte interne Betreuung der Mitarbeiter für alle Vorschläge und Wünsche in Bezug auf das Content Management sein.

8.7 Zusammenfassung

Die Einführung eines neuen Systems, sei es IT-gestützt oder nicht, ist mit dem Bereich Human Resources eng verknüpft, denn letztlich sind immer Menschen die Träger der Veränderungsprozesse. In diesem Zusammenhang gilt es, User, Content Management-Spezialisten und IT-Experten gleichermaßen bei allen Fragestellungen differenziert zu berücksichtigen. Ebenso ist die bedürfnisgerechte Gestaltung eines durchgängigen Content Managements Voraussetzung für dessen nachhaltige und erfolgreiche Integration.

Zentrale Fragestellungen im Zusammenhang von Content Management und Human Resources sind:

- Anforderungen an ein Content Management (-System)
- Auswirkungen der Einführung eines Content Management (-Systems)
- Projekt-Realisierung und Personalressourcen
- Maßnahmen und Methoden zur Umsetzung

Sowohl bei der Bestimmung der Anforderungen als auch bei der Ermittlung der Auswirkungen hinsichtlich eines Content Management-Systems stehen aus Personal-Sicht die folgenden Aspekte eine bedeutende Rolle: Systemdesign, Personalstruktur, Prozesse und Zielsetzungen. Weitere Bereiche möglicher Auswirkungen im Personalbereich betreffen die Mitarbeiterkompetenzen, Mitarbeiter-Entwicklung und Mitarbeiter-Führung.

Gerade im Rahmen der Projekt-Durchführung ist die Frage der Personalressourcen entscheidend für den erfolgreichen Abschluss jedes Content Management-Projekts.

Bei der Bewältigung der Herausforderungen im Personalbereich, die ein integriertes Content Management mit sich bringt, gilt es speziell den Aspekten Evaluierung und Personalentwicklung verstärkte Aufmerksamkeit zu schenken.

Berücksichtigen sie bei allen Aktivitäten und Maßnahmen frühzeitig die konstruktive Zusammenarbeit mit dem Betriebsrat.

8.8 Checkliste

Personal	
Grundlagen	⇒ Mitarbeiter zum Träger des Veränderungsprozesses machen ⇒ Alle betroffenen und beteiligten Mitarbeitergruppen berücksichtigen: - User - Content Management-Fachleute - IT-Spezialisten ⇒ Mitarbeiterbedürfnisse berücksichtigen
Anforderungen	Anforderungen klären bezüglich: ⇒ Systemdesign ⇒ Personalstruktur ⇒ Prozesse (Funktion des Einzelnen) ⇒ Zielsetzungen
Auswirkungen	Auswirkungen klären in Hinsicht auf: ⇒ System ⇒ Personalstruktur ⇒ Prozesse (Funktion des Einzelnen) ⇒ Zielsetzungen
Sekundäre Auswirkungen	Weitere Auswirkungen klären in Bezug auf: ⇒ Mitarbeitervoraussetzungen (Kompetenzen) ⇒ Personalentwicklung ⇒ Mitarbeiter-Führung
Projekt-Realisierung	⇒ Notwendige Ressourcen bestimmen ⇒ Verfügbare Ressourcen bestimmen ⇒ zeitliche Zuordnung vornehmen ⇒ Lösungsmöglichkeiten für Engpässe und fehlende Ressourcen erarbeiten ⇒ Belastungen für das Unternehmen prüfen

Personal	
Umsetzung	**Evaluierung:** ⇒ Klären der Erwartungen ⇒ Betroffene und beteiligte Mitarbeiter bestimmen ⇒ Mitarbeiterintegration bei Entscheidungen **Personalentwicklung:** Weiterbildung ⇒ Weiterbildungsbedarf bestimmen ⇒ Weiterbildungsmöglichkeiten prüfen ⇒ Weiterbildungsbereitschaft eruieren ⇒ Zeitbedarf berücksichtigen ⇒ Lernmöglichkeiten schaffen ⇒ Soft Factors berücksichtigen Neu- und Umbesetzungen ⇒ Frühzeitig kommunizieren ⇒ Gemeinsam mit den Mitarbeitern Lösungen erarbeiten Freisetzungen ⇒ Chancen bieten ⇒ Rechtzeitig durchführen Akquisition Gegebenenfalls neue Gehalts- und Hierarchiestrukturen prüfen
Betriebsrat	⇒ Frühzeitig einbinden ⇒ Konstruktive Zusammenarbeit aufbauen ⇒ Evtl. Konfliktverantwortlicher aus dem Betriebsrat ⇒ Entsprechend schulen ⇒ Notwendigkeit einer Betriebsvereinbarung prüfen ⇒ Notwendigkeit einer Datenschutzvereinbarung prüfen

9 Prozesse

Bei der Betrachtung von Content Management im Zusammenhang mit Prozessen im Unternehmen sollen folgende Grundfragen beleuchtet werden:

- Welche Prozesse im Unternehmen sind durch Contents, Content Management oder ein Content Management-System betroffen?
- Welchen Einfluss hat die Einführung eines integrierten Content Managements auf diese Unternehmensprozesse?
- Welche Änderungen ergeben sich auf den unterschiedlichen Ebenen?
- Welche neuen Prozesse sind notwendig?

Um die Wechselwirkungen zwischen den Prozessen im Unternehmen, der Einführung und dem Betrieb eines integrierten Content Managements zu analysieren und zu bewerten, ist es natürlich zunächst einmal notwendig, die bestehenden Prozesse zu evaluieren. Ebenso muss geklärt werden, welche Prozess-Typen und Ebenen betroffen sind und wie das Management von Prozessen insgesamt organisiert ist.

Schwierig wird diese Betrachtung durch die Vielzahl nicht sichtbarer Prozess-Abläufe, wie sie in jedem Unternehmen zu finden sind. Insbesondere für die Veränderung von Unternehmensprozessen ergeben sich hierdurch weit reichende Konsequenzen.

Über das Thema Geschäftsprozesse und deren Veränderung und Optimierung sind ganze Stapel von Büchern geschrieben worden. Da auf die Identifikation, Analyse und Darstellung von Geschäftsprozessen hier nicht in aller Ausführlichkeit eingegangen werden kann, finden Sie weitere Informationen und Literaturhinweise zum Thema auf unserer Website http://www.business-e-volution.de.

9.1 Content Management und Unternehmensprozesse

Content Management ist eng mit den Unternehmensprozessen verbunden. Zum einen ist Content Management ein Teil des unternehmensinternen Informationsmanagements und damit in sämtliche Informationsprozesse eingebunden. Zum anderen ist Content Management aber ebenso häufig Teil der eigentlichen Leistungserstellung und somit ein wichtiger Bestandteil der betrieblichen Leistungsprozesse.

Gerade aus der notwendigen Veränderung betrieblicher Prozesse kann der Anstoß zur Implementierung eines durchgängigen Content Managements erfolgen. Umgekehrt ist die Einführung eines Content Management-Systems zwangsläufig mit einer Veränderung auf der Prozess-Ebene verknüpft.

Daher sind frühzeitig grundlegende Fragen zur Integration eines durchgängigen Content Managements in die betrieblichen Prozesse zu stellen:

- Welche Vorgeschichte hinsichtlich unternehmensinterner Prozesse und deren Management besteht?
- Welche Notwendigkeit besteht zur Einführung eines Content Management (-Systems) aus Prozess-Sicht?
- Welches sind aus Prozess-Sicht übergeordnete Ziele mit Einfluss auf die Installation eines Content Managements (-Systems)?
- Wofür soll das Content Management (-System) hinsichtlich der unternehmensinternen Prozesse genutzt werden?

9.2 Bestandsaufnahme

Bei der Bestandsaufnahme der Unternehmensprozesse geht es zunächst um die Identifikation, Analyse und Darstellung der bestehenden Prozesse. Im Anschluss sind diese hinsichtlich der Zusammenhänge und Verknüpfungen zum Content Management zu bewerten. Die Bestandsaufnahme liefert die Antwort auf die Frage, wie der Prozess-Rahmen für die Einführung eines integrierten Content Management/Content Management-Systems aussieht.

9.2.1 Identifikation

Zunächst ist festzustellen, ob eine Evaluierung bestehender Prozesse bereits stattgefunden hat und welche Ergebnisse diese liefert. Selbst wenn eine solche Analyse vorliegt, kann es für eine fundierte Betrachtung notwendig sein, bisherige Ergebnisse erneut zu hinterfragen und auf Vollständigkeit zu überprüfen.

Generell sollten im Rahmen einer Identifikation der relevanten Unternehmensprozesse konkrete Angaben hinsichtlich der wichtigsten Kategorien betrieblicher Prozesse vorhanden sein.

Unternehmensprozesse	
Primäre Prozesse	**Sekundäre Prozesse**
• Informationsprozesse • Arbeits-/Leistungsprozesse • Logistikprozesse	• Entscheidungsprozesse • Führungsprozesse • Supportprozesse

Tabelle 4: Wesentliche Unternehmensprozesse

9.2.2 Analyse

Zunächst stellt sich die Frage in wie weit die Prozesse und Geschäftsabläufe schon analysiert und/oder standardisiert sind. Die Prozess-Analyse soll dabei zumindest Aufschluss über folgende Merkmale für jeden der untersuchten Prozesse geben:

- **Was:** Genaue Beschreibung des einzelnen Prozesses
- **Wer:** Auflistung der Prozess-Beteiligten und der Art der jeweiligen Prozess-Beteiligung (beispielsweise Durchführung, Mitarbeit, Kontrolle usw.)
- **Womit:** Auflistung der eingesetzten Hilfsmittel (Betriebsmittel, Werkzeuge, Infrastruktur usw.)
- **Wozu:** Zielsetzung des Prozesse/gewünschtes Ergebnisses.

Anhand dieser Prozess-Beschreibung kann dann die Klassifizierung des Prozesses hinsichtlich seines Prozess-Typs, der Prozess-Ebene und seiner inhaltlichen Zuordnung durchgeführt werden. Die Prozess-Beschreibung ist ebenso eine notwendige Voraussetzung einer visuellen oder grafischen Prozess-Darstellung. Zur raschen Klassifizierung von Prozessen kann häufig auf ein bereits bestehendes und ausgereiftes Klassifizierungssystem zurückgegriffen werden, wie beispielsweise das grundlegende System des International Benchmarking Clearinghouse des American Productivity and Quality Centers (APQC).

Unternehmensprozesse auf der obersten Ebene (Operationale, Management- und Unterstützungsprozesse)	
Primäre Prozesse	**Sekundäre Prozesse**
1. Märkte und Kunden verstehen	7. Personal entwickeln und führen
2. Vision und Strategie entwickeln	8. Informationsressourcen managen
3. Produkte und Dienstleistungen entwickeln	9. Finanzielle und physische Ressourcen managen
4. Vermarkten und Verkaufen	10. Umweltschutz betreiben
5a. Produzieren und Vertreiben (Produktionsunternehmen)	11. Externe Beziehungen managen
5b. Produzieren und Verkaufen (Dienstleistungsunternehmen)	12. Entwicklung und Wandel managen
6. Kunden abrechnen und Service bieten	

Tabelle 5: Prozess-Bereiche des APQC-Systems

Besonderes Augenmerk muss im Rahmen der Analyse auf die Bestimmung der wesentlichen Kernprozesse des Unternehmens gelegt werden, da diese für das Unternehmen von existenzieller Bedeutung sind. Eine Veränderung der Kernprozesse hat durchgreifende Auswirkungen auf die gesamte Organisation des Unternehmens.

9.2.3 Darstellung

In der Regel findet die Darstellung betrieblicher Prozesse und Abläufe mit Hilfe entsprechender IT-gestützter Tools statt. Es ist somit zu prüfen, in wie weit Prozesse und Geschäftsabläufe aktuell schon per IT abgebildet werden, und diese gegebenenfalls noch zu ergänzen.

Zur Darstellung innerbetrieblicher Prozesse gehört aber ebenso, diese den Mitarbeitern zugänglich zu machen und einen Konsens hinsichtlich der vollständigen und korrekten Erfassung und Darstellung zu erreichen. Die grundlegende Darstellung der betrieblichen Abläufe und Prozesse bildet die Basis für alle weiteren Betrachtungen, da nur auf diese Weise ein gemeinsames Verständnis aller Beteiligten und Betroffenen erreicht werden kann. Besteht zwischen den Beteiligten (und Betroffenen) bereits auf dieser Ebene Uneinigkeit, führt dies im Rahmen des Prozess-Managements fast zwangsläufig zu tiefgreifenden Konflikten und kann im Extremfall bis zur Blockade ganzer Prozess-Ketten führen.

Eine weitere wichtige Rolle spielt die Frage, inwieweit es Ad-hoc-Prozesse, flexible Prozesse oder „unsichtbare" Prozesse gibt, die nicht einfach dargestellt werden können, aber trotzdem berücksichtigt werden müssen.

9.2.4 Bewertung

Die Zusammenhänge und Verknüpfungen zwischen betrieblichen Prozessen und Content Management als Basis eines entsprechenden Veränderungskonzepts versucht man an Hand folgenden Schemas zu bewerten:

Bewertung der Auswirkungen
1. Welche Prozesse im Unternehmen sind von der Einführung eines Content Managements überhaupt betroffen?
2. Wie stark sind die Einflüsse einer Einführung eines integrierten Content Managements auf die jeweiligen Prozesse?
3. Wie äußern sich diese Einflüsse jeweils?
4. Wie sehen die Einflüsse auf Ad-hoc-Prozesse oder flexible Prozesse aus?

Tabelle 6: Bewertung der Auswirkungen auf Prozessebene

Dazu ist es notwendig, die betrieblichen Prozesse hinsichtlich ihres Prozess-Typs und der zugrunde liegenden Prozess-Ebene weiter zu spezifizieren.

9.3 Prozess-Typen

Für die Typisierung von Unternehmensprozessen lassen sich zwei annähernd gleichwertige Schemata heranziehen: zum einen die Typisierung nach dem funktionalen Charakter, zum anderen die Unterteilung nach den Inhalten der jeweiligen Prozesse.

Typisierungsschemata	
Funktionsorientierung	**Inhaltsorientierung**
• Operative Prozesse	• Logische Prozesse
• Managementprozesse	• Informationsprozesse
• Unterstützungsprozesse	• Physische Prozesse

Tabelle 7: Schemata zur Prozess-Typisierung

Beide Schemata weisen spezifische Vor- und Nachteile auf und sollten je nach Zielsetzung der Betrachtung eingesetzt werden. Häufig empfiehlt sich auch, die gleichzeitige Typisierung nach beiden Schemata für eine grundlegende Analyse vorzunehmen.

9.4 Prozess-Ebenen

Analog zur Bestimmung der Prozess-Typen muss die jeweilige Betrachtungsebene Berücksichtigung finden. Hier lassen sich in absteigender Granularität folgende Stufen unterscheiden:

- Geschäftsprozesse
- Workflows
- Arbeitsabläufe
- Einzelne Arbeitsschritte

Je nach Prozess-Ebene sind die Auswirkungen ganz unterschiedlich, und auch Ausmaß und Umfang der Veränderung hängen stark von der jeweiligen Ebene ab.

Häufig lässt sich zwischen den einzelnen Prozess-Ebenen und der entsprechenden Organisationsebene ein direkter Zusammenhang aufzeigen. Veränderungen auf Geschäftsprozessebene betreffen folgerichtig das Unternehmen als ganzes, während sich die Veränderung einzelner Arbeitschritte auf die Tätigkeit des einzelnen Mitarbeiters auswirkt. Im Hinblick auf notwendige Veränderungsprozesse und die hierdurch betroffenen Mitarbeiter (-Gruppen) ist eine Differenzierung nach der jeweiligen Prozess-Ebene unerlässlich.

Durch die Einführung eines IT-gestützten Content Management-Systems können beispielsweise im Redaktionsbereich einzelne Arbeitsschritte vollständig automatisiert werden. Dies hat natürlich entsprechende Auswirkungen auf Arbeitsabläufe, übergeordnete Workflows und letztlich auf die Geschäftsprozesse.

Während die Veränderung auf der Ebene der einzelnen Arbeitsschritte - und damit die Auswirkungen auf die Arbeitstätigkeit der betroffenen Mitarbeiter - dramatisch sein kann (völliger Wegfall), bedeutet diese für den übergreifenden Geschäftsprozess unter Umständen nur eine geringfügige Zeitersparnis. Umgekehrt kann eine minimale Veränderung im Bereich einzelner Arbeitsschritte oder Arbeitsabläufe (wie beispielsweise die neu hinzukommende Prüfung bestimmter Kriterien bei der Freigabe durch den verantwortlichen Mitarbeiter) zur völligen Ineffizienz eines gesamten Geschäftsprozesses führen.

9.5 Prozess-Management

Die geplante und zielorientierte Veränderung von Geschäftsprozessen durch die Einführung eines integrierten Content Management (-Systems) fällt in den zentralen Aufgabenbereich eines unternehmensinternen Prozess-Managements. Hierzu gehören Planung, Management und Kontrolle aller betrieblichen Prozesse auf den unterschiedlichen Prozess-Ebenen.

Zur Vorbereitung auf die Integration des Content Managements in die bestehenden betrieblichen Prozesse und die notwendigen Anpassungen muss geklärt werden, wie das Prozess-Management auf den unterschiedlichen Prozess-Ebenen organisiert ist. Dabei sind speziell folgende Punkte im Einzelnen zu klären:

- Wann werden Prozesse auf den unterschiedlichen Ebenen in der Regel geplant und überprüft?
- Durch wen werden die internen Prozesse geplant/überprüft?
- Wie werden die internen Prozesse geplant?
- Wie werden die internen Prozesse aufeinander abgestimmt?
- Wie ist das Daten-, Informations- und Workflow-Management organisiert?

9.6 Prozess-Veränderung

Die Anpassung der betrieblichen Prozesse an die Erfordernisse eines integrierten Content Managements verläuft prinzipiell nach den gleichen Spielregeln wie jede andere Prozess-Veränderung auch.

- Zunächst sind die betroffenen Prozesse zu identifizieren und auszuwählen. Diese Auswahl muss gegebenenfalls durch neue Prozesse, die in Zukunft notwendig werden, ergänzt werden.

- Danach ist die Beschreibung der einzelnen Prozesse dahingehend zu überprüfen, in wie weit diese noch den tatsächlichen Gegebenheiten entspricht und bei Bedarf anzupassen.
- Aufgrund der neuen Anforderungen wird eine Soll-Konzeption der jeweiligen Prozesse erstellt, die nicht nur spezifischen Anforderungen des Content Managements Rechnung tragen soll, sondern ebenso hinsichtlich der klassischen Anforderungen an ein wirkungsvolles Prozess-Design ausgelegt ist.
- Als vierter und letzter Schritt ist die tatsächliche Umgestaltung der betrieblichen Prozesse entsprechend der neu erarbeiteten Soll-Konzeptionen vorzunehmen.

Hinsichtlich der Anforderungen an ein optimales Prozess-Design kann folgende Übersicht als grobes Orientierungsraster dienen:

Anforderungen an ein optimales Prozess-Design	
Kundenorientierung	**Aufgabenorientierung**
Kunden haben einen zentralen Stellenwert. Prozess-Orientierung im Kundensinne heißt, entgegen bestehender Strukturen und eingefahrener Verhaltensweisen zu denken und echte Priorität für ganzheitliche Lösungsansätze zu fordern. Die Zufriedenheit des Kunden ist oberstes Gebot.	Zusammenhängende Aufgaben werden - wo immer machbar - entsprechend zusammengefasst und soweit wie möglich durch einen Mitarbeiter oder ein Team bearbeitet. Unnötige Schnittstellen, die zwangsläufig zu Fehlern und Verzögerungen führen, werden weitestgehend abgebaut.
Entscheidungskompetenz	**Eigenverantwortlichkeit**
Die jeweils verantwortlichen Mitarbeiter tragen ein Maximum an Entscheidungskompetenz und können innovative und kreative Vorschläge zur Verbesserung direkt umsetzen, statt diese nur zu melden. Eine entsprechende Reduzierung der Hierarchie bedeutet oft sinkende Kosten.	Die Ergebnisqualität wird weitestgehend auf eigenverantwortlicher Basis mit Hilfe von Selbstkontrolle sichergestellt - verbunden mit der Erhöhung der Entscheidungskompetenz. Beschleunigte Abläufe, klare Spielregeln und interne Kunden-Lieferanten-Beziehungen gewährleisten optimale Prozess-Flüsse.

Tabelle 8: Optimales Prozess-Design (Anforderungen)

Zu den vier Phasen des Veränderungsmanagements betrieblicher Prozesse gilt es, jeweils spezifische Fragestellungen zu beachten, die im Hinblick auf Content Management von Bedeutung sind. Im Folgenden werden beispielhaft einige aufgeführt:

Orientierungsfragen zur Prozess-Veränderung
Phase 1 - Identifikation und Auswahl
• Welche internen Abläufe, Prozesse und Zustände sollen/müssen aufgrund der Einführung eines integrierten Content Management geändert werden? • Welche internen Prozesse müssen neu definiert werden? • Welche Prozesse sollen wegfallen?
Phase 2 - Beschreibung (Ist)
• Wie lassen sich diese Prozesse anhand der bereits genannten Kriterien detailliert beschreiben und übersichtlich darstellen?
Phase 3 - Konzeption (Soll)
• Welche Geschäftsprozesse entstehen durch das Content Management (-System) neu? • Welche Geschäftsprozesse ändern sich durch das Content Management (-System)? • Welche Geschäftsprozesse entfallen durch das Content Management (-System)? • Wie verändern sich die von der Einführung eines Content Management (-Systems) betroffenen Prozesse jeweils? • Kann man die bestehenden Prozesse durch den Content Management (-System)-Einsatz verbessern (schneller, einfacher, weniger Kosten, höhere Qualität)? • Werden die internen Prozesse durch das Content Management (-System) transparenter? • Werden die internen Prozesse durch das Content Management (-System) weiter automatisiert? • Können die internen Prozesse durch das Content Management (-System) besser gesteuert werden? • In welchem Maß werden die internen Prozesse durch das Content Management (-System) stärker standardisiert? • Werden die internen Prozesse insgesamt durch das Content Management (-System) beschleunigt?

Orientierungsfragen zur Prozess-Veränderung
Fortsetzung Phase 3 - Konzeption (Soll)
• Ändert das Content Management etwas an der Kundenbeziehung (z. B. schnellere, einfachere Kommunikation)? • Soll durch das Content Management (-System) Prozess-Integration betrieben werden (elektronischer Kundenkontakt löst integrierte Geschäftsprozesse aus, z. B. für Anfragen, Problemmeldungen usw.)? • Werden durch das Content Management (-System) Informationszugriffe für Kunden vereinfacht? • Werden durch das Content Management (-System) Informationszugriffe für Mitarbeiter vereinfacht? • Wird durch das Content Management (-System) die tägliche Arbeit für die betroffenen Mitarbeiter einfacher? • Wird die interne Kommunikation und der Content-Austausch auch über Standortgrenzen hinweg erleichtert? • Was verändert sich durch das Content Management (-System) an der internen Abstimmung der Prozesse? • Welche Vorteile bringt die Veränderung der Geschäftsprozesse durch das Content Management (-System) insgesamt mit sich? • Welche Nachteile bringt die Veränderung der Geschäftsprozesse durch das Content Management (-System) zusammengefasst mit sich?
Phase 4 - Umsetzung
• Sind die im Rahmen des Prozess-Managements betroffenen Abteilungen potenziell in der Lage und bereit, Anpassungen und Standardisierungen hinsichtlich der Prozesse vorzunehmen? • Welches Know-how wird für die Entwicklung neuer Prozesse benötigt? • Welche personellen Kapazitäten werden für die Entwicklung neuer Prozesse benötigt? • Auf welche Weise werden Daten- und Informationsströme sowie Arbeitsabläufe umstrukturiert und angepasst?

Orientierungsfragen zur Prozess-Veränderung
Fortsetzung Phase 4 - Umsetzung
• Welche Mitarbeiter sind durch veränderten Prozesse betroffen? • Was genau ändert sich für den einzelnen Mitarbeiter jeweils durch die veränderten Prozesse ? • Wie groß ist die Bereitschaft der Mitarbeiter, neue Informationsprozesse und Arbeitsabläufe zu akzeptieren? • Können mögliche Reibungen und Konflikte konstruktiv bereinigt werden und wie kann dies geschehen?

Tabelle 9: Orientierungsfragen zur Prozessveränderung

Aufgrund dieses Fragenkatalogs wird klar, wie eng die Einführung eines durchgängigen Content Management (-Systems) mit den unternehmensinternen Prozessen auf allen Ebenen verknüpft ist. Die kritische Auseinandersetzung mit diesen Fragestellungen und die Aneignung eines entsprechenden Prozess-Management-Know-hows sind damit wichtige Voraussetzungen zur Bewältigung dieser Herausforderungen.

9.7 Zusammenfassung

Content Management ist sowohl als Bestandteil des betrieblichen Informationsmanagements als auch über die betriebliche Leistungserstellung eng mit den Unternehmensprozessen verbunden. Um die Veränderung der Prozesse, die durch die Einführung eines integrierten Content Management (-Systems) notwendig werden, sinnvoll und planmäßig durchführen zu können, ist eine umfassende Bestandsaufnahme der erste Schritt. Identifikation, Analyse, Darstellung und Bewertung der bestehenden Unternehmensprozesse auf den unterschiedlichen Prozess-Ebenen bilden den internen Rahmen für ein zielgerichtetes Veränderungs-Management.

Beim Veränderungsprozess müssen sowohl Content Management-spezifische Anforderungen beachtet als auch gängige Kriterien eines wirkungsvolles Prozess-Designs berücksichtigt werden. Besonderes Augenmerk ist in allen Phasen auf Ad-hoc-Prozesse und flexible Prozesse sowie auf „nicht sichtbare“ Prozess-Abläufe zu legen.

9.8 Checkliste

Prozesse	
Bestands-aufnahme	Identifikation: ⇒ Informationsprozesse ⇒ Arbeits-/Leistungsprozesse ⇒ Logistikprozesse ⇒ Entscheidungsprozesse ⇒ Führungsprozesse ⇒ Supportprozesse Analyse: ⇒ Was: Beschreibung ⇒ Wer: Beteiligte ⇒ Womit: Hilfsmittel ⇒ Wozu: Zielsetzung Darstellung: ⇒ Identifikation von Ad-hoc-Prozessen, flexiblen oder „unsichtbaren" Prozessen ⇒ Konsensfindung bzgl. der Darstellung Bewertung: ⇒ Identifikation betroffener Prozesse ⇒ Bestimmung der Einflüsse
Typisierung	Schematische Durchführung: ⇒ funktionsorientiert ⇒ inhaltsorientiert
Prozess-Ebenen	Untergliederung hinsichtlich: ⇒ Geschäftsprozesse ⇒ Workflows ⇒ Arbeitsabläufe ⇒ Einzelne Arbeitsschritte
Management	Bestimmung der Planungs-, Management und Kontroll-Verfahren
Veränderung	Durchführung unter Beachtung von Content Management-spezifischen Anforderungen und Anforderungen an optimales Prozessdesign nach dem Schema: ⇒ Identifikation und Auswahl ⇒ Beschreibung (Ist) ⇒ Konzeption (Soll) ⇒ Umsetzung

10 Kunden

Was ist die Aufgabe eines Unternehmens? Wenn man sich so umhört, dann gibt es fast so viele Meinungen zu diesem Thema wie es Unternehmer gibt. Die Palette reicht von der Ansicht, dass ein Unternehmen primär Arbeitsplätze schaffen sollte bis hin zu der Annahme, dass ein Unternehmen vor allem die Shareholder zufrieden stellen muss. Wir vertreten eine sehr konservative Meinung: Ein Unternehmen ist dazu da, die Bedürfnisse der Kunden zu befriedigen. Denn wenn ein Unternehmen aufhört, die Bedürfnisse seiner Kunden zu bedienen, dann hat es seinen Platz auf dem Markt - meist recht kurzfristig - verloren.

Eine strenge Kundenorientierung verlangt aber auch, dass alle internen Prozesse auf den Kunden ausgerichtet sind, und dies wiederum bedeutet, dass in allen Bereichen Ihres Unternehmens Markt-gerecht und immer mit Blick auf den Kunden gearbeitet wird. Insofern ist der Aspekt Kunden innerhalb des Themas Content Management einer der bedeutendsten und spannendsten.

Eine der Zielsetzungen jedes integrierten Content Managements muss es sein, die Produkt- und Leistungserstellung für den Kunden noch schneller, besser, effizienter und bedürfnisgerechter zu gestalten. Dieses Ziel kann in ganz grundlegender Weise angestrebt werden, beispielsweise durch die Optimierung der Informationsflüsse, die Rationalisierung von Geschäftsprozessen oder die Beschleunigung der Informationsbeschaffung. Ein integriertes Content Management kann auch ganz konkret und speziell im Hinblick auf Kunden eingesetzt werden, um eine Verbesserung zu erreichen, die den Kunden direkt zugute kommt. Mit drei Aspekten wollen wir uns in diesem Kapitel beschäftigen:

- Content Management und die Ausrichtung auf den Kunden
- Content Management und Kundenservice
- Content-Produkte und -Leistungen.

10.1 Content Management und die Ausrichtung auf den Kunden

Kundenzufriedenheit bedeutet nicht nur, ein gutes Produkt oder eine geldwerte Dienstleistung zu bieten. Kundenzufriedenheit entsteht im Rahmen aller Prozesse und Abläufe innerhalb des Unternehmens. Kundenzufriedenheit ist das Ergebnis optimaler Geschäftsprozesse, ausgezeichneter Produkte, hervorragender Dienstleistungen, eines erstklassigen Services und damit einer konsequenten Ausrichtung des gesamten Unternehmens auf den Kunden. Grundlage hierfür ist eine echte Beziehung zum Kunden.

10.1.1 Kundenbeziehungen

Die geistige und emotionale Einstellung aller Mitarbeiter in Ihrem Unternehmen hat auf die Kundenbeziehung und damit auf den Unternehmenserfolg Einfluss - positiv wie negativ. Dies gilt auch für die Mitarbeiter im Unternehmen, die keinen direkten Kontakt zu Ihren Kunden haben. Wenn Sie Ihr Unternehmen konsequent auf Ihre Kunden ausrichten wollen, dann muss beispielsweise für die Mitarbeiter in der Buchhaltung klar sein, dass die Rechnung nicht einfach nur ein Stück Papier ist, das demnächst den Kontostand des Unternehmens verbessert. Diesen Mitarbeitern muss vielmehr bewusst sein, dass ein Mensch dieses Papier erhalten wird. Auch und gerade, wenn Sie „nur" im so genannten Bereich B2B (Business to Business) tätig sind. Denn es sind niemals Unternehmen, die miteinander Geschäfte machen, sondern es sind immer die Menschen in den Unternehmen! Menschen mit eigenen Vorstellungen und Emotionen, die Berücksichtigung finden wollen.

Durch eine Reihe von teilweise nur kleinen Veränderungen in Ihrem Unternehmen können sich Kundenbeziehungen verbessern, ohne dass Sie Ihrem Kunden ein neues Produkt oder eine neue oder erweiterte Leistung anbieten. Dazu gehört, den Kunden in das Blickfeld aller Mitarbeiter des Unternehmens zu rücken. Ein integriertes Content Management kann hierzu erfolgreich eingesetzt werden, indem:

- kundenrelevante Contents systematisch erfasst werden
- die Kundenrelevanz von nicht direkt kundenbezogenen Contents systematisch erfasst und dargestellt wird
- allen Mitarbeitern kundenrelevante Contents zur Verfügung gestellt werden.

10.1.2 Kundenrelevante Contents

Welche kundenrelevanten Contents sollen abgebildet werden und zugreifbar sein? Denkbar wären Unternehmensdaten, Produktinformationen, Standards und Normen, technologische Entwicklungen, Patente, Rechtsvorschriften usw. In dieser Auflistung sollten natürlich direkt kundenbezogene Daten wie Ansprechpartner, Adressdaten, Umsätze, Sonderwünsche, Interessen oder Kontaktdaten nicht fehlen. Denn je mehr Daten und Informationen Sie über Ihren Kunden haben, desto einfacher ist es für Sie und Ihre Mitarbeiter, sich auf Ihre Kunden zu konzentrieren und auszurichten.

10.1.3 Bereits vorhandene Contents

Auch wenn Sie erst jetzt ein umfassendes Content Management einführen werden, Contents haben Sie, seit es Ihr Unternehmen gibt. Diese liegen in der Regel in unterschiedlicher Form vor, in den meisten Fällen wohl in Papier und/oder in irgendeiner digitalen Form. Zuerst sollten Sie diese Contents auf ihren direkten Kundenbezug hin überprüfen, aber ebenso, ob diese vielleicht indirekt Kundenrelevanz besitzen. In einem zweiten Schritt ist die Aktualität zu überprüfen, d. h. haben diese Informationen jetzt noch Kundenbezug oder Kundenrelevanz? Zum dritten müssen Sie sich nach der Aktualitätsprüfung überlegen, wie Sie diese Informationen - wenn sie in Papierform vorliegen - digitalisiert bekommen. Falls diese Informationen bereits digitalisiert sind und noch Kundenrelevanz haben, muss unter Umständen überlegt werden, wie diese Contents verarbeitet werden können. Denn leider ist nicht jedes System mit einem anderem System oder Datenformat kompatibel (vgl. Kapitel 5 „Technik").

10.1.4 Interne und externe Content-Quellen

Damit alle Mitarbeiter immer auf dem neuesten Informationsstand hinsichtlich kundenrelevanter Contents sind, ist eine weitere wichtige Überlegung, welche internen und externen Content-Quellen für kundenrelevante Informationen dauerhaft in das Content Management einbezogen werden sollen. Neben den internen Quellen, die bei der Erstellung des Content-Konzepts bereits besprochen wurden, sind hier externe Quellen zu berücksichtigen: Autoren, Geschäftspartner, bestimmte Medien, dritte Content-Anbieter oder die Kunden selbst - alle externen Quellen also, die für die umfassende Information Ihrer Mitarbeiter wichtig und sinnvoll sind. Denn eines der immer wichtiger werdenden Differenzierungsmerkmale zu Ihren Konkurrenten am Markt ist: die Kompetenz, die Sie und Ihre Mitarbeiter Ihren Kunden vermitteln können.

10.1.5 Kundenrelevante Prozesse

Die Chance ist sehr groß, dass Ihre Kunden davon profitieren, wenn in Ihrem Unternehmen Content Management und/oder ein neues Content Management-System erfolgreich umgesetzt wird. Denn ein gut funktionierendes Content Management erleichtert und beschleunigt Unternehmensprozesse und sorgt in der Regel dafür, dass die Mitarbeiter - die heute fast alle überlastet sind - weniger Belastung haben. Für die erfolgreiche Einführung und Umsetzung ist es deshalb wichtig, abzuklären, welche Erwartungen von wem an das Content Management gestellt werden.

Beispielsweise sollte die Verwaltung von Kundendaten, vor allem die anwenderfreundliche Verwaltung dieser Daten in Bezug auf den Kundenservice nicht unterschätzt werden. Häufig genug ist der Innendienst genervt, weil die interne Handhabung und Abwicklung kundenrelevanter Prozesse zu kompliziert ist. Diese nicht sehr positiven Emotionen der Innendienstmitarbeiter kommen auch beim Kunden an. Dies passiert dann hoffentlich nur auf subtilem Wege, ist aber gravierend genug, sich darüber Gedanken zu machen und den Zustand zu ändern. Denn es geht hier um die konsequente Ausrichtung auf Ihren Kunden. Dazu gehören ebenso alle internen Prozesse sowie alle damit verbundenen Befindlichkeiten der beteiligten Mitarbeiter. Zu diesen Vereinfachungen gehören z. B. „gute" Suchfunktionen oder dass wirklich alle Daten leicht abrufbar sind und nicht an hunderttausend Stellen mühsam gesucht werden müssen. In der Zusammenarbeit mit dem Kunden geht es gerade auch um Schnelligkeit und Arbeitserleichterung. Schließlich sollen sich alle Mitarbeiter auf den Kunden konzentrieren können und nicht von unnötig komplizierten internen Prozessen abgelenkt werden. Ein integriertes Content Management kann gerade in diesem Zusammenhang wertvolle Hilfestellung leisten. Dazu müssen folgende Fragen geklärt werden:

- Wofür kann das Content Management-System in Bezug auf Kunden genutzt werden?
- Wie können die Prozesse für alle Mitarbeiter - vor allem diejenigen mit Kundenkontakt - vereinfacht werden?

Investieren Sie also Zeit und Geduld in das Anforderungsprofil Ihres neuen Content Management-Systems in Hinsicht auf Workflow, Datenformate, Basissysteme, Schnittstellen und Funktionalität. Mehr dazu haben Sie sicherlich schon in den Kapiteln 2 bis 5 gelesen.

Prozess-Integration

Zu den oben genannten Vereinfachungen kann eine Prozess-Integration gehören. Ein Beispiel wäre, dass Sie von einem Ihrer Kunden eine E-Mail mit einer Reklamation bekommen. Diese wird dann auf Grund einer automatisierten Regel entsprechend an die verantwortliche Stelle weitergeleitet. Wenn es sich um eine technische Frage handelt, sollte diese Meldung an die Kundenbetreuung und die Techniker gehen. Geht die Mail aber z. B. nur an die Zentrale, müssen sich die Mitarbeiter dort zuerst mit dem Inhalt der Mail befassen, um sie dann an die richtigen Ansprechpartner weiterzuleiten. Bereits dies kann eine unnötige Verzögerung bedeuten. Darüber hinaus sollte es eine Selbstverständlichkeit sein, dass der Kunde automatisch informiert wird, dass die Mail angekommen und sein Anliegen in Bearbeitung ist.

Beschleunigung von Prozessen

Durch die Einführung eines Content Management-Systems kann somit die Prozess-Dauer zum Kunden verkürzt werden. Also die Zeit, die vergeht, bis ein Kunde beispielsweise seine Bestellung oder die gewünschten Informationen bei sich zur Verfügung hat. Denken Sie nur an die bereits erwähnte Prozess-Integration oder an das einfachere und somit schnellere „zur Hand" haben von relevanten Daten und Informationen. Da jede Medaille bekanntlich zwei Seiten hat, wird es zur Erreichung dieser Verbesserungen erst einmal notwendig sein, Zeit und Energie für die Berücksichtigung von Kundenaspekten bei der Konzeption und Umsetzung eines integrierten Content Managements zu investieren. Viel Zeit wird voraussichtlich - vor allem am Anfang - das Zusammentragen aller kundenrelevanten Contents benötigen. Wenn diese da sind, müssen sie dann natürlich noch in das dafür vorgesehene Content Management-System eingepflegt werden. Zum Glück ist dieser Aufwand zeitlich begrenzt.

Offene Informationsflüsse

Ganz wichtig ist im Zusammenhang mit kundenrelevanten Prozessen die unternehmensinterne Organisation der Informationsweitergabe. Nur durch offenen und reibungslosen Informationsablauf im Unternehmen zwischen den einzelnen Abteilungen und den entsprechenden Mitarbeitern kann eine hervorragende und ausgezeichnete Kundenbetreuung stattfinden. Dazu gehört die frühzeitige Evaluierung aller Kundenprozesse, die von der Einführung eines Content Management-Systems betroffen sein können - in Zusammenarbeit mit den beteiligten Mitarbeitern. Wie werden sich diese Prozesse ändern? Vor allem: wie werden sich diese Änderungen auf die Kundenbeziehung auswirken?

10.1.6 Zugriffsrechte

Die Sicherheit sowie die Regelung der Zugriffsrechte möchten wir in diesem Zusammenhang nur kurz erwähnen. Denn es ist sehr im Interesse Ihrer Kunden, dass sie sich in Bezug auf sensible Informationen sicher sein können. Dazu gehört, dass die interne Organisation von Freigabe- oder Änderungsdiensten so wie „Check-in"/„Check-out"-Mechanismen zum Sperren von Content zur Bearbeitung verbindlich geregelt ist.

10.2 Content Management und Kundenservice

Content Management und/oder die Einführung eines Content Management-Systems kann einen Schwerpunkt ebenfalls in der direkten Ausrichtung auf den Kunden haben. Der Schwerpunkt liegt also nicht, wie vorher beschrieben, auf den kundenrelevanten Prozessen, sondern auf allen direkt auf den Kunden bezogenen Aspekten - primär im Kundenservice. Kundenorientierung ist in der Wirtschaft - vor allem in der Dienstleistungsbranche - ein beliebtes Lippenbekenntnis. Denn es klingt in Werbeunterlagen immer hervorragend und außerdem ist es schon seit geraumer Zeit „hipp", kundenorientiert zu sein. Unzählige Bücher wurden zum Thema geschrieben - viele davon ausgesprochen gut.

10.2.1 Kundenorientierung

Nur noch einmal kurz zur Auffrischung: Kundenorientierung heißt unter anderem,

- zu wissen, was Kunden wirklich wollen (Wünsche und Erwartungen),
- den Kunden in der Priorität über das Produkt zu stellen,
- hervorragende Produkte oder Dienstleistungen anzubieten,
- sich auf seine Zielgruppe(n) zu konzentrieren und nicht Allen alles recht machen zu wollen,
- die eigenen Serviceleistungen kontinuierlich zu verbessern,

- den Informationsfluss zwischen Unternehmen und Kunden zu optimieren,
- alle Geschäftsprozesse auf den Kunden auszurichten.

Zusammengefasst heißt Kundenorientierung, das unternehmensweite Denken und Handeln auf den Kunden auszurichten, auf seine Bedürfnisse, Wünsche und Probleme - speziell im Kernbereich Kundenservice.

10.2.2 Voraussetzungen

Um all dies leisten zu können, ist Klarheit über die grundlegende Kundenstruktur notwendig sowie das Wissen oder fundierte Prognosen über heutige und zukünftige Marktentwicklungen, Kundenbedürfnisse und Wettbewerber. Steht bei der Einführung eines Content Management-Systems die Kundenorientierung im Vordergrund, ist wohl eine der ersten Fragen: Welche Erwartungen haben meine Kunden an das Angebot eines Content Management-Systems oder an die Etablierung eines Content Management-Systems im Unternehmen? Klären Sie die Anforderungen, die Ihre Kunden bereits heute stellen. Und fragen Sie sich: Welche Anforderungen werden Ihre Kunden zukünftig stellen? Aus der Beantwortung dieser Fragen können Sie dann entnehmen, ob bereits eine Notwendigkeit zur Einführung eines Content Management-Systems besteht oder ob es ein strategischer Schachzug sein kann, die Einführung eines Content Management-Systems zu forcieren, um die Zufriedenheit Ihrer Kunden auch zukunftsnah sicher zu stellen.

10.2.3 Evaluierung

Im Zusammenhang mit der Frage nach der Kundenzufriedenheit sollte die Frage nach den Erwartungen aller Mitarbeiter im Unternehmen an das Content Management-System unter dem Aspekt der Kunden- und Marktorientierung gestellt werden. Zu dieser Evaluierung gehört natürlich die interne und externe Informationsbeschaffung bis hin zur Marktanalyse. Die Marktanalyse und Ihr Unternehmensfokus geben Ihnen dann Auskunft darüber, welche externen Geschäftsfelder durch das Content Management-System erschlossen oder verbessert werden können.

10.3 Content-Produkte und -Leistungen

Wenn Sie festgestellt haben, dass es für Produkte und/oder Dienstleistungen im Zusammenhang mit Ihrem Content Management-System und den darin verfügbaren Contents einen Markt gibt, dann sollte überlegt werden, welche Produkte oder Leistungen das sein sollen und wie diese standardisiert beschrieben werden können.

10.3.1 Grundmodelle

Prinzipiell lassen sich im Zusammenhang mit Content vier mögliche Produkt- oder Leistungsformen unterscheiden:

- Content als Add-on
- Content als eigenständiges Produkt
- Content Management als Dienstleistung
- Content-Beschaffung und -Erstellung als individueller Service.

Die Einführung eines integrierten Content Managements kann die notwendigen Voraussetzungen für alle vier Modelle schaffen. Welches Modell oder welche Modelle letztlich die für Ihr Unternehmen interessantesten sind, kann nur individuell aus Ihrer speziellen Markt- und Kundensituation heraus entschieden werden.

Content als Add-on

Eine Möglichkeit ist, vermarktbare Contents = Assets als Teil einer anderen Leistung anzubieten. Werbeagenturen arbeiten schon lange nach diesem Prinzip. Sie überlegen sich nicht nur das Layout, der Kunde erhält gleich die passenden wohlformulierten Inhalte. Viele Berater - Steuerberater, Unternehmensberater usw. - bieten zu Ihren reinen Beratungsleistungen passende Marktübersichten, die neuesten Gesetze mit den entsprechenden Auswirkungen und andere für den Kunden relevante Informationen. So könnten z. B. Reisebüros die Anregungen Ihrer Kunden aufgreifen und ihnen zu der gebuchten Reise aktuelle und interessante Informationen mitliefern.

Content als eigenständiges Produkt

Content kann eine eigenständige Leistung sein. Inzwischen gibt es eigene Content-Agenturen, die ihren Kunden zu ausgesuchten Themen immer aktuell aufbereitete Informationen liefern. Wenn Sie interessante Inhalte haben, die für andere von Interesse sein können, dann können Sie diese tauschen oder verkaufen. Unter dem Begriff Content-Syndication wird dieser Tausch (Content-Sharing) oder Verkauf (Content Providing) von Contents zusammengefasst.

Content Management als Dienstleistung

Wenn Sie in Ihrem Unternehmen schon viel Erfahrung im Content Management haben, dann könnten Sie z. B. das Management für andere Unternehmen (Ihre Kunden) übernehmen, also Content Management als Dienstleistung anbieten.

Content-Beschaffung und -Erstellung als individueller Service

Und dann ist da natürlich noch eine Variante: Content als Service. Hier wären Sie dann Content Provider, nur mit dem Unterschied, dass Sie für Ihre Kunden individuelle Contents/Assets zusammenstellen und/oder produzieren.

10.3.2 Voraussetzungen

Welches Produkt oder welche Dienstleistung Sie auch anbieten wollen, die Voraussetzung ist selbstverständlich, dass Sie die Ansprüche und die Anforderungen Ihrer Kunden kennen - und zwar sowohl von der technischen Seite als auch auf der organisatorischen und der personellen Ebene. Besonders sollten Sie die speziellen Content-Bedürfnisse Ihrer Kunden kennen. Im gegenseitigen Interesse sollten klare Vereinbarungen über die folgenden Punkte getroffen werden:

- Klären der genauen Merkmale der Contents im Detail und die Form des Austausches.
- Klären, wie die Contents ausgetauscht werden können und welche Zugriffsmöglichkeiten es für Ihre Kunden gibt.
- Bewertung der Contents: Diese Frage ist dann wahrscheinlich noch die diffizilste. Hier können wir nur empfehlen, sich an die übliche Abrechnungsform Ihrer Branche zu orientieren. (Wenn es eine solche noch nicht gibt, dann führen Sie diese einfach ein und machen entsprechendes Marketing dafür.)

Damit Sie und Ihre Kunden langfristig mit den angebotenen Produkten und Dienstleistungen zufrieden sind, sollten jetzt die nötigen Anforderungen geklärt werden, welche die vorhandenen und zukünftig absehbaren Produkte (Assets) und Dienstleistungen an das Content Management-System stellen.

Es kann ebenso sinnvoll sein, Ihren Kunden gegen Bezahlung direkten Zugriff auf Ihr Content Management-System zu gewähren. In diesem Fall müssen natürlich ähnliche Fragen geklärt werden wie für Ihre Mitarbeiter - selbstverständlich ganz besonders die Frage der Zugriffsrechte auf bestimmte Inhalte. Des Weiteren gehören hierzu sicherlich eine gute und schnelle Volltextsuche sowie ein kundenfreundliches Benutzerinterface. Die Organisation des Freigabedienstes sowie die Sicherheit sensibler Daten sollten - wie schon erwähnt - ebenso Berücksichtigung finden.

Die damit verbundene interne Herausforderung ist das Asset Management, also die zentrale Verwaltung aller digitalen Assets. Dazu gehören folgende Überlegungen:

- Wie können die Inhalte/Content-Teile bewertet werden?
- Wie können „Content-Mengen" aussehen? D. h. welche sinnvollen Unterteilungen für die Contents gibt es?
- Wie kann ein „Preisschild" an die „Ware" gehängt werden?
- Wie kann die Überprüfbarkeit für Transfers zum Kunden gewährleistet werden?
- Wie können die Daten für die Rechnungsstellung an den Kunden erfasst werden?
- Wie soll die Bezahlung abgewickelt werden?
- Wie sollen die Content-Transfers an den Kunden laufen?
- Wie kann das Controlling umgesetzt werden? D. h. beispielsweise prüfen zu können, welcher Content was eingebracht hat und warum.

Das Content Management-System sollte sinnvoller Weise dafür genutzt werden können, den Workflow des Asset Managements zufriedenstellend abzubilden.

10.4 Exkurs: Benchmarking

Es ist immer ein gutes Mittel der Wahl, aus den Fehlern und/oder Erfolgen seiner Mitbewerber zu lernen. Vielleicht gibt es aus Ihrer Branche bereits Erfahrungswerte zum Einsatz von Content Management im Hinblick auf Kundenaspekte? Von den entsprechenden Erkenntnissen kann jedes Unternehmen nur profitieren - ungeachtet, ob diese positiv oder eben nicht ganz so positiv sind. Wenn Sie zwar die Ergebnisse Ihrer Mitbewerber kennen, jedoch nicht so versiert in der Umsetzung von Fakten in individuelle Lerntransfers für Ihr Unternehmen sind, dann sollten Sie Fachleute für diese Lerntransfers beauftragen. Diese Investition ist sehr gut angelegt, denn hierdurch wird der interne Wissenstransfer gewährleistet und somit steigt die Chance für eine erfolgreiche Einführung Ihres Content Management-Systems erheblich.

10.5 Zusammenfassung

In Bezug auf Kunden kann die Einführung von Content Management und/oder eines Content Management-Systems vor allem unter drei Gesichtspunkten beleuchtet werden. Die konsequente Ausrichtung des Unternehmens auf die Kunden kann in hohem Maße durch die Verfügbarkeit kundenrelevanter Contents für alle Mitarbeiter des Unternehmens verstärkt werden. Wichtig ist ebenso, dass alle Prozesse für die Mitarbeiter so vereinfacht werden, dass diese sich mit Freude allen Kundenbelangen widmen können, ohne von internen Prozessen behindert zu werden.

Der Kundenservice hat die Kunden unmittelbar im Fokus und hat damit direkten Einfluss auf die Kundenzufriedenheit und somit auch auf die Kundenbindung. Durch die konsequente Ausrichtung auf den Kunden mit Hilfe kundenrelevanter Contents und die umfassende Berücksichtigung von Kundenwünschen und Bedürfnissen beim Design und der Konzeption des Content Managements können entscheidende Wettbewerbsvorteile errungen werden.

Schließlich können sich entweder innerhalb der bisherigen Geschäftsfelder oder auch in neuen Bereichen neue Produkte und/oder Dienstleistungen für vorhandene oder potenzielle Kunden entwickeln.

10.6 Checkliste

Kunden	
Kunden-ausrichtung	⇒ Kundenrelevante Contents systematisch erfassen. ⇒ Die Kundenrelevanz von nicht direkt kundenbezogenen Contents systematisch erfassen und darstellen. ⇒ Allen Mitarbeitern kundenrelevante Contents zur Verfügung stellen. ⇒ Klären, welche kundenrelevanten Contents abgebildet werden sollen und welche zugreifbar sein sollen. ⇒ Erstellung eines klaren Anforderungsprofils für das Content Management-System. ⇒ Für optimale Information: Welche internen und externen Content-Quellen sollen/müssen genutzt werden?

Kunden	
Kunden-ausrichtung	⇒ Integration aller kundenrelevanter - auch noch nicht digitalisierter - Contents. ⇒ Klären, von wem welche Erwartungen an das Content Management/Content Management-System gestellt werden. ⇒ Content Management-System nutzen, um kundenrelevante Prozesse zu vereinfachen. ⇒ Content Management-System auf „gute" Suchfunktionen überprüfen. ⇒ Den Sinn des Content Management-Systems in Bezug auf den Kunden klären. ⇒ Klären, welche Prozess-Integrationen in Hinsicht auf Kundenprozesse umgesetzt werden können. ⇒ Klären, welche Kundenprozesse sich ändern und welchen Einfluss das auf die Kunden hat. ⇒ Klären, ob sich Prozesse zeitlich verändern und welche Konsequenzen das hat. ⇒ Klärung der Sicherheit und Zugriffsrechte. ⇒ Reibungslosen Informationsfluss im Unternehmen etablieren.
Kunden-service	⇒ Das unternehmensweite Denken und Handeln auf den Kunden ausrichten. ⇒ Klarheit über die Kundenstruktur haben oder gewinnen. ⇒ Erwartungen der Kunden klären. ⇒ Hat die Einführung eines Content Management-Systems bereits Dringlichkeitsstufe? ⇒ Interne Erwartungen an das Content Management-System klären im Hinblick auf die eigene Kunden- und Marktorientierung. ⇒ Welche externen Geschäftsfelder sollen erschlossen oder verbessert werden?

Kunden	
Produkte und Leistungen	⇒ Entwicklung von Produkten und/oder Dienstleistungen: - Content als Add-on - Content als Produkt - Content Management als Dienstleistung - Content-Beschaffung/-Erstellung als Service ⇒ Die Bedürfnisse und Anforderungen der Kunden eruieren. ⇒ Kenntnis über die Möglichkeiten des Kunden auf der technischen, organisatorischen und personellen Ebene. ⇒ Möglichkeit des direkten Content-Zugriffs evaluieren. ⇒ Internes Asset Management organisieren und strukturieren. ⇒ Workflow des Asset Managements zufriedenstellend abbilden.
Benchmarking	⇒ Benchmarking durchführen. ⇒ Für Lerntransfers sorgen.

11 Marketing

Im Kapitel 10 „Kunden“ haben wir uns bereits intensiv damit auseinandergesetzt, wie Contents mittels eines integrierten Content Managements Ihren Kunden zu Gute kommen können. Unter dem Aspekt Marketing wollen wir diesen Zusammenhang von der anderen Seite betrachten. Die Kernfragestellung dabei lautet: Wie können im Zusammenwirken von Content Management und Marketing Marktvorteile für das Unternehmen gewonnen und genutzt werden?

Dazu ist es notwendig, die grundsätzlichen Möglichkeiten einer Verknüpfung von Content Management und Marketing genauer zu hinterfragen:

- Content Management zur Unterstützung der Marketingaktivitäten
- Content als Marketing-Instrument
- Marketing für Content-Produkte.

Es ist nicht nötig, dass Sie eine Entscheidung zwischen den drei Möglichkeiten treffen, denn diese lassen sich wunderbar miteinander kombinieren. Den Aspekt Content Management zur Unterstützung der Marketingaktivitäten haben wir im Kapitel 10 „Kunden“ bereits detailliert beleuchtet. Wir wollen uns im Folgenden auf die Betrachtung von Content als Marketing-Instrument und die hierfür notwendigen Voraussetzungen und Rahmenbedingungen sowie das Marketing speziell für Content-Produkte mit seinen besonderen Aspekten beschränken.

Hinweis: In Bezug auf das Internet gibt es bereits einige gute Bücher auf dem Markt, die sich mit den Themen Content als Marketing-Instrument und Content als Produkt beschäftigen. Aus diesem Grund wollen wir hier nur die aus unserer Sicht wichtigsten Punkte ansprechen.

11.1 Content als Marketing-Instrument

Einige wenige Sportartikelhersteller haben sich auf den Weg gemacht und bieten Kundenzeitschriften zu interessanten Sportarten an. Das Unterscheidungsmerkmal zur Konkurrenz ist klar: Content als Mehrwert zum Produkt - Content als Marketing-Instrument. Produkte lassen sich kaum noch von einander unterscheiden. Irgendwie sieht alles gleich aus, hört sich oder fühlt sich ähnlich an. Hat ein „Design" Erfolg, zieht der Rest der Branche in Windeseile nach. Die Folge ist eine Differenzierung der Produkte über den Preis oder über die zusätzlichen Informationen, die der Kunde zu seinem Produkt bekommt.

Wenn Sie Content als Marketing-Instrument nutzen wollen, dann sind natürlich einige Punkte dabei zu beachten, wie z. B. die Frage, welche Wettbewerber bereits Content als Marketing-Instrument einsetzen und welche Contents das sind. Genauso wichtig ist die Frage, welche Contents von Ihrer Zielgruppe überhaupt als Mehrwert angesehen werden.

Denn nicht jeder Content bietet automatisch einen Mehrwert. Die wichtigsten Kriterien, wann Content sich als Marketing-Instrument eignet, sind wohl:

- Der Content ist für die Zielgruppe(n) von Interesse.
- Der Content ist aktuell und wird immer wieder aktualisiert.
- Der Content hat für die Zielgruppe(n) einen Nutzwert. D. h. es sollte kein Content sein, der sonst überall erhältlich ist.
- Der Content passt möglichst genau auf die Bedürfnisse und Fragestellungen der Zielgruppe(n).
- Die Kunden vertrauen auf die Kompetenz des Herausgebers.

Die Frage, ob ein Content sich als Marketing-Instrument eignet, orientiert sich somit an der Frage „Wann ist ein Content ein Asset?". Mehr dazu haben Sie schon in Kapitel 2 „Content" gelesen.

Weitere Aspekte, die bei der Frage nach der Eignung berücksichtigt werden sollten sind:

- Der Content muss in Beziehung zum Produkt und zum Unternehmen stehen.
- Der Content muss einen tatsächlich Mehrwert im Sinne eines Zusatznutzens haben. Content, der eigentlich ein notwendiger Teil des Produktes ist, kann nicht als Marketing-Instrument eingesetzt werden.

Wenn Sie die richtigen Contents identifiziert haben, bleiben noch folgende Fragen zu klären:

- Wird dieser Content allen zur Verfügung gestellt oder stellen Sie diesen Content nur Ihren Kunden zur Verfügung?
- Wie soll der Content aufbereitet werden?

Die Beantwortung der letzten Frage hängt selbstverständlich sehr eng mit der Beantwortung der ersten Frage zusammen. Wenn der Content nur Ihren Kunden zur Verfügung gestellt werden soll, können Sie gegebenenfalls auf bereits vorhandenes Wissen über Ihre Kunden oder sehr spezielle Informationswünsche Ihrer Kunden zurückgreifen. Das heißt die Contents können insgesamt sehr viel spezifischer sein, als wenn Sie diese der breiten Öffentlichkeit zur Verfügung stellen wollen. In dem einen Fall, handelt es sich mehr um ein Marketing in Form der „Nachbetreuung" und Kundenbindung und im anderen Fall mehr um ein Marketing, das darauf ausgerichtet ist, Neukunden zu gewinnen.

Gleichgültig, welchen Weg Sie wählen, wenn Sie Content als Marketing-Instrument nutzen, Ihr Image wird sich auf jeden Fall ändern - allein aus der Tatsache heraus, dass Sie Content als Mehrwert für Ihre Produkte anbieten. Wenn der Content die weiter oben genannten Kriterien erfüllt, wird es für Sie auf jeden Fall ein Imagegewinn sein.

11.2 Content als Produkt

Geldwerten Vorteil bieten Contents nicht nur als Mehrwert für ein Produkt. Content selbst kann ebenfalls zum Produkt werden, das dann vermarktet werden sollte.

Wenn Sie Content als Produkt einsetzen, dann gelten grundsätzlich erst einmal die gleichen Regeln für das Marketing, wie für jedes andere Produkt auch. Da es sich bei Contents um keine physischen Produkte handelt, sondern um diverse Dienstleistungsprodukte also immaterielle Wirtschaftsgüter, sollten Sie die besonderen Merkmale des Dienstleistungsmarketing beachten. Zu diesen Merkmalen gehören:

- Eine sehr viel stärkere Berücksichtigung der Kundenbedürfnisse als bei materiellen Produkten.
- Die Leistungen/Produkte sollten möglichst individuell und personalisiert sein.
- Eine starke Betonung der Kompetenz Ihres Unternehmens.

Wenn Sie z. B. Content Providing betreiben wollen, dann ist es sehr wichtig, dass die angebotenen Informationen individuell auf den Kunden zugeschnitten sind. Oder Sie haben als Informationsprovider auf dem Markt bereits einen entsprechend guten Ruf im Hinblick auf Ihre Kompetenz.

Genau diese Punkte - entweder individualisierte Informationen oder entsprechend bekannte Marktstellung - wurden von einigen Content-Agenturen in der Vergangenheit nicht berücksichtigt. Diese Agenturen haben seit einiger Zeit die größten Probleme bei der Kundengewinnung und der Akquirierung von Aufträgen. Als Folge davon sind einige Anbieter bereits wieder vom Markt verschwunden oder aufgekauft worden.

11.3 Basis: Die Situationsanalyse

Wenn Sie entschieden haben, wie Sie Content einsetzen wollen, benötigen Sie die Daten der Wettbewerber, um Ihr Unternehmen im Markt einordnen zu können. Nur mit diesem Wissen kann eine ordentliche Grundlage geschaffen werden, mit der das eigene Unternehmen hinsichtlich seiner Chancen und Risiken eingestuft werden kann.

Folgende Punkte sollten dabei auf jeden Fall beachtet werden:

- Sie kennen Ihre relevanten Wettbewerber.
- Sie wissen auf welche Weise die Wettbewerber den eigenen Content managen.
- Sie wissen welche Content Management-Systeme Ihre Wettbewerber einsetzen.
- Die wirtschaftliche Situation dieser Wettbewerber ist bekannt
  - im Verhältnis zum Gesamtmarkt.
  - im Verhältnis zueinander.
- In Ihrem Unternehmen gibt es einen Verantwortlichen für die Wettbewerberbeobachtung.

Wenn Sie Content als Marketing-Instrument einsetzen wollen, sollten Sie die folgenden Punkte zusätzlich berücksichtigen:

- Eruieren Sie, welcher Wettbewerber welche Content-Produkte anbietet.
- Sie wissen welche Content-bezogenen Dienstleistungen von den Wettbewerbern angeboten werden.

Sollten Sie Content (außerdem auch) als Produkt anbieten, haben diese Fragen entsprechende Relevanz:

- Welche Wettbewerber nutzen Content bereits als Marketing-Instrument?
- Welche Informationen werden von Wettbewerbern dem Kunden als Mehrwert angeboten?

Um das Unternehmen anhand einer SWOT-Analyse (siehe unten) gut einstufen zu können, werden selbstverständlich noch weitere Daten benötigt. Die wichtigsten sind - immer in Bezug auf Content-Produkte/Dienstleistungen:

- Marktgröße und Marktstrukturierung
- Die wichtigsten Kunden(gruppen)
- Die in der Branche üblichen Vertriebswege
- Kommunikationswege wie Presse, Funk, Mailings, Internet
- Rechtsgrundlagen wie Copyrights, geistiges Eigentum usw.
- Mögliche Entwicklungen, die sich in der Branche/am Markt abzeichnen
- Bedarfserhebung bei den Kunden in Bezug auf weitere Produkte und Dienstleistungen.
- Produktinformationen
    - aus dem eigenen Unternehmen
    - von den Wettbewerbern
- Kundenstruktur

Zum Abschluss der Situationsanalyse sollte eine SWOT-Analyse durchgeführt werden. SWOT setzt sich zusammen aus den Anfangsbuchstaben von

- ☐ strengths (= Stärken)
- ☐ weaknesses (= Schwächen)
- ☐ opportunities (= Chancen)
- ☐ threats (= Risiken/Herausforderungen).

Die SWOT-Analyse dient zur Feststellung der eigenen Stärken und Schwächen und der Beurteilung von Chancen und Risiken im Hinblick auf den Markt.

Hier ein Beispiel, wie eine solche SWOT-Analyse aussehen könnte:

Stärken (strengths)	**Schwächen (weaknesses)**
☐ finanziell starkes Unternehmen ☐ gebündelte Fachkompetenz => Experten ☐ hohes Ansehen bei den Kunden ☐ Content Providing als neue Dienstleistung	☐ wenig Marketingerfahrung ☐ niedriger Verbreitungsgrad => zu unbekannt am Markt ☐ geringe personelle Ressourcen
Chancen (opportunities)	**Risiken (threats)**
☐ Das Bewusstsein über die Relevanz von Content steigt bei den Kunden ☐ Wenig Wettbewerber für die neue Dienstleistung ☐ Auftauchen neuer Märkte	☐ Vormachtstellung von Verlagen als Content Spezialisten ☐ Personell starke Wettbewerber ☐ Unklares Verständnis des Begriffs „Content" beim Kunden

Abbildung 11: SWOT-Analyse für ein Unternehmen

Mit Hilfe der SWOT-Analyse können Sie überlegen, wie und ob Sie die Schwächen und Risiken minimieren können. Gleichzeitig macht diese Aufstellung deutlich, auf welche Eigenschaften und Vorteile Sie die „Scheinwerfer" Ihrer Marketingstrategie ausrichten sollten, um eine entsprechende Wirkung nach außen zu erzielen.

Ein möglicher Ansatzpunkt wäre - da es sich im Beispiel um ein finanziell starkes Unternehmen handelt, welches jedoch nur wenig Marketingerfahrung hat - eine bekannte und erfolgreiche Marketingagentur zu beauftragen. Die Agentur soll das geforderte Dienstleistungsmarketing übernehmen und einen größeren Bekanntheitsgrad bei den anvisierten Zielgruppen erreichen. Besonders herausgestellt werden sollte die Fachkompetenz des Unternehmens z. B. in Form von Vorträgen - die von einer guten Agentur vermittelt werden können - um dort die Möglichkeit zu bekommen, direkt mit der Zielgruppe ins Gespräch zu kommen. Das hohe Ansehen bei den bereits vorhandenen Kunden kann gut als Referenz bei der Gewinnung von Neukunden genutzt werden.

11.4 Vermarktung von Contents

Bei der Vermarktung von Contents gilt für die Marketingplanung die gleiche Vorgehensweise wie bei jedem anderen Produkt oder jeder anderen Dienstleistung auch: In Zusammenarbeit mit Ihrer Marketingabteilung sollten Sie entsprechende Ziele definieren. Diese Ziele sind die Grundlage für die Strategie. In der Strategie wird festgelegt, mit welchen Methoden die Ziele erreicht werden sollen. Dann werden selbstverständlich entsprechende Aktionspläne erarbeitet, in denen die richtigen Vertriebswege und Vertriebsmöglichkeiten festgehalten werden. Die besonderen Punkte, die es hierbei zu beachten gilt, wollen wir im Folgenden besprechen.

11.4.1 Benefits

Da Marketingfachleute häufig nur bedingt Content-Spezialisten sind - in den meisten Fällen nur für den eigenen Bereich - ist es von großem Vorteil, wenn Ihre Content-Spezialisten zusammen mit Ihren Kollegen aus dem Marketing die Benefits für Ihre Kunden in Hinblick auf die neuen Leistungen erarbeiten. Als Voraussetzung brauchen Sie natürlich bereits Klarheit darüber, welches Produkt oder welche Dienstleistung Ihr Unternehmen anbieten will. Somit stehen hier folgende Überlegungen im Vordergrund:

- Die genaue Beschreibung der neuen Leistung Ihres Unternehmens.
- Die detaillierte Aufzählung aller daraus resultierenden Vorteile für die Kunden.
- Die Benennung der Möglichkeiten der neuen Leistung.
- Die Überlegung möglicher Argumente gegen die neue Leistung aus Sicht des Kunden.
- Die Evaluierung, welche zusätzlichen Informationen die Kunden brauchen oder interessieren.

11.4.2 Marktsegmente & Marktorientierung

Für die Beantwortung der oben genannten Überlegungen ist wichtig, dass Ihre Kunden nicht als eine große Masse angesehen werden. Betrachten Sie differenziert die einzelnen Marktsegmente, um ein möglichst genaues Bild zu erhalten. Nur so können die unterschiedlichen Kundenbedürfnisse wirklich gut abgeschätzt werden.

Wenn Sie Klarheit darüber haben, welche Kundenbedürfnisse bezüglich der neuen Leistung in den unterschiedlichen Segmenten bestehen, folgen Überlegungen aus Sicht der Marktorientierung. Welche Geschäftsfelder sollen mit Content Management erschlossen und/oder verbessert werden? Welche Konsequenzen hat das für die neue Dienstleistung oder das neue Produkt und was bedeutet dies wiederum für das neue Content Management-System?

11.4.3 Content-Bewertung

Die Content-Bewertung ist eine ganz spezielle Herausforderung für das Marketing. Denn die Art der Bewertung und das hieraus resultierende Leistungs- und Abrechnungsmodell muss den Kunden kommuniziert werden. Erfolgreiche Kommunikation baut auf klarer und verständlicher Information sowie auf eingängigen und schlüssigen Argumenten auf. Wenn Sie in Ihrer Branche (neue) Standards bei der Content-Bewertung setzen wollen oder müssen, brauchen Sie eine gute und ausgefeilte Marketingstrategie - also eine gute „Story" - um Ihre Idee der Bewertung durchzusetzen. Ihre Kunden werden gerne mitziehen, wenn sie klar erkennen, welche Vorteile sie von Ihrem System erwarten können. Ihre Mitbewerber werden sich dann wahrscheinlich Ihrer Art der Bewertung anschließen.

Ganz wichtig ist die genaue Beschreibung, die Benennung der Merkmale Ihres neuen Produktes - auch und gerade für die Bewertung. Egal, ob Sie sich dem Content Providing oder dem Content Management für Unternehmen widmen, Ihre Marketingabteilung muss die Features und den Kundennutzen der neuen Leistung genauestens kennen, um sie erfolgreich vermarkten zu können.

Ihre Content-Spezialisten sollten zusammen mit Ihren Marketingexperten überlegen, wie die Leistungen katalogisiert oder standardisiert beschrieben werden können.

11.4.4 Befindlichkeiten

Wirklich entscheidend ist wahrscheinlich die Befindlichkeit der Marketingexperten zu dem neuen Produkt. Es ist wohl kein Geheimnis, dass die größten Erfolge vor allem dann erzielt werden, wenn die Menschen, die diese Erfolge zu verantworten haben, mit ihrer ganzen Person und Einstellung hinter dem Produkt oder hinter der Dienstleistung stehen. Wenn Sie es also schaffen,

Ihre Marketingexperten zu überzeugen, haben Sie freie Bahn für den Erfolg. Denn das nötige Fachwissen dafür haben Sie mit Ihren Marketing- und Content-Fachleuten bereits im Haus.

11.5 Zusammenfassung

Wir haben uns die besonderen Fragestellungen angeschaut, die berücksichtigt werden sollten, wenn Content als Marketing-Instrument eingesetzt werden soll. In Kürze könnte man sagen, dass es sich nur dann um einen echten Mehrwert für den Kunden handelt, wenn dieser Content die gleichen Voraussetzungen erfüllt, die auch für ein Asset gelten. Denn Content kann nur dann ein Marketing-Instrument sein, wenn der Kunde oder potenzielle Interessent einen zusätzlichen Nutzen davon hat. Der nächste Aspekt ist die Vermarktung von Content als Produkt. Hier müssen Sie die besonderen Regeln des Dienstleistungsmarketing beachten, um entsprechende Erfolge zu erzielen. Um eine gute und erfolgreiche Marketingstrategie aufbauen zu können, ist eine fundierte Situationsanalyse notwendig! Wir haben uns hier im Wesentlichen die wichtigsten Fragen zu den Themen Wettbewerber und SWOT-Analyse angesehen. Zu guter Letzt haben wir die primären Aspekte der Vermarktung selbst besprochen: Die Benefits der neuen Produkte für Ihre Kunden sowie die Bewertung von Contents.

11.6 Checkliste

Marketing	
Content als Marketing-Instrument	⇒ Welche Contents können Ihren (potenziellen) Kunden zusätzlichen Nutzen bieten? ⇒ Welche Wettbewerber setzen Content bereits als Marketing-Instrument ein? ⇒ Welche Contents werden von Wettbewerbern als Marketing-Instrument genutzt? ⇒ Überprüfen der Kriterien, wann Content sich als Marketing-Instrument eignet (Interesse, Aktualität, Nutzwert, Antworten, Mehrwert, Kompetenz) ⇒ Steht der Content in Bezug zum Unternehmen und zum Produkt? ⇒ Wem wird dieser Content zur Verfügung gestellt? ⇒ Wie soll der Content aufbereitet werden?

Marketing	
Content als Produkt	⇒ Besondere Beachtung der Merkmale des Dienstleistungsmarketings: o starke Berücksichtigung der Kundenbedürfnisse o größtmögliche Individualisierung o starke Betonung der Kompetenz
Situations-analyse	⇒ Klären Sie die Situation Ihrer Wettbewerber in Bezug auf Relevanz für Ihr Unternehmen, Content, wirtschaftliche Situation und Wettbewerberbeobachtung. ⇒ Erstellen Sie eine SWOT-Analyse, um mögliche Risiken zu minimieren und eine geeignete Strategie zu entwerfen.
Vermarktung von Contents	⇒ Marketingziele setzen ⇒ Marketingstrategien und Aktionspläne festlegen ⇒ Was sind die genauen Vorteile der neuen Leistung? ⇒ Welche Möglichkeiten bietet die neue Leistung den Kunden? ⇒ Welche Geschäftsfelder sollen erschlossen oder verbessert werden? ⇒ Wie findet die Content-Bewertung statt? ⇒ Was sind die einzelnen Merkmale/Features der neuen Leistung? ⇒ Welche Leistungen können katalogisiert oder standardisiert beschrieben werden und wie? ⇒ Sind die Marketingfachleute von der neuen Leistung begeistert und überzeugt?

12 Kooperationen

Bei der Realisierung von Content Management-Konzepten findet sich in der Praxis eine Vielzahl von Kooperationsformen. Hierunter ist die zeitlich begrenzte oder dauerhafte Zusammenarbeit mit Externen im Rahmen der Realisierung und des Betriebs eines integrierten Content Managements zu verstehen.

In diesem Abschnitt wollen wir uns nicht nur der Frage zuwenden, unter welchen Voraussetzungen Kooperationen sinnvoll oder notwendig sind, sondern ebenso Kooperationsmöglichkeiten im Rahmen der Organisation, der Realisierung und beim Betrieb eines umfassenden Content Managements unter die Lupe nehmen. Leitfragen können dabei sein:

- Welche Aufgaben können mit internen Ressourcen bewältigt werden und welche nicht vorhandenen Ressourcen können in angemessener Zeit bereitgestellt werden?
- Welche externen Hilfestellungen werden dementsprechend benötigt oder sind sinnvoll und können genutzt werden?
- Welche potenziellen Kooperationspartner sind auf unterschiedlichen Ebenen denkbar?

12.1 Kooperationsbedarf

Die Kooperation mit unternehmensexternen Partnern hat in der Praxis nur zwei Ursachen:

1. Die internen Ressourcen, die Zeit oder die Finanzmittel reichen nicht aus, um das Projekt in der gewünschten Form allein zu realisieren oder dauerhaft zu betreiben. Es besteht also eine Notwendigkeit zur Zusammenarbeit.
2. Die Realisierung und/oder der Betrieb in Zusammenarbeit mit externen Partnern bringt deutliche Vorteile, die eventuelle Nachteile überwiegen.

In einem ersten Schritt ist zu prüfen, inwieweit aufgrund der internen Gegebenheiten im Unternehmen eine generelle/teilweise Notwendigkeit zur Zusammenarbeit besteht. Neben der Analyse des unternehmensinternen Rahmens stehen dabei spezielle Fragestellungen zu Technik, Organisation, Geschäftsprozessen, Personal usw. im Vordergrund. Die Abgleichung von Bedarfsanalyse und Ist-Bestandserfassung kann dabei für Teilbereiche aber auch für das Projekt als Ganzes Diskrepanzen ergeben.

In einem zweiten Schritt ist zu untersuchen, ob es möglich ist, benötigte aber nicht vorhandene interne Ressourcen rechtzeitig zu erstellen oder zu akquirieren. Ergeben sich danach immer noch Diskrepanzen zwischen Bedarf und internen Ressourcen, besteht eindeutig eine klare Notwendigkeit zur externen Kooperation, wenn die Realisierung und der Betrieb des Content Managements nicht gefährdet werden sollen.

Aber selbst wenn dies nicht der Fall sein sollte, kann eine Kooperation trotzdem Sinn machen, um beispielsweise Synergieeffekte zwischen den Partnern zu nutzen und so Vorteile zu erringen hinsichtlich Zeit, Kosten und/oder Qualität. Im Einzelfall ist zu analysieren, welche Nachteile neben offensichtlichen Vorteilen mit der Kooperation verbunden sind, und ob Vor- oder Nachteile bei einer Gesamtabwägung überwiegen.

12.2 Kooperationen auf der Gesamtebene

Neben Kooperationen, die sich entweder auf die Realisierung oder auf den laufenden Betrieb eines Content Managements beziehen, gilt es, bereits in der Planungsphase Kooperationsmöglichkeiten auf der Gesamtebene zu prüfen. Dabei lassen sich zwei grundlegende Spielarten unterscheiden:

1. **Quasi-externe Kooperationen** (beispielsweise innerhalb eines Konzerns, mit Tochtergesellschaften, unter mehreren Betriebsstätten oder unter miteinander verbundenen Unternehmen). Es handelt sich dabei zwar um externe Kooperationspartner, die jedoch bereits in irgendeiner Form organisatorisch oder rechtlich mit dem eigenen Unternehmen verbunden sind. Kooperationen auf dieser Ebene sind gerade dann sinnvoll, wenn es um grundlegende Fragen der Struktur und Organisation des Content Managements geht, und finden häufig in Form von organisatorischen Verknüpfungen oder sogar Joint Ventures statt.
2. **Echte externe Kooperationen** mit Kunden, Lieferanten, sonstigen Geschäftspartnern oder sogar Wettbewerbern. Bei der Etablierung solcher Kooperationen stehen nicht immer nur die offensichtlichen Vorteile wie Zeit- und Kostenersparnis oder die Realisierung größerer Potenziale für alle Beteilig-

ten der Kooperation im Vordergrund. Ebenso häufig ist eine Kooperation hier überhaupt erst die Voraussetzung zur Realisierung. Dies gilt vor allem, wenn interne Ressourcen oder verfügbares Personal nicht ausreichen oder die eigenen Kosten für die gewünschte Lösung zu hoch wären. Die Vorteile für alle Beteiligten sind in jedem Fall so groß, dass eine Zusammenarbeit auch bei sonst vielleicht gegensätzlichen Interessen angestrebt wird - dies gilt vor allem bei der Zusammenarbeit von Wettbewerbern. Der Spezialfall der segmentierten Kooperation tritt immer häufiger auf: man bleibt in allen Gebieten im Wettbewerb miteinander, nur beim Thema Content/Content Management arbeitet man zusammen.

Bei der Beurteilung von Notwendigkeit oder Sinnhaftigkeit einer Kooperation mit Partnern gibt es typischerweise drei Fragebereiche, die erste Anhaltspunkte liefern können.

Typische Fragenbereiche
Anlässe
• Welche relevanten Umsysteme hat das Content Management (intern und extern, personell, organisatorisch und technisch)? • Welches sind die relevanten Schnittstellen (intern und extern, personell, technisch und Content-seitig), die für die Realisierung von besonderer Bedeutung sind? • Soll die IT-seitige Stützung des Projektes ausgelagert oder intern Know-how aufgebaut werden? • Soll Prozess-Integration betrieben werden (elektronischer Kundenkontakt löst integrierte Geschäftsprozesse aus, z. B. für Anfragen, Problemmeldungen usw.)? • Welche Einflüsse/Wünsche/Anforderungen von Konzernmutter, Töchtern, Außenstellen, verbundenen Unternehmen usw. sind hinsichtlich der Realisierung relevant?
Möglichkeiten
• Welche Formen von Kooperationen, Zukauf oder Beteiligung bieten sich und welche sind sinnvoll? • Welche Kooperationsfelder sind gewünscht (Technik, Dienste, Beschaffung, Betrieb usw.)? • Welche potenziellen Kooperationspartner sind denkbar? • Wurde eine Marktuntersuchung zu den Themen Kooperation, Beteiligung, Kauf durchgeführt?

Typische Fragenbereiche
Rahmenbedingungen
• Wie wird die Informationsweitergabe bei Beteiligung Dritter organisiert? • Wie wird die Sicherheit sensibler Informationen im Rahmen der Realisierung gewährleistet? • Ist bei Vernetzung von mehreren Standorten die IT-Sicherheit für alle betroffenen Standorte sichergestellt?

Tabelle 10: Typische Fragenbereiche bei einer Kooperation

12.3 Kooperationen bei der Realisierung

Bei der Realisierung, d. h. der Umsetzung des Content Management-Projekts, ist es häufig unerlässlich, auf externe Unterstützung zurück zu greifen. Als potenzielle Kooperationspartner kommen hier in Betracht:

- externe Experten für IT und Content Management,
- Dienstleister in den Bereichen IT, speziell Content Management-Systeme und Content-Syndication,
- freie Mitarbeiter für die Bereiche Content Management und IT, insbesondere Content Management-Systeme und
- (Unternehmens-)Berater für IT, Content Management/Content Management-Systeme, Projekt-Management, Veränderungsprozesse/Change Management.

Eine Checkliste mit Detailfragen im Rahmen der Projekt-Entwicklung gibt bereits Aufschluss darüber, ob und in wie weit eine Beteiligung externer Kooperationspartner notwendig oder sinnvoll ist.

Checkliste - Realisierungskooperation
• Welche Einschränkungen und Annahmen hinsichtlich der Realisierung bestehen (Ressourcen, Geld, Zeit, Qualität)? • Welche Mitarbeiter mit welchen Qualifikationen werden benötigt? • Welches Know-how ist generell im Unternehmen vorhanden? • Sind ausreichend personelle Ressourcen bei allen beteiligten Bereichen vorhanden?

Checkliste - Realisierungskooperation (Fortsetzung)
• Hat die IT-Abteilung genügend Kapazitäten und Know-how für eine vollständige Content Management-Realisierung? • Welche Aufgaben können intern von bestehenden Abteilungen übernommen werden? • Müssen für dieses Projekt Mitarbeiter aus anderen Projekten abgezogen werden? • Welche Aufgaben können mit internen Ressourcen erledigt werden, welche nicht? • Gibt es eine Möglichkeit zur Nutzung von Applikationen externer Dienstleister? • Welche externen Content-Quellen sollen einbezogen werden (Autoren, Kunden, Geschäftspartner, Pressemedien, ...)? • Soll Content-Syndication genutzt werden (von Drittanbietern)? • Besteht im Unternehmen ausreichendes Projekt-Management-Know-how und die notwendige Erfahrung für die Durchführung eines umfangreichen Content Management-Vorhabens? • Gibt es für das Projekt einen ausgebildeten Moderator, der alle oder zumindest wichtige Besprechungen, Präsentationen usw. leitet, oder wird ein externer Moderator benötigt? • Ist für die Verantwortlichen fachliche, methodische oder persönliche Einzel-Unterstützung, z. B. in Form eines externen Coachs, notwendig oder sinnvoll? • Gibt es für das Projekt einen internen Konfliktverantwortlichen oder soll in Konfliktfällen ein externer Berater hinzu gezogen werden?

Tabelle 11: Checkliste - Realisierungskooperation

Dies führt dann zu den Grundfragen bzgl. Realisierungskooperation, die in jedem Fall abschließend beantwortet werden sollten:

1. Müssen/sollen externe Dienstleister oder Experten für das Projekt mit eingebunden werden und für welche Bereiche oder Aufgabenstellungen?
2. Müssen/sollen freie Mitarbeiter oder Freelancer zur Unterstützung des internen Teams für das Projekt engagiert werden und für welche Bereiche oder Aufgabenstellungen?
3. Müssen/sollen externe Berater für das Projekt hinzugezogen werden und für welche Bereiche oder Aufgabenstellungen?

12.4 Kooperationen für den laufenden Betrieb

Nicht nur bei der Realisierung des Content Management-Projekts, sondern ebenso für den nachfolgenden laufenden Betrieb und den weiteren Ausbau des Content Management-Systems kann es notwendig oder sinnvoll sein, auf externe Unterstützung zurück zu greifen. Die Liste der potenziellen Kooperationspartner ist hier grundsätzlich die gleiche wie bei der Projekt-Umsetzung: Experten, Dienstleister, freie Mitarbeiter und (Unternehmens-)Berater. Auch die Fragestellungen, anhand derer sich eine Kooperation empfiehlt oder sogar als notwendig erweist, sind sehr ähnlich.

Checkliste - Kooperation im laufenden Betrieb
• Welche Einschränkungen und Annahmen hinsichtlich des laufenden Betriebs bestehen (Ressourcen, Geld, Zeit, Qualität)?
• Welche Mitarbeiter mit welchen Qualifikationen werden dauerhaft benötigt?
• Welches Know-how kann generell im Unternehmen aufgebaut werden?
• Hat die IT-Abteilung genügend Kapazitäten und Know-how für die dauerhafte Umsetzung, Betreuung und Unterstützung des Content Managements?
• Welche dauerhaften Aufgaben können intern von bestehenden/neu aufzubauenden Abteilungen übernommen werden?
• Welche externen Content-Quellen sollen auf Dauer einbezogen werden?
• usw.

Tabelle 12: Checkliste - Kooperation im laufenden Betrieb

Auf einen besonderen Punkt soll hier noch näher eingegangen werden: die fallweise (im Rahmen eines Projekts) oder dauerhafte Kooperation mit Kunden. Wird das Content Management-System nicht nur für das interne Informationsmanagement genutzt, sondern sind Contents ein wesentlicher Bestandteil der Unternehmensleistung, dann spielt die Zusammenarbeit mit Kunden im Rahmen des Content Managements eine wichtige Rolle. Dabei müssen zwei Zusammenhänge klar voneinander unterschieden werden:

1. Der Kunde selbst verfügt über keine Contents oder liefert keine Contents, sondern ist lediglich Nutzer. Diese Nutzung findet jedoch nicht nur in Form einer fallweisen dedizierten

Nutzung einzelner Contents statt, sondern wird dauerhaft in Form einer umfassenden Nutzungsberechtigung geregelt (Zeit- oder Volumen-bezogen). Damit wird jedoch keine Kooperation begründet, sondern es handelt sich nach wie vor um einen einseitigen Leistungsbezug.

2. Der Kunde verfügt selbst über Contents und stellt diese dem Unternehmen im Austausch gegen andere Contents oder Leistungen zur Verfügung. Eine weitere Möglichkeit besteht darin, dass der Kunde seine Contents an das Unternehmen zur Bearbeitung oder Weiterverarbeitung gibt und diese in veränderter Form oder eingebunden in andere Leistungen zurück erhält. Ein typisches Beispiel hierfür können technische Daten, Spezifikationen und Anleitungen sein, die ein Unternehmen für seine Produkte in einer Datenbank vorhält. Diese werden an eine Corporate Publishing Agentur weitergegeben, die aus diesen Daten für das Unternehmen technische Handbücher für die Endkunden der Produkte erstellt. Der Kunde ist in diesen Fällen gleichermaßen Lieferant wie Empfänger von Contents. Dies ist eine spezifische Kooperationsform, die in der Praxis gar nicht so selten vorkommen.

Im Einzelfall ist jeweils genau zu hinterfragen, ob es sich nur um eine besondere Form der Kundenbeziehung handelt, oder ob aus dem Kundenverhältnis ein kooperationsähnliches Verhältnis entstanden ist.

12.5 Spezielle Aspekte

Bei jeder möglichen Kooperationsform in Zusammenhang mit Content Management gibt es spezielle Aspekte, die zu beachten sind, wenn die Zusammenarbeit reibungslos vonstatten gehen soll. An dieser Stelle soll nur kurz auf die unterschiedlichen Bereiche hingewiesen werden. Die einzelnen Aspekte sind dabei so zahlreich, dass dies den Umfang dieses Kapitels sprengen würde.

Technische Aspekte

Dies ist natürlich in erster Linie eine Frage der zugrunde liegenden Informationstechnologie. Besondere Beachtung erfordern zwei Aspekte:

1. Medienformate (beispielsweise Dateiformate) und
2. Schnittstellen der eingesetzten Systeme.

Auf diese Themen ist im Kapitel 5 „Technik“ bereits umfassend eingegangen worden.

Content-spezifische Aspekte

Bei jeder Form von Content-Austausch stellt sich sofort die Frage nach den jeweiligen Merkmalen von Contents, die ausgetauscht werden sollen. Der effiziente Transfer von Contents kann nur dann reibungslos funktionieren, wenn eine einheitliche Regelung hinsichtlich Inhalt, Form, Struktur und Layout gefunden werden kann (vgl. Kapitel 1 „Grundkonzepte").

Organisationsaspekte

Hierbei ist der zentrale Punkt die Regelung der Informations- und Datenweitergabe unter den Kooperationspartnern. Dabei ist sowohl die jeweilige organisatorische Verankerung und Verzahnung als auch die Abstimmung von Geschäftsprozessen und Workflows zu beachten.

Sicherheitsaspekte

Unter Gesichtspunkten der Sicherheit sind zwei Bereiche relevant:

- die rein technische Sicherheit der Daten innerhalb der genutzten Systeme und Infrastrukturen sowie
- der weitergehende Datenschutz, welcher die betroffenen Mitarbeiter mit einschließt.

Die Fragestellung, wie die Sicherheit vertraulicher Daten gewährleistet werden kann, spielt dabei eine herausragende Rolle.

Rechtliche Fragen

Ein Punkt, der bei Kooperationen häufig nicht rechtzeitig genug bedacht wird und im Rahmen von Content Management insgesamt immer noch recht stiefmütterlich abgehandelt wird, ist die Frage rechtlicher Aspekte. Vorwiegend zwei Punkte sind in diesem Zusammenhang zu klären:

1. die durchgängige Beachtung und Gewährleistung des Urheberrechtsschutzes und
2. das umfassende, korrekte und einwandfreie Handling von Nutzungs- und Verwertungsrechten im Rahmen der gesetzlichen Vorschriften.

Dass gerade im Bereich elektronischer Medien nach wie vor eine zumindest in Teilen bestehende Rechtsunsicherheit herrscht, macht diese Aufgabenstellung nur noch komplexer. Aber auch der in der Praxis häufig sehr laxe Umgang mit eben diesen Fragestellungen führt zu einer Vielzahl von Auseinandersetzungen.

Bewertungsfragen

Mit diesem Thema begeben wir uns vollständig auf „gefährliches" Terrain. Die Frage der Bewertung von Contents - im Sinne von Assets - ist selbst innerhalb eines Unternehmens kaum befriedigend zu lösen. Umso schwieriger wird dies im Rahmen einer Kooperation. Letztlich kann hier nur das Kriterium des Nutzwerts einigermaßen zuverlässig als Anhaltspunkt gelten. Der Nutzwert wiederum ist aber selbst von einer Reihe weiterer Kriterien abhängig, auf die zuvor schon eingegangen wurde: Qualität, Aktualität, Reliabilität, Relevanz, Innovation usw. Dies für einzelne Contents zu beurteilen ist in der Praxis schon schwierig genug, bei der wertmäßigen Erfassung von größeren Content-Mengen ist es ein nahezu aussichtsloses Unterfangen. Hier bleibt häufig nur ein Vorgehen: Bewertungsfragen zur Verhandlungssache machen. Dann ist eine der wichtigsten Voraussetzungen, eine klare, absolut eindeutige und für alle Kooperationspartner gleichermaßen bindende Vereinbarung zu treffen, wenn eine spätere Auseinandersetzung nicht vorprogrammiert sein soll.

12.6 Zusammenfassung

Bei Realisierung und Betrieb eines integrierten Content Managements sind in der Praxis vielfältige Kooperationsformen möglich und auch tatsächlich anzutreffen. Am Beginn jeder Kooperation steht zunächst die Analyse des Kooperationsbedarfs in Form einer Notwendigkeit zur Kooperation oder einer Sinnhaftigkeit aufgrund der angestrebten Erzielung beiderseitiger Vorteile.

Bei möglichen Kooperationspartnern ist zwischen echten externen und nur quasi-externen (mit dem Unternehmen organisatorisch oder rechtlich verknüpften) Partnern zu unterscheiden. Kooperationen können sowohl in der Projekt-Phase, im Rahmen der System-Realisierung, oder im Anschluss beim laufenden Betrieb stattfinden. Vor allem die Zusammenarbeit mit externen Experten, Dienstleistern, freien Mitarbeitern und Beratern gehört zu den häufig genutzten Kooperationsmöglichkeiten. Aber auch in der Zusammenarbeit mit Kunden kommt es nicht selten zu kooperationsähnlichen Verhältnissen oder echten Kooperationen.

Im Rahmen jeder Kooperation im Bereich Content Management sind spezielle Aspekte zu berücksichtigen, zu hinterfragen und eindeutig zu klären, damit die Kooperation letztlich erfolgreich sein kann.

12.7 Checkliste

Kooperationen	
Bedarfsanalyse	Feststellen von: ⇒ Notwendigkeit einer Kooperation ⇒ Sinnhaftigkeit einer Kooperation bezogen auf das Ganze oder Teilbereiche
Gesamtebene	Bestimmung möglicher/notwendiger Kooperationspartner: quasi-extern ⇒ Muttergesellschaft ⇒ Tochtergesellschaften ⇒ Unterschiedliche Betriebsstätten ⇒ Verbundene Unternehmen extern ⇒ Kunden ⇒ Lieferanten ⇒ Geschäftspartner ⇒ Wettbewerber ⇒ Sonstige Institutionen
Realisierung	Bestimmung möglicher/notwendiger Kooperationspartner: ⇒ Experten ⇒ Dienstleister ⇒ Freie Mitarbeiter ⇒ Berater
Laufender Betrieb	Bestimmung möglicher/notwendiger Kooperationspartner: ⇒ Experten ⇒ Dienstleister ⇒ Freie Mitarbeiter ⇒ Berater ⇒ Kunden
Klärung spezieller Aspekte	⇒ Technik ⇒ Content ⇒ Organisation ⇒ Sicherheit ⇒ Rechtsfragen ⇒ Bewertung

13 Finanzen und Controlling

Die Frage der Finanzen ist bei Content Management immer ein heikles Thema. Auf den ersten Blick erscheint es so, als ob ein integriertes Content Management in erster Linie Kosten verursacht und erst in zweiter Linie - wenn überhaupt - Einspareffekte oder entsprechende Erträge realisiert werden können. Aufzuzeigen, dass dem nicht so ist, gehört zu den Grundanliegen dieses Kapitels. Im Einzelnen geht es dabei um folgende Gesichtspunkte:

- Welche einmaligen und laufenden Kosten ergeben sich durch die Einführung eines Content Management (-Systems) - aufgegliedert in einzelne Bereiche?
- Mit welchen Effekten der Kosteneinsparung ist zu rechnen?
- Welche zusätzlichen Erlöse können aller Voraussicht nach realisiert werden?
- Wie können die Kosten (re-)finanziert werden?
- Wie wirkt sich die Einführung eines Content Management (-Systems) insgesamt aus (Controlling)?
- Mit welchen Risiken ist die Einführung eines integrierten Content Management (-Systems) verbunden?

Auf die Darstellung von Kostenrechnungsverfahren, Grundlagen der Plan- und Kontrollkostenrechnung oder die Erläuterung von Controlling usw. wird an dieser Stelle vollständig verzichtet, denn dies würde den Umfang des Buches sprengen. Im Rahmen von Content Management ist für uns vielmehr von besonderem Interesse, welche speziellen Aspekte bei einer Kostenbetrachtung zu berücksichtigen sind, und welche Punkte wir im Rahmen der Erfassung von Kosten, Kosteneinsparungen und Erlösen bei Content Management-Vorhaben besonders unter die Lupe nehmen müssen.

13.1 Grundlagen

Bei der Realisierung eines Content Management-Projekts ist von Anfang an eine klare Entscheidung hinsichtlich des zugrunde liegenden Modells zu treffen. Das bedeutet: Soll Content Management als Bereich realisiert werden, der lediglich unternehmensinterne Funktionen und Aufgaben wahrnimmt (und damit eher in Richtung Knowledge Management ausgerichtet ist), oder soll der Unternehmensbereich Content Management auch mit eigenen Leistungen an bestehende oder neue Kundengruppen herantreten (beispielsweise in Form von Content Providing usw.)? Bei einer rein internen Realisierung haben wir es grundsätzlich mit einem Investitionsmodell in Form eines Cost Centers zu tun. Die Kosten der Realisierung und des Betriebs müssen durch die anderen Unternehmensbereiche getragen werden.

Werden Content- oder Content Management-Leistungen direkt als eigenständige Leistungen an Kunden vertrieben, ist prinzipiell ein Profit Center-Modell oder eine Mischung zwischen Profit Center und Cost Center möglich. Die Unterschiedlichkeit der Modelle hat starken Einfluss auf die gesamte finanzwirtschaftliche Betrachtung. Gerade für die Frage der Refinanzierung ergeben sich hier völlig unterschiedliche Ansätze und Möglichkeiten.

Im folgenden wollen wir uns zunächst den Kosten in Zusammenhang mit Content Management-Projekten zuwenden.

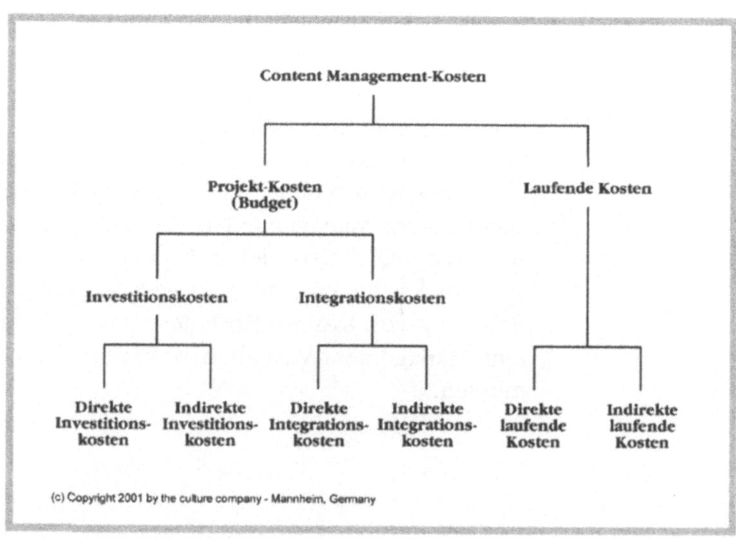

Abbildung 12: Content Management-Kosten

In einem zweiten Schritt setzen wir uns dann mit möglichen Einsparungs- und Erlöspotenzialen auseinander.

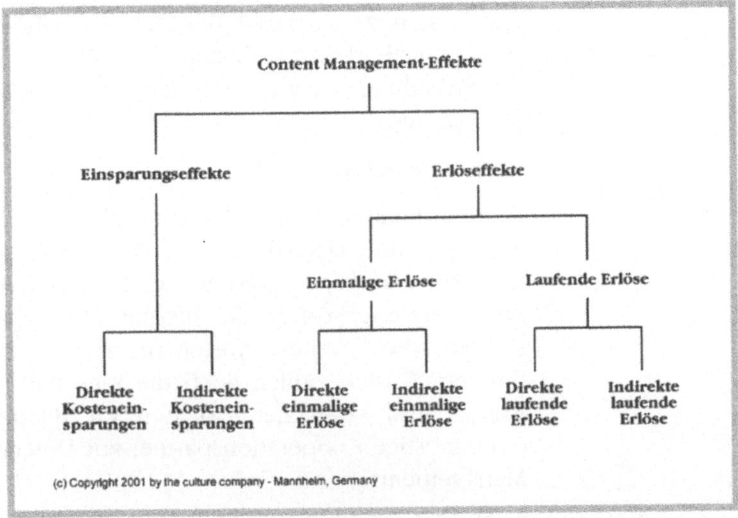

Abbildung 13: Content Management - Positive Effekte

Aus dieser Darstellung wird bereits deutlich, dass die Gegenüberstellung von Kosten und voraussichtlichen Effekten speziell im Rahmen der (Re-) Finanzierungsbetrachtung je nach dem zu Grunde liegenden Basis-Modell ganz unterschiedliche Ergebnisse bringen kann. Bei einem reinen Investitionsmodell fallen beispielsweise direkte laufende Erlöse als Erlöspotenzial vollständig weg. Bei der folgenden Betrachtung gehen wir der Einfachheit halber von der Anschaffung eines Content Management-Systems im Rahmen des Projekts aus, da dies in der Praxis den wahrscheinlicheren Fall darstellt.

13.2 Projekt-Kosten (Projekt-Budget)

Unter Projekt-Kosten lässt sich die Gesamtheit aller Kosten verstehen, die direkt oder indirekt mit der Realisierung des Content Management-Projekts in Zusammenhang stehen. Darunter fallen zunächst einmal die Investitionskosten als solche, in denen die Kosten für das Projekt-Management selbst enthalten sind. Dazu zählen aber auch diejenigen Integrationskosten, die nicht durch die Anschaffung eines Content Management-Systems direkt entstehen, sondern durch die Integration dieses Systems in die bestehenden betrieblichen Strukturen und Prozesse verursacht werden.

13.2.1 Investitionskosten

Im Rahmen der Investitionskosten fallen wie bei allen betrachteten Kostenarten sowohl direkte als auch indirekte Kosten an. Während die direkten Kosten meist offensichtlich sind, sollte auf die Ermittlung der indirekten Kosten besonderes Augenmerk gelegt werden.

Direkte Kosten

Zu den direkten Kosten der Investition zählen neben Hardware-, Software- und Lizenzkosten auch die Ausgaben für das nahezu immer notwendige Customizing (Programmierung). Hinzu kommen Beratungskosten, die hiermit in direktem Zusammenhang stehen, sowie weitere Kosten für externe Dienstleister. Zu den direkten Kosten zählen auch die internen Projekt-Management-Kosten und sämtliche Ausgaben für Berater und Dienstleister oder sonstige Kooperationspartner zur Unterstützung des Projekt-Managements.

Indirekte Kosten

Indirekte Kosten werden bei vielen Content Management-Projekten nicht ordnungsgemäß erfasst. Dies liegt nicht immer nur daran, dass sie bei der Konzeption und Planung nicht auf Anhieb ins Auge fallen, sondern ebenso häufig geht es hier darum, die Projekt-Kosten auf dem Papier niedriger zu halten, als diese in Wirklichkeit sind. Gerade bei indirekten Kosten fällt dies natürlich besonders leicht. Es ist daher besonders darauf hinzuweisen, dass ein solches Vorgehen mit einer fundierten und vollständigen Analyse als Basis für eine vernünftige Investitionsentscheidung nicht viel zu tun hat.

Zwei Kostenblöcke sind bei den indirekten Kosten zu unterscheiden. Zum einen die durch technische Aspekte bedingten Kosten, beispielsweise für:

- Evaluation
- Tests
- Probebetrieb
- Migration
- Parallelbetrieb
- „Scharfschalten"
- Daten-Management
- Content-Beschaffung und -Erfassung.

Hinzu kommen weitere indirekte Investitionskosten für:

- Personal (beispielsweise für Mitarbeiter die mit der technischen Realisierung des Content Management-Systems betraut sind)
- Weiterbildung (beispielsweise für Mitarbeiter im Bereich IT und Technik, die für die Installation, Pflege und Wartung des Content Management-Systems verantwortlich sind)
- Reorganisation (beispielsweise des IT-Bereichs im Rahmen der technischen Realisierung des Content Management-Systems).

Diese beziehen sich direkt auf die technischen Aspekte. Hier sind also z. B. nur Weiterbildungskosten für den Systemadministrator des Content Management-Systems enthalten.

Natürlich zählen auch hier wieder die Kosten für Dienstleister und externe Beratung, die diesen Aspekten zugerechnet werden können, zu den indirekten Kosten.

13.2.2 Integrationskosten

Während die Ermittlung der Investitionskosten in der Praxis häufig noch recht einfach durchzuführen ist, gleicht die Erfassung der Integrationskosten schon beinahe einer Sisyphusarbeit.

Direkte Kosten

Zu den direkt durch die Einführung eines Content Management-Systems verursachten Kosten, zählen natürlich alle Kosten die durch die Umstellung, Anpassung oder Erneuerung bestehender Systeme verursacht werden oder mit diesen in Zusammenhang stehen. Hierzu zählen insbesondere:

- IT-Kosten (Hardware und Software)
- System-Anpassungs-Kosten
- Datenerfassungs-Kosten
- Daten-Migrations-Kosten
- Daten-Management-Kosten
- Reorganisationskosten
- Kosten hinsichtlich der Veränderung der technischen Abläufe, Prozesse und Schnittstellen

Diese hängen nicht direkt mit dem Content Management-System zusammen, sondern werden durch die Integration des Content

Management-Systems verursacht. Sie fallen also an, weil die bestehenden Systeme verändert oder angepasst werden müssen.

Hinzu kommen natürlich wieder:

- Personalkosten
- Weiterbildungskosten
- Dienstleister-Kosten

und auch

- Beratungskosten,

sofern sie sich auf die genannten Bereiche direkt beziehen.

Indirekte Kosten

Spannend wird es gerade bei den indirekten Integrationskosten. Hier wird nicht nur außerordentlich viel Sorgfalt benötigt, um die entsprechenden Kosten vollständig und „sauber" zu erfassen, sondern zuvor ist häufig schon ein gehöriges Maß an Detektivarbeit notwendig, um diese überhaupt zu entdecken. Indirekte Integrationskosten verstecken sich häufig auf allgemeinen Kostenstellen oder überhaupt unter Gemeinkosten. Wer suchet, der findet unter anderem:

- Reorganisationskosten, die durch eine Veränderung betrieblicher Strukturen entstehen
- Kosten hinsichtlich der Veränderung der arbeitstechnischen Abläufe und Geschäftsprozesse
- Kosten für ein „internes Marketing", um Mitarbeiter auf das neue System vorzubereiten, sie mit Veränderungen vertraut zu machen und internen Ängsten und Widerständen zu begegnen
- Kosten für die Entwicklung von „Soft Skills", die in Zusammenhang mit dem Veränderungsprozess benötigt
- Weiterbildungskosten (um Mitarbeiter außerhalb der IT-Abteilung für das neue System zu qualifizieren)
- Personalkosten (beispielsweise für die Akquisition neuer Mitarbeiter mit speziellen Qualifikationen)

Ebenso können hierzu aber beispielsweise Marketingkosten oder Kosten für PR und Öffentlichkeitsarbeit zählen, wenn die Einführung des Content Management-Systems entsprechend in der Öffentlichkeit oder bei Kunden präsentiert werden soll.

Natürlich sind wieder die obligatorischen Kosten für Beratung und externe Dienstleister zu erfassen, die mit den genannten Faktoren zusammen hängen.

13.3 Laufende Kosten (Betrieb)

Ist die Realisierung des Projekts erst einmal abgeschlossen und das Content Management geht in den betrieblichen Alltag über, fallen ab sofort laufende Kosten an, die direkt oder indirekt durch das Content Management verursacht werden. Diese können durch den Betrieb selbst, den Erhalt der Einsatzbereitschaft oder durch den weiteren Ausbau des Systems verursacht werden.

Direkte Kosten

Analog zu den Investitionskosten müssen hier die Ausgaben für die Erhaltung, Erneuerung und Erweiterung der Hardware und Software erfasst werden. Hinzu kommen weitere Lizenzkosten beim Ausbau, Customizing/Programmierung für die Anpassung an neue Standards oder die Erweiterung um neue Funktionalitäten.

Neben den selbstverständlichen Content-Kosten (Beschaffung, Erfassung, Management und Transfer) sind aber ebenso die laufenden Kosten für entsprechendes Personal oder die laufende Weiterbildung der Mitarbeiter zu berücksichtigen sowie Kosten für externe Dienstleister, sofern diese auf Dauer eingebunden sind.

Indirekte Kosten

Zu den indirekten laufenden Kosten zählen primär Kosten, die durch die Veränderung bestehender Strukturen und Prozesse aufgrund der Einführung des Content Management-Systems nicht nur einmalig, sondern in Folge kontinuierlich anfallen. Dies kann beispielsweise der Aufwand sein, der für die laufende Aktualisierung des Content-Bestands durch die Mitarbeiter bei einer dezentralen Content-Pflege anfällt. Generell fallen solche indirekten laufenden Kosten vor allem in folgenden Bereichen an:

- IT
- Personal
- Weiterbildung
- Reorganisation
- Geschäftsprozesse

13.4 Kosteneinsparungseffekte

Nach der zwar notwendigen aber durchaus nicht immer befriedigenden Betrachtung der durch ein Content Management verursachten Kosten kommen wir zur interessanteren Seite der Medaille - den Kosteneinsparungen und Erlösen. Durch die Etablierung eines integrierten Content Managements lassen sich nicht nur im Bereich Technik, sondern ebenso im gesamten Unternehmen direkte und indirekte Kosteneinsparungen realisieren. Im günstigsten Fall - und dieser sollte grundsätzlich angestrebt werden - können so nicht nur die laufenden Kosten, sondern auch die einmaligen Projekt-Kosten bereits durch laufende Kosteneinsparungen amortisiert werden.

Direkte Kosteneinsparungen

Als erster wichtiger Punkt ist hierbei natürlich zunächst an die Content-Kosten zu denken. Darunter fallen sowohl Kosten für Content-Beschaffung, -Erfassung und -Strukturierung, als auch Versionierung, Archivierung, Distribution usw. Im Rahmen eines zentralen Systems lassen sich Redundanzen weitestgehend eliminieren. Der Aufwand für die einzelnen Arbeitsschritte wird stark reduziert. Für den Nutzer vereinfachen sich Such- und Transfervorgänge erheblich.

> Typischer Praxisfall: In einem größeren Unternehmen benötigen drei Bereiche/Abteilungen nahezu identische Marktinformationen. In allen drei Abteilungen wird ein Mitarbeiter mit der Beschaffung der Informationen beauftragt. In allen drei Fällen kommt man nach einigem Suchen zu der Erkenntnis, dass die benötigten Daten nicht vorliegen und nur durch eine extern zu vergebende Marktstudie beschafft werden können. Alle drei Abteilungen beschließen daraufhin, eine solche Marktstudie in Auftrag zu geben.
>
> Zum Glück für das Unternehmen landen letztlich alle drei Anfragen beim gleichen Marktforschungsunternehmen, das daraufhin vorsichtig bei allen Beteiligten zurückfragt, ob dies wirklich ernst gemeint sei. Es ist leicht vorstellbar, welche unnötigen Kosten auf das Unternehmen zugekommen wären, wenn tatsächlich auch noch unterschiedliche externe Dienstleister beauftragt worden wären. Die Vorteile jedes zentralen Informationsmanagements - Content Management eingeschlossen - werden hierbei klar deutlich.

Durch die Integration einer Vielzahl von zuvor bestehenden Einzelsystemen in ein zentrales Content Management, können beispielsweise erhebliche Einspareffekte in Hinblick auf Hardware,

Software und Lizenzen erzielt werden, die nunmehr obsolet sind. Sie fallen weg, die laufenden Kosten dafür ebenso und auch Updates und zukünftige Anpassungen erledigen sich damit. Dies wirkt sich besonders beim Customizing und der Programmierung spezieller Schnittstellen aus. Je mehr Einzelsysteme vorher miteinander verknüpft werden mussten (mit entsprechendem Aufwand) desto größer die Einsparpotenziale in diesem Bereich. Ebenso gilt dies für die Daten-Management-Kosten, die durch das zentrale Management innerhalb eines Systems erheblich sinken.

Indirekte Kosteneinsparungen

Indirekte Folge der genannten Kosteneinsparungen - durch entsprechend reduzierten Zeitaufwand - sind natürlich reduzierte Personalkosten und die Möglichkeit, Mitarbeiter für andere Aufgaben freizusetzen und damit die Gesamtproduktivität des Unternehmens zu erhöhen. Natürlich wirkt sich die Integration unterschiedlicher Systeme positiv auf die Weiterbildungskosten zur Schulung der Mitarbeiter an entsprechenden Systemen aus. Statt mehrere Systeme parallel beherrschen zu müssen, können sich die User auf ein System konzentrieren.

Im Bereich der indirekten Kosteneinsparungen liegen ebenso die zugehörigen Dienstleister-Kosten, die durch den Wegfall unnötig gewordener Systeme in Zukunft nicht mehr anfallen.

Weit stärker ins Gewicht fallen dürften aber vor allem Einsparungen hinsichtlich der Organisations- und Prozesskosten. Durch eine Vereinfachung der Arbeitsabläufe und eine Integration vorher getrennter Strukturen in ein integriertes Content Management sinken sowohl die Transaktionskosten als auch der Koordinations- und Abstimmungsaufwand erheblich.

Dies führt insgesamt dazu, dass alle Arbeitsvorgänge in Zusammenhang mit der Erstellung und Nutzung von Content schneller, effizienter und zielgerichteter durchgeführt werden können. Hierdurch steigen gerade bei zunehmender Bedeutung des Informationsmanagements für die Leistungserstellung im Unternehmen die Effizienz und Effektivität der Gesamtorganisation überproportional.

13.5 Erlöse

Innerhalb der Erlösbetrachtung ist wie schon bei den Kosten zwischen einmaligen und laufenden Erlösen zu unterscheiden. Laufende Erlöse und Erlössteigerungen resultieren verständlicherweise aus dem laufenden Betrieb des Content Management (-Systems). Weniger offensichtlich herzuleiten sind einmalige Erlöse, die bereits im Rahmen des Content Management-Projekts realisiert werden können. Diese wollen wir zuerst betrachten.

13.5.1 Einmalige Erlöse

Analog zur Kostenbetrachtung können auch hier direkte und indirekte Erlöse unterschieden werden.

Direkte Erlöse

Bereits unter dem Punkt Kosteneinsparungen war davon die Rede, dass durch die Integration Hardware, Software, Lizenzen und andere Betriebsmittel unnötig werden können. Sinnvoller Weise werden diese nicht im Unternehmen behalten, sondern wieder verkauft. Der Wiederverkauf nicht mehr benötigter Betriebsmittel, Maschinen und Anlagen wird in der Praxis viel zu selten durchgeführt. Häufig genug werden Gerätschaften zu Pro-forma-Preisen an Mitarbeiter abgegeben. Dass dem Unternehmen dabei nicht unerhebliche Erlöse entgehen, wird durch die Verantwortlichen oft gar nicht wahrgenommen.

Praxisfall: Ein Unternehmen investierte 1,3 Millionen Euro in ein neues Informationssystem inkl. Hardware, Software, Lizenzen und weitere benötigte Betriebsausstattung. Gleichzeitig wurden entsprechende Anlagegegenstände ausgemustert, die bilanziell bereits abgeschrieben waren, auf dem Papier also keinen Wert mehr hatten. Diese sollten zunächst den Mitarbeitern angeboten oder eingemottet werden.

Durch etwas Engagement eines findigen Projekt-Mitarbeiters konnten diese ausgemusterten Wirtschaftsgüter letztlich für insgesamt 600.000 Euro extern verkauft werden.

Indirekte Erlöse

Sogar indirekte Erlöse können speziell aus der Realisierung eines integrierten Content Managements erwachsen. Bei einer groß angelegten Erfassung von Contents werden bereits im Unternehmen bestehenden Contents hinsichtlich einer Aufnahme in das System geprüft. Nicht jeder Content ist in Zukunft für das Unternehmen relevant oder wird benötigt. Aber was passiert mit Contents, die gar nicht erst den Weg in das Content Management-System finden? Häufig: Nichts. Warum diese Contents dann nicht veräußern und auf diese Weise zusätzliche Erlöse sichern?

Praxisfall: In unserem oben bereits geschilderten Praxisfall kam man natürlich nach der Veräußerung der Anlagegüter erst recht auf den Geschmack: Nicht mehr benötigte Contents (Nutzungsrechte) konnten - sogar ohne großen Bearbeitungsaufwand - für insgesamt 237.000 Euro veräußert werden. Damit waren bereits die Betriebs- und Personalkosten für das neue Content Management-System während der ersten neun Monate erwirtschaftet!

13.5.2 Laufende Erlöse

Aus dem laufenden Betrieb eines Content Management-Systems ergeben sich ebenfalls sowohl direkte als auch indirekte Möglichkeiten zur Erlössteigerung oder zur Realisierung völlig neuer Erlösquellen.

Direkte Erlöse und Erlössteigerungen

Direkte Erlöse oder Erlössteigerungen ergeben sich durch die Einführung eines integrierten Content Managements gerade dann, wenn Content- oder Content Management-Leistungen direkt als eigenständige Leistungen an Kunden vertrieben werden. Hier kann zwischen den klassischen Möglichkeiten unterschieden werden:

1. Die bisherigen Kunden des Unternehmens mit neuen Leistungen, die durch das Content Management ermöglicht werden, ansprechen.
2. Aufgrund des veränderten Unternehmensprofils und der gegebenenfalls daraus entstehenden Imageänderung neue Kunden mit dem bereits bestehenden Leistungsangebot gewinnen.
3. Neue Kunden oder Marktsegmente durch neue Leistungen des Unternehmens erobern.

In allen drei Fällen können - ein erfolgreiches Vorgehen vorausgesetzt - für das Unternehmen neue Umsatzpotenziale erschlossen und ausgeschöpft werden. Neue Leistungen, die auf einem integrierten Content Management basieren, können in folgenden Bereichen liegen:

- Zur-Verfügung-Stellung von Contents (Content Syndication, Content Providing, Content Reselling)
- Content Management selbst (Content Management-Services für fremde Contents)

- Transfer des eigenen Content Management-Know-hows (Content Management-Consulting).

Indirekte Erlöse und Erlössteigerungen

Indirekte Erlöse und Erlössteigerungen treten in der Regel nicht so offensichtlich zu Tage, wie beim Vertrieb neuer Leistungen oder der Gewinnung neuer Kunden. Doch die indirekten Erlöspotenziale können mindestens ebenso hoch sein. Durch die bei der Einführung eines durchgängigen Content Managements erzielte Effizienzsteigerung können in der Regel merklich höhere Deckungsbeiträge erwirtschaftet werden. Häufig genug können diese sogar zu einer Preissenkung der eigenen Leistungen genutzt werden, was unter bestimmten Marktvoraussetzungen zu steigenden Umsätzen und in Folge wiederum zu höheren Marktanteilen führt. In jedem Fall trägt dies erheblich zur Kundenzufriedenheit bei. Was für die Effizienz der Leistungserstellung gilt, trifft ebenso auf die Qualität zu, die durch ein integriertes Content Management wesentlich erhöht werden kann. Auch dies wirkt sich mittelfristig auf die Kundenzufriedenheit und damit natürlich auf die Kundenbindung aus. Ein häufig festzustellendes steigendes Auftragsvolumen pro Einzelauftrag gehört ebenso in die Kategorie der indirekten Erlöspotenziale. Das sind nur Beispiele für indirekte Effekte, die sich aus der Einführung eines systematischen und umfassenden Content Managements ergeben. In der Praxis lassen sich in vielen Bereichen solche oder ähnliche Effekte feststellen.

13.6 Refinanzierung

Einer der wesentlichen Punkte bei der Einführung eines integrierten Content Managements im Unternehmen ist die Frage nach der Refinanzierung. Hierzu bieten sich - abgeleitet aus den vorhergehenden Betrachtungen sowohl interne als auch externe Refinanzierungsmöglichkeiten an.

13.6.1 Interne Refinanzierung

Im Rahmen der internen Refinanzierung sind grundsätzlich nur zwei Fragestellungen wesentlich:

1. Welche Projekt-Kosten und laufenden Kosten können durch Kosteneinsparungen in der Zukunft erwirtschaftet und so amortisiert werden?

2. Für den Fall, dass dies nicht vollständig gelingt, die Einführung eines integrierten Content Managements aber in jedem Fall notwendig ist: Wer trägt unternehmensintern die übersteigenden Kosten für die Implementierung und den laufenden Betrieb?

In der Praxis kommen insbesondere bei der zweiten Fragestellung so viele Modelle zum Einsatz, wie es Möglichkeiten gibt. Grundsätzlich können sowohl die Projekt-Kosten als auch die laufenden Kosten entweder der IT-Abteilung zugerechnet werden. In vielen Fällen erweist es sich durchaus als sinnvoll, entweder nur den Bereich Content Management für sich oder Informationsmanagement (inkl. Content Management) im Rahmen einer eigenen Abteilung oder eines eigenen Fachbereichs zu etablieren. Die Bedeutung des Informationsmanagements als zentralem Erfolgsfaktor für das Unternehmen nimmt kontinuierlich zu. Dementsprechend scheint es nicht mehr zeitgemäß, Informationsmanagement mit IT gleichzusetzen, zumal die Aufgabenstellungen im Rahmen des Informationsmanagements längst über technische Aspekte hinaus sind.

Die Einführung eines integrierten Content Managements ist für viele Unternehmen ein willkommener Anlass, die Bedeutung des Informationsmanagements im Unternehmen aufzuwerten. Dies geschieht sowohl durch die Schaffung eines eigenen Unternehmensbereichs (inkl. entsprechendem Budget) als auch durch die Einführung eines CIO (Chief Information Officer) als Mitglied der Unternehmensleitung. In diesem Fall werden die Projekt-Kosten und die laufenden Kosten durch das Budget des neu geschaffenen Unternehmensbereichs getragen.

Unabhängig von der organisatorischen Verankerung des Content Managements können die Kosten entweder im Rahmen eines Cost Center als Gemeinkosten auf die als Profit Center geführten Unternehmensbereiche umgelegt werden. Oder die Kosten werden aufwandsabhängig bezüglich der Nutzung durch die einzelnen Unternehmensbereiche zu internen Verrechnungspreisen umgelegt. Beide Ansätze zeigen in der Praxis Vor- und Nachteile. Während die Gemeinkostenmethode sicherlich keine „gerechte" Zurechnung der Kosten erlaubt und damit häufig Unmut bei Bereichen schafft, die wenig oder kaum Nutzen aus dem Content Management ziehen, führt die aufwandsabhängige Umlage verständlicherweise dazu, dass ein zentrales Content Management viel zu wenig genutzt wird. Dadurch wird die vollständige Integration in das gesamte Informationsmanagement des Unternehmens stark behindert. Der letztgenannte Ansatz kann in der Praxis nur mit einer entsprechenden Verpflichtung zur Nutzung des Systems einhergehen, wodurch zwangsläufig neue Probleme hinsichtlich Akzeptanz usw. geschaffen werden.

Für die interne Refinanzierung ist gerade bei Konzernen oder Unternehmen mit mehreren Betriebsstätten zu prüfen, inwieweit nicht durch eine entsprechende Kooperation hinsichtlich eines zentralen Content Managements die Kosten insgesamt aufgeteilt und damit für das umsetzende Unternehmen oder den umsetzenden Standort zumindest teilweise refinanziert werden können.

13.6.2 Externe Refinanzierung

Eine externe Refinanzierung des Content Managements kann in zweierlei Form erfolgen:

1. durch Erwirtschaftung entsprechender Erlöse und/oder
2. durch Kooperation mit externen Partnern.

Die Erlös-gestützte Refinanzierung findet in der Regel durch eine oder mehrere der folgenden Leistungen statt:

- Vertrieb von Content
- Content Management als Service-Leistung
- Consulting zum Thema Content Management

Die Alternative in Form der Zusammenarbeit mit Kooperationspartnern basiert auf den Grundkonzepten der gemeinsamen Nutzung der Infrastruktur oder der Zusammenarbeit bei der Content-Beschaffung:

- Lieferanten, Kooperationspartnern usw. kann die Nutzung des unternehmenseigenen Content Managements für eigene Contents angeboten werden - natürlich gegen entsprechende Kostenbeteiligung.
- Mehrere Unternehmen können bei der Beschaffung und/oder Erfassung von Contents kooperieren und so die auf die einzelnen Unternehmen entfallenden Kosten senken.

13.7 Alternativkosten

Ein wichtiger Punkt im Rahmen der gesamten Betrachtung von Kosten und Erlösen im Zusammenhang mit der Einführung eines durchgängigen Content Managements im Unternehmen wird nahezu immer übersehen: sogenannte Alternativkosten. Hierunter sind die Kosten zu verstehen, die verursacht werden, weil eben kein integriertes Content Management eingeführt wird oder kein Content Management-System, sondern weil stattdessen alternative Lösungen für bestehende oder zukünftige Problemlösungen im Bereich des Informationsmanagements umgesetzt werden.

Das bedeutet, dass für bestimmte Aufgabenstellungen und Problemfelder im Bereich Informationsmanagement in jedem Fall Lösungen gefunden werden müssen - sei dies in Form eines Content Management-Systems oder in anderer Form. Im Grunde geht es also bei einer Kosten- und Erlösbetrachtung hinsichtlich Content Management vorwiegend darum, festzustellen in wie weit sich eine Content Management-Lösung von anderen möglichen Lösungsformen unterscheidet. Letztlich entscheidungsrelevant sind nur die Kostenunterschiede zwischen den einzelnen Lösungen und die aus den jeweiligen Lösungsalternativen sich ergebenden Chancen und Potenziale.

Eine mögliche Form, um diese Alternativkosten bei der Einzelbetrachtung von Kosten und Erlöspotenzialen eines Content Managements zu berücksichtigen, kann sein, im Rahmen jeder der oben genannten Kosten- und Erlöskategorien eine entsprechende Position „Alternativkosten" oder Alternativerlöse" anzusetzen und diese jeweils in Abzug zu bringen.

Dabei ist es nicht immer notwendig, ebenso detailliert alle einzelnen Effekte zu erfassen, eine gute Schätzung durch die entsprechenden Fachleute reicht häufig, um eine alternative Sichtweise auf die gesamte Kosten- und Erlösbetrachtung zu werfen und damit eine bessere Entscheidungsgrundlage zu gewinnen.

13.8 Controlling

Natürlich muss das integrierte Content Management innerhalb des betrieblichen Controllings erfasst werden können. An dieser Stelle soll nicht auf die Funktionen und Methoden des Controllings eingegangen werden. Jedoch soll kurz dargestellt werden, welche quantitativen und qualitativen Größen für die Durchführung des Controllings sinnvoll erscheinen.

13.8.1 Quantitatives Controlling

Im Rahmen des quantitativen Controllings (das häufig fälschlicherweise mit Controlling überhaupt gleichgesetzt wird), geht es um die Erfassung und Bewertung von zahlenmäßigen Ergebnissen. Messgrößen, die sich im Rahmen eines Content Managements zur Erfassung und Beurteilung eignen, können beispielsweise sein:

- Bestandszahlen (bezogen auf Content)
- Prozessdaten (bezogen auf Content, Tätigkeiten)
- Nutzungszahlen (bezogen auf Content, User)
- Kostenwerte (bezogen auf Content Management)
- Ertragswerte (bezogen auf Content, Content Management).

Aufbauend auf diesen Größen lassen sich Veränderungsrechnungen und Flussrechnungen, Kostenrechnungen oder Rentabilitätsrechnungen durchführen. Als Grundlage für eine differenzierte Analyse reichen Kosten- und Ertragswert-orientierte Betrachtungen nicht aus. Die Investition in ein integriertes Content Management ist immer eine Investition in die langfristige Zukunftsfähigkeit des Unternehmens. Prozessdaten und Nutzungszahlen sollten besondere Aufmerksamkeit erhalten. Je intensiver die Nutzung des Content Managements, desto höher die positiven Effekte hinsichtlich, Effizienz und Qualität.

13.8.2 Qualitatives Controlling

Neben der obligatorischen Ermittlung von quantitativen Werten und Kennzahlen ist gerade bei Content Management eine qualitative Beurteilung nicht nur sinnvoll sondern notwendig. Wichtige Erkenntnisse hierzu ergeben sich aus:

- Nutzerzufriedenheit
- Mitarbeiterzufriedenheit (im Bereich Content Management)
- Zufriedenheit der Unternehmensführung
- Kundenzufriedenheit

Die hier gewonnenen Ergebnisse können ebenso wie quantitative Kennzahlen anhand der strategischen Zielsetzungen des Unternehmens bewertet werden und erlauben somit eine umfassende Beurteilung der ursprünglichen Entscheidung.

13.9 Risikoanalyse

Im Rahmen einer fundierten Finanzbetrachtung sollte ein Aspekt Berücksichtigung finden, der in den meisten Planungen und Berechnungen einen zu geringen Stellenwert hat: der Ermittlung und Bewertung möglicher finanzieller Risiken. Im Rahmen der

Budgetplanung und der Ermittlung der laufenden Kosten für den Betrieb eines Content Managements(-Systems) lassen sich in der Praxis nicht alle Effekte und Kostenfaktoren im Voraus vollständig bestimmen und mit tatsächlichen Werten erfassen.

Welche möglichen finanziellen Risiken bestehen also - einerseits aufgrund bestimmter Einflüsse und andererseits gerade für bestimmte Bereiche? Folgende internen und externen Bereiche sollten bei beiden Betrachtungsweisen Berücksichtigung finden:

Risiko-Bereiche	
intern	**extern**
• Muttergesellschaften • Unternehmensstrategie • Unternehmenspolitik • Technik • Organisation • Personal/Mitarbeiter • Rechts- und Vertragsfragen (insbesondere Datenschutz) • Tochterunternehmen • Projekt-individuelle Risiken	• Markt • Wettbewerb(er) • Kunden • Lieferanten/Dienstleister • Kooperationspartner • Öffentlichkeit/Presse • Rechtsprechung • Politik

Tabelle 13: Risiko-Bereiche mit Bezug zum Finanzbereich

13.10 Zusammenfassung

Bei einer finanzorientierten Betrachtung von Content Management-Vorhaben gilt es zwei Besonderheiten zu beachten:

- die differenzierte Erfassung aller gegebenenfalls auftretenden Kostenarten, speziell der häufig nicht offensichtlichen indirekten Kosten und
- die fundierte Analyse möglicher Einspareffekte und Erlöspotenziale, vor allem unter Berücksichtigung der indirekten Effekte.

Die finanzielle Analyse von Content Management-Projekten ist nicht wegen der anzuwendenden Methoden und Verfahren so aufwendig, sondern vor allem wegen der Vielzahl möglicher Kosten- und Erlösfaktoren, die in direktem oder indirektem Zusammenhang mit Content Management stehen. Dies ist ein Charakteristikum, das für alle Projekte im Bereich Informationsmanagement festzustellen ist. Somit muss im Rahmen der Budget- und Finanzplanung besonderes Augenmerk auf die vollständige Erfassung aller Faktoren gelegt werden. Bedingt durch die Komplexität des Vorhabens, ist der Berücksichtigung möglicher Risiken, die mit der Einführung eines integrierten Content Managements/Content Management-Systems verbunden sind, erhöhte Aufmerksamkeit zu schenken.

13.11 Checkliste

Finanzen und Controlling	
Grundlagen	Entscheidung über Investitions-, Profit Center- oder Mischkonzept
Kosten	Vollständige Erfassung von direkten und indirekten: ⇒ Investitionskosten (Projekt) ⇒ Integrationskosten (Projekt) ⇒ Laufenden Kosten (Betrieb)
Einspareffekte und Erlöse	Vollständige Erfassung von direkten und indirekten: ⇒ Kosteneinsparungen (Betrieb) ⇒ Einmaligen Erlösen (Projekt) ⇒ Laufenden Erlösen (Betrieb)
Refinanzierung	Überprüfung von Refinanzierungsmöglichkeiten: ⇒ intern ⇒ extern
Controlling	Durchführung von Controlling bezogen auf: ⇒ Quantitative Ergebnisse ⇒ Qualitative Ergebnisse
Risikoanalyse	Durchführung einer Risikoanalyse bezüglich Risiken **durch**: ⇒ interne Risikobereiche ⇒ externe Risikobereiche Durchführung einer Risikoanalyse bezüglich Risiken **für**: ⇒ interne Bereiche ⇒ externe Bereiche

14 Projekt-Management

Das Management von Content Management-Projekten soll unter drei grundsätzlichen Fragestellungen behandelt werden:

- Wie sieht eine vollständige Projekt-Definition für die Einführung von Content Management/eines Content Management-Systems aus?
- Welche Projekt-Organisation ist für Content Management-Projekte am sinnvollsten?
- Wie sieht ein detaillierter Projekt-Plan aus?

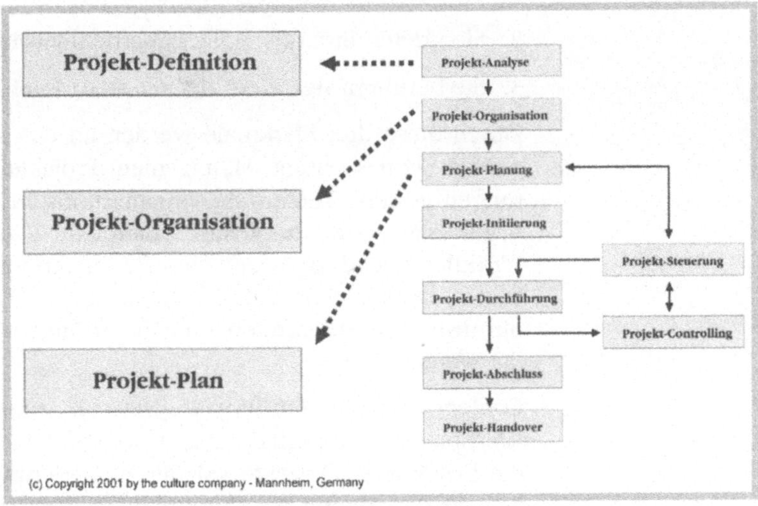

Abbildung 14: Ausgewählte Projekt-Bereiche

Diese drei Themenbereiche sind für den Projekt-Erfolg ausschlaggebend. Das bedeutet nicht, dass die weiteren Problemfelder und Fragestellungen, wie sie bei jeder Art von Projekten vorkommen, einfach vernachlässigt werden können. Gerade bei Definition, Organisation und Projekt-Plan gilt es jedoch besondere Aspekte zu beachten, und natürlich kann die beste Definition und Planung umsonst sein, wenn es hinterher an der Umsetzung hapert.

Auch die Nachhaltigkeit eines Content Management-Projekts hängt wesentlich von den ersten drei Schritten ab. Hier wird die Basis für eine tatsächliche und vollständige Integration in den Unternehmensalltag und die kontinuierliche intensive und gewinnbringende Nutzung durch Mitarbeiter oder Kunden und Geschäftspartner gelegt.

Weitere Informationen zum Thema Projekt-Management finden Sie im Buch „Business E-volution - Das E-Business-Handbuch", ebenfalls erschienen im Verlag Vieweg unter ISBN 3-528-03167-0, und auf der Website http://www.business-e-volution.de.

14.1 Projekt „Content"

Content Management-Projekte sind durch drei fundamentale Charakteristika geprägt:

1. Sie sind äußerst komplex.
2. Sie greifen in nahezu alle Unternehmensbereiche ein.
3. Sie berühren den Kern der meisten Unternehmensprozesse.

Durch diese drei Merkmale werden an das professionelle Management von Content Management-Projekten höchste Anforderungen gestellt. Technische, organisatorische und personelle Fragestellungen sind zu lösen. Komplexe Geschäftsprozesse und Workflows sind zu beachten. Mitarbeitermotivation und Einstellungen spielen eine entscheidende Rolle. Unterschiedlichste Bedürfnisse, Anforderungen und Erwartungen müssen berücksichtigt werden.

Content Management-Projekte sind als fundamentale Veränderungsprozesse innerhalb des Unternehmens zu verstehen. Auf die besonderen Aspekte solcher Veränderungsprozesse hinsichtlich der Mitarbeiter im Unternehmen wird im folgenden Kapitel 15 „Change Management" noch ausführlich eingegangen.

14.2 Anforderungen und Voraussetzungen

Zur erfolgreichen Bewältigung eines Content Management-Projekts sollten mindestens folgende Voraussetzungen gegeben sein:

1. Eine klare Entscheidung der Unternehmensführung
2. Umfassendes Projekt-Management Know-how bei den Projekt-Verantwortlichen

3. Eine klare Projekt-Definition
4. Eine effiziente Projekt-Organisation
5. Eine fundierte Projekt-Planung.

Auf die drei letztgenannten Aspekte wird im Folgenden mit besonderem Bezug auf Content Management-Projekte detailliert eingegangen. Dem Thema Entscheidungsfindung ist das „Extra" am Ende des Buches gewidmet. Und zum Projekt-Management Know how können wir Ihnen nur raten:

> Wenn Sie in naher Zukunft ein Content Management-Projekt erfolgreich umsetzen wollen, sollten Sie mit den grundlegenden Methoden und Techniken des Projekt-Managements vertraut sein. Wenn Sie dies noch nicht getan haben, ist es jetzt höchste Zeit, sich intensiv damit zu beschäftigen.

14.3 Projekt-Definition

Eine vollständige Projekt-Definition zur Realisierung eines Content Managements oder zur Installation eines Content Management-Systems bildet die Ausgangsbasis für die gesamte weitere Projekt-Planung und -Durchführung. Deswegen soll auf die Projekt-Definition hier detailliert eingegangen werden. Aufgrund ihrer Bedeutung ist die Projekt-Definition bei einer Entscheidung zur Realisierung des Content Management-Projekts immer von dem/den Auftraggeber(n), der Geschäftsleitung und der Projekt-Leitung zu unterzeichnen und dadurch für gültig zu erklären.

14.3.1 Eckdaten

Die wesentlichen Eckdaten des Content Management-Projekts ergeben sich aus den Informationen, die im Rahmen der Konzeption bereits gesammelt wurden:

- Warum dieses Projekt (Notwendigkeiten, Ziele)?
- Worum geht es in diesem Projekt (detaillierte Beschreibung)?
- Wann soll das Projekt beginnen (Startdatum)?
- Wann soll das Projekt voraussichtlich abgeschlossen sein (Enddatum)?
- Wer ist der interne Auftraggeber des Projekts?
- Wer ist der tatsächliche Endkunde, User bzw. Nutznießer?

Gerade die letzte Frage ist von besonderer Bedeutung. Wer soll letztlich die Contents nutzen? Die Antwort kann wertvolle Informationen zu übergeordneten Zielen und zu den Interessenslagen bei einzelnen Beteiligten und Betroffenen liefern.

14.3.2 Projekt-Rahmen inklusive bestehender Limitierungen

Jedes Content Management-Projekt unterliegt Limitierungen bzgl. Zeit, den zur Verfügung stehenden Ressourcen an Mitarbeitern, Technologie, Informationen und Know-how. Aber auch organisatorische Gegebenheiten, gesetzliche Vorschriften oder die Unternehmenskultur können von vorne herein einschränkend wirken. Die Klärung des Projekt-Rahmens, der diese Einschränkungen und Restriktionen aufführt, verschafft einen Überblick darüber, welche Möglichkeiten generell zur Verfügung stehen, und legt damit die Basis für alle Entscheidungsspielräume innerhalb des Projekt-Managements.

14.3.3 Projekt-Ziele

Die wichtigsten Anforderungen an die Zieldefinition eines Projekts sind:

1. Die Projekt-Ziele müssen im Einklang mit übergeordneten Unternehmenszielen stehen und die volle Unterstützung von Geschäftsleitung, Sponsoren und Auftraggebern haben.
2. Sie müssen messbar sein in Bezug auf Qualität, Quantität, Zeit, Kosten und das vereinbarte Endergebnis.
3. Sie müssen erreichbar sein.
4. Sie dürfen keine inneren Widersprüche beinhalten.
5. Sie müssen untereinander und mit den Zielen anderer Projekte kompatibel sein.

Insgesamt sollten Projekt-Ziele inhaltlich und in ihrer Gesamtzahl sparsam gesetzt werden. Bei überzogenen Zielsetzungen ist die Wahrscheinlichkeit eines Fehlschlags im Sinne eines Nichterreichens aller Ziele äußerst hoch. Die Projekt-Ziele sollten zumindest in Abstimmung, besser noch in direkter Zusammenarbeit mit genau den selben Projekt-Mitarbeitern erarbeitet werden, die letztlich für die Umsetzung dieser Ziele verantwortlich oder maßgeblich daran beteiligt sind.

In der Praxis werden häufig die sogenannten SMART-Kriterien zur Überprüfung von Projekt-Zielen eingesetzt. In der folgenden

Abbildung sind diese mit ihrer jeweiligen Bedeutung, d. h. ihren jeweiligen Anforderungen an die Spezifizierung einer Zieldefinition, aufgeführt:

Kriterium	Bedeutung
Spezifisch	Die Anforderungen sollen deutlich beschrieben und definiert sein.
Messbar	Es muss mindestens eine Methode geben, um das Erreichte zu messen.
Ausführbar	Die Ziele müssen mit den gegenwärtig intern oder extern verfügbaren Ressourcen erreicht werden können, oder es muss die Möglichkeit bestehen, diese Ressourcen zu schaffen.
Realistisch	Die Ergebnisse sollen mit dem momentan zur Verfügung stehenden oder erwerbbaren Wissen und ohne größere Risiken und Unwägbarkeiten erreicht werden.
Termingerecht	Das Projekt ist eingegrenzt durch einen Zeitrahmen, der auf realen und bekannten Anforderungen basiert.

Abbildung 15: SMART-Kriterien

14.3.4 Termine/Zeitplan

Im Rahmen der Projekt-Definition ist es notwendig, sich über ein grobes Terminraster Gedanken zu machen. Dies betrifft in erster Linie die einzelnen Projekt-Phasen und die dafür jeweils zur Verfügung stehende Zeitdauer. Wird zunächst nur ein Gesamt-Zeitrahmen für das Projekt als Ganzes angegeben, besteht die Tendenz, diesen knapper zu halten, als er dann in der Realität umsetzbar ist. Durch eine Aufschlüsselung auf die einzelnen Projekt-Phasen kann zumindest ein erstes Gefühl für die tatsächliche Projekt-Dauer entstehen. Wichtig ist, bereits in dieser Phase Puffer oder Leerzeiten einzubauen, die für die Behebung unvorhergesehener Probleme und Schwierigkeiten notwendig werden.

Wenn die insgesamt benötigte Zeit so ermittelt ist, muss der Zeitplan mit den in den Eckdaten vorgegebenen Terminen abgeglichen werden. Entstehen hier bereits Konflikte, müssen diese umgehend geklärt werden. Die Hoffnung, später noch Zeit „aufzuholen“, erweist sich fast immer als utopisch.

14.3.5 Strategie-Ansatz

Um ein Content Management-Projekt tatsächlich zu realisieren und erfolgreich zu Ende zu bringen, ist es notwendig, sich möglichst frühzeitig Gedanken über eine bestimmte Strategie zu machen - beispielsweise die Verwendung spezieller Methoden und Techniken oder die Übernahme anerkannter Richtlinien für die Projekt-Arbeit. Letztlich geht es um die Frage, wie das Projekt eigentlich verwirklicht werden soll. Die Festlegung auf eine Strategie - bereits bei der Projekt-Definition - ist die Basis für entsprechendes Vertrauen von Seiten des Auftraggebers und der Geschäftsleitung. Die Strategie liefert aber auch eine wertvolle Hilfe für die am Projekt Beteiligten und andere Mitarbeiter und Bereiche, auf deren Kooperation man angewiesen ist.

14.3.6 Budget/Kostenrahmen

Einer der heikelsten Punkte im Rahmen der Projekt-Definition ist ohne Zweifel das zur Verfügung stehende Budget (vgl. Kapitel 13 „Finanzen und Controlling"). In den seltensten Fällen können die Kosten, die ein Content Management-Projekt verursachen wird, bereits vorab genau ermittelt werden, selbst wenn vergleichbare Projekte als Anschauungsmaterial vorliegen. Die individuellen Gegebenheiten jedes Unternehmens lassen einen vernünftigen Vergleich kaum zu.

Entscheidend bei der Ermittlung des Budgets ist die Berücksichtigung aller relevanten Kosten und ebenso eventueller Änderungen von Kostenfaktor - im Klartext: Kostensteigerungen. Bei einer abschließenden Beurteilung ist die Beantwortung der Frage, ob eine Kosten-/Nutzen-Analyse positiv ausfällt, auch abhängig von Folgekosten und entsprechenden Erträgen sowie von Alternativ-Kosten, die entstehen, wenn das Content Management (-System) nicht realisiert werden sollte. Diese Faktoren spielen bereits bei der Projekt-Definition eine erhebliche Rolle. Gegebenenfalls muss die gesamte Projekt-Definition überarbeitet und angepasst werden, bis hier ein zufriedenstellendes Ergebnis gefunden wird.

14.3.7 Risikoanalyse mit zu Grunde liegenden Annahmen

Die bereits zuvor unter diversen Aspekten angesprochenen Ursachenfelder für Risiken werden im Rahmen der Projekt-Definition zusammengefasst und um Projekt-individuelle Risiken ergänzt:

Intern	Extern
• Strategie • Firmenpolitik • Technik • Organisation • Personal • Geschäftsprozesse • Finanzen • Marketing • Verträge/Rechtsfragen • Projekt-individuelle Risiken	• Markt • Kunden • Wettbewerb(er) • Kooperationspartner • Rechtsprechung • Politik

Tabelle 14: Ursachenfelder für Projekt-Risiken

Im Rahmen der Risikoanalyse geht es darum, schon frühzeitig mögliche Projekt-Risiken zu erkennen, zu bewerten und bereits präventiv etwas dagegen zu tun. Der Punkt Risikoanalyse ist ein wesentlicher Bestandteil der Projekt-Definition.

Mit zunehmendem Umfang der Auswirkungen jedes einzelnen Projekt-Risikos nimmt natürlich die Schwere der Folgen insgesamt zu, die solche Risiken im Falle des tatsächlichen Auftretens mit sich bringen. Um Risiken vernünftig einschätzen und beurteilen zu können, sind zwei wesentliche Faktoren zu betrachten:

A. die Wahrscheinlichkeit, mit der ein Risiko eintreten wird und

B. der Schweregrad, d. h. wie groß sind die Auswirkungen, die bei einem Eintritt des Risikos entstehen.

Beide Faktoren können auf einer Werteskala erfasst werden (z. B. von 1-10, wobei 10 die höchste Wahrscheinlichkeit oder den höchsten Schweregrad darstellt). Die Multiplikation beider Werte ergibt damit ein Risiko-Potenzial, anhand dessen gut eine erste Bewertung möglicher Risiken durchgeführt werden kann.

14.3.8 Beteiligte

Eine sorgfältige Projekt-Definition verlangt auch, einen intensiven Blick auf alle am Projekt Beteiligten und ebenso auf die letztlich durch das Projekt Betroffenen zu werfen. Von der ersten Gruppe hängt maßgeblich ab, ob das Projekt erfolgreich durchgeführt werden kann und somit die notwendigen Voraussetzungen für ein sinnvolles Content Management im Unternehmen geschaffen werden können. Von der zweiten Gruppe hängt es ab, ob eine Integration des Content Managements ins Unternehmen nachhaltig gelingt und zum gewünschten Erfolg führt.

Zu den am Projekt direkt Beteiligten gehören:

- Auftraggeber (dies ist nicht immer die Geschäftsleitung sondern häufig ein einzelner Bereich/eine einzelne Abteilung)
- Sponsoren (einflussreiche Personen innerhalb des Unternehmens, denen am Gelingen des Projekts gelegen ist und die es befürworten, jedoch nicht die Auftraggeber sind)
- Geschäftsleitung
- Projekt-Manager/Projekt-Leitung
- Lenkungsausschuss (als Bindeglied zwischen Auftraggeber, Geschäftsleitung, Sponsoren und Projekt-Leitung mit der Aufgabe, die optimale Verknüpfung des Projekts mit den restlichen Unternehmensbereichen und Unternehmensaktivitäten zu gewährleisten und auftretende Probleme größeren Ausmaßes zu lösen)
- Teilprojekt-Manager
- internes Projekt-Team
- externe Projekt-Mitarbeiter
- externe Dienstleister und Kooperationspartner.

Alle diese Personen oder Personengruppen sind direkt am Projekt beteiligt und nehmen direkt Einfluss auf den Ablauf und die Ergebnisse des Projekts.

Zu den durch das Projekt Betroffenen gehören:

- Abteilungen und Bereiche innerhalb des Unternehmens
- Führungskräfte und Mitarbeiter
- Mutter- oder Tochtergesellschaften
- Lieferanten
- Vertriebs- und Kooperationspartner
- User
- Kunden
- Presse
- Öffentlichkeit
- Wettbewerber
- und die Familien ihrer Projekt-Mitarbeiter, die hoffentlich nicht wochenlang von ihren Liebsten nichts zu hören oder zu sehen bekommen!

Die an einem Projekt Beteiligten und die durch das Projekt Betroffenen kann man insgesamt als Stakeholder des Projekts bezeichnen. Sich über die Zusammensetzung dieser Stakeholder und ihr Zusammenspiel bewusst zu werden, ist eine der wichtigsten Voraussetzungen für die Projekt-Definition und das darauf aufbauende Projekt-Management.

14.3.9 Zur Verfügung stehende Ressourcen

Jedes Projekt unterliegt Einschränkungen hinsichtlich der zur Verfügung stehenden Ressourcen:

- Personal (Beteiligte)
- Budget/Kosten (Budget)
- Zeit (Termine)
- Technologie und Technik.

Content Management-Projekte sind dazu angelegt, ein Unternehmen nachhaltig zu verändern. Wenn hierfür nicht die notwendigen Ressourcen zur Verfügung gestellt werden, wird ein solches Projekt schnell zur Farce. Reichen die internen Ressourcen nicht aus, müssen entsprechende externe Ressourcen eingeplant werden. Je gründlicher die Projekt-Definition durchgeführt wird, desto besser lassen sich die voraussichtlich benötigten Ressourcen bestimmen. Das nachträgliche Feilschen um zusätzlich benötigte Ressourcen verärgert Auftraggeber, Geschäftsleitung, Sponsoren und - falls nicht erfolgreich - auch die betroffenen Projekt-Mitarbeiter. Im Rahmen der Ressourcen-Planung sind mögliche Risiken und deren Behebung mit zu berücksichtigen.

Da gerade bei Content Management-Projekten die Technologie eine besondere Rolle spielt, ist hierauf ein besonders hohes Augenmerk zu legen, denn Technologiekosten werden in aller Regel unterschätzt. Häufig genug wird nur die Hardware- und Softwareausstattung in eine entsprechende Ressourcen-Kalkulation einbezogen. Darüber wird gerne die kontinuierliche Adaption auf veränderte Bedürfnisse und die Anpassung bereits im Unternehmen vorhandener Technik vergessen. Auch wird in vielen Fällen nicht darüber nachgedacht, was passiert, wenn das Content Management-Projekt tatsächlich ein voller Erfolg wird und die umfangreiche Nutzung schnell die Grenzen der vorhandenen Technik sprengt (Skalierbarkeit)!

Auf der anderen Seite besteht gerade bei Content Management-Projekten häufig die Gefahr, die ausschlaggebende Rolle der sonstigen Ressourcen nicht zu berücksichtigen, denn funktionierende und erfolgreiche Content Management-Lösungen sind nicht aufgrund ihrer Technologie erfolgreich, sondern durch die Menschen, die sie anwenden und umsetzen (vgl. die Kapitel 8 „Personal“ und 15 „Change Management“).

14.3.10 Vorläufiger Arbeitsplan

Im Arbeitplan werden einzelnen Projekt-Phasen Termindaten, Beteiligte, Ressourcen, Teilbudgets und Teilergebnisse zugeordnet. Der Arbeitsplan ist also eine erste grobe Verknüpfung der bisher erarbeiten Topics (von den Terminen bis zu den Ressourcen) in einer vorläufigen Übersicht. Durch die Erstellung des Arbeitsplans nimmt das Projekt erstmals eine deutlichere Gestalt an. Dabei kann überprüft werden, inwieweit zwischen den bisher erarbeiteten Punkten Kongruenz oder Divergenz besteht.

14.3.11 Vorläufige Meilensteine

Die vorläufige Definition von Meilensteinen bedeutet das Festlegen bestimmter Etappenziele im Rahmen der Projekt-Umsetzung. Meilensteine erfüllen somit eine Vielzahl von Funktionen im Rahmen des Projekt-Managements.

Bereich	Funktion von Meilensteinen
Projektverlauf	Sie sind ein Instrument der Fortschrittsmessung, das für Auftraggeber, Geschäftsleitung und Sponsoren zugänglich ist.
Kommunikation	Als Kommunikationshilfe ermöglichen sie den Austausch und den Umgang mit Personen und Gruppen, die nicht zum Projekt-Team gehören.
Ergebnis-orientierung	Durch Meilensteine wird das Projekt kontinuierlich auf Resultate und damit auf die Zielerreichung fokussiert.
Strukturierung	Sie helfen bei der Einteilung des Arbeitsaufkommens in überschaubare Teilbereiche.
Koordination	Ebenso erlauben sie eine Zuständigkeiten- und Kompetenzverteilung auf relativ hoher Ebene innerhalb des Projekts.

Tabelle 15: Funktionen von Meilensteinen

Die Erreichung eines Meilensteins muss leicht überprüfbar sein. Es darf kein Zweifel daran aufkommen, ob ein Meilenstein erreicht wurde oder nicht. Meilensteine sind als Teilziele des Projekts zu verstehen, die zu seiner vollständigen Umsetzung notwendig sind und ebenso sorgfältig formuliert werden müssen wie die Projekt-Ziele selbst.

14.3.12 Organisation des Berichtswesen

Bereits von Anfang an muss klar gestellt werden, wie innerhalb des Projekts ein funktionierendes Berichtswesen auszugestalten ist. Dazu gehört die Festlegung wichtiger Rahmenbedingungen:

- In welcher Form wird das Projekt kontinuierlich und umfassend dokumentiert?
- Wer berichtet wem?
- Wie häufig?
- In welcher Form werden Berichte erstellt?
- Welche Informationen sind auf welcher Ebene Bestandteil des Berichtswesens?

Die Dokumentation und Berichterstellung beginnt bereits mit der Projekt-Definition und erfolgt parallel zur eigentlichen Projekt-Arbeit. Die wichtigsten Vorteile dieses Vorgehens sind:

- Zeitersparnis in der Endphase des Projekts
- Möglichkeit zu frühzeitigen Abstimmungen auf der Basis von fundierten Unterlagen
- Zeit und Gelegenheit für Plausibilitäts- und Konsistenzprüfungen
- Eindeutige Dokumentation der Leistungen bei kurzfristig angesetzten Besprechungen
- Basis für kontinuierliches Projekt-Controlling.

Das Berichtswesen als Teil des Projekt-Controllings ist von Anfang an ein integraler Bestandteil des Projekt-Managements. Es kann nicht erst nach Abschluss des Projekts durchgeführt werden, wenn nicht mehr steuernd eingegriffen werden kann.

14.3.13 Vollmachten und Weisungsbefugnisse, Aufgaben und Zuständigkeiten

Grundvoraussetzung für effiziente Projektarbeit ist eine klare, eindeutige und von allen Projekt-Beteiligten akzeptierte Verteilung von Kompetenzen, Vollmachten und Weisungsbefugnissen und der damit verbundenen Verantwortungsbereiche. Unklarheiten, Überschneidungen oder Uneindeutigkeiten führen hier über kurz oder lang zu massiven Problemen:

- Wichtige Entscheidungen werden nicht oder zu spät getroffen und nicht konsequent umgesetzt.
- Die effiziente und effektive Delegation von Aufgaben und die Kontrolle der Ergebnisse wird unterminiert.
- Es treten Koordinations- und Abstimmungsprobleme in erhöhtem Umfang auf allen Ebenen auf.
- Die Projekt-Mitglieder werden zunehmend verunsichert.
- Ein wirksames Projekt-Controlling ist nicht möglich.
- Kreative Problemlösungen entstehen kaum, da entsprechende Spielräume nicht definiert sind.
- Termine werden nicht eingehalten und der gesamte Projekt-Ablauf verschiebt sich immer wieder.

In der Projekt-Definition ist unbedingt zu klären und festzuhalten, welche Entscheidungsspielräume der Projekt-Leitung durch Auftraggeber und Geschäftsleitung eingeräumt werden.

14.3.14 Ergebnis-Definition/Erfolgs-Messgrößen

Der konkrete Erfolg jedes Projekts liegt in drei wesentlichen Kriterien begründet:

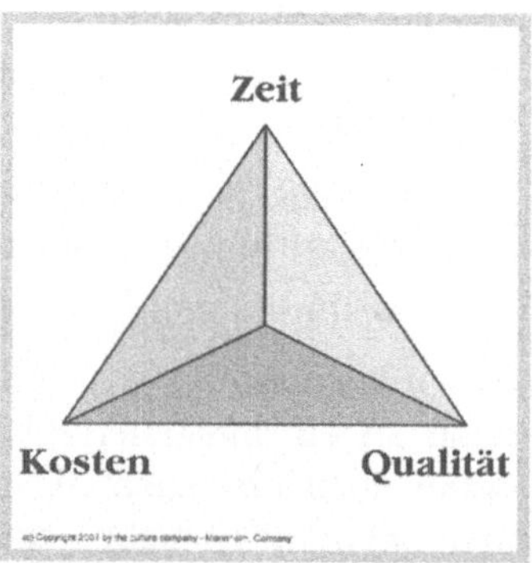

Abbildung 16: Erfolgs-Kriterien eines Projekts

Innerhalb dieses Dreiecks - von Projekt-Managern liebevoll „Bermuda-Dreieck“ genannt - lässt sich der Projekt-Erfolg generell bestimmen. Die zentralen Fragen lauten hierbei:

- Konnte das Ergebnis mit dem vorgesehenen Budget erreicht werden?
- Konnte das Ergebnis innerhalb der vorgesehenen Zeit realisiert werden?
- Entspricht das Ergebnis in der Qualität den definierten Zielen?

Für die klare und eindeutige Beantwortung der letzten Frage ist es notwendig, das gewünschte Ergebnis des Projekts quantitativ und qualitativ genau zu spezifizieren.

14.4 Projekt-Organisation

Im Rahmen der Projekt-Organisation gilt es vor allem zwei Kernfragen zu lösen:

1. Welche Organisationsform ist für das Content Management-Projekt angemessen?
2. Wie sieht die genaue Rollenverteilung der Beteiligten aus?

14.4.1 Organisationsform

An der Wahl der richtigen Organisationsform ist schon manches vielversprechende Content Management-Projekt gescheitert. Im Folgenden werden die drei in der Praxis relevanten Organisationsformen von Projekt-Arbeit vorgestellt und hinsichtlich ihrer Tauglichkeit für Content Management-Projekte bewertet.

Stabs-Projekt-Organisation

Allgemein besteht das eigentliche Projekt-Team lediglich aus dem Projekt-Manager, vielleicht einem Projekt-Assistenten und mit etwas Glück einer Sekretärin. Das Projekt-Team ist dabei als Stabsstelle angesiedelt, die meist direkt der Geschäftsleitung unterstellt ist. Eine Stabs-Projekt-Organisation ist für die Vorbereitungsphase eines Content Management-Projektes - ohne konkrete Umsetzung - durchaus eine mögliche Organisationsform. Spätestens in dem Moment jedoch, in dem tatsächlich mit der Umsetzung begonnen werden soll, ist diese Form der Projekt-Organisation bei Content Management-Projekten zum Scheitern verurteilt, weil der Projekt-Manager keinerlei fachliche oder funktionale Weisungsbefugnis hat. Für alle Informationen, Personal- oder sonstige Ressourcen ist er auf das Wohlwollen der Linien-Manager angewiesen. Dieses Projekt-Management by „Bitte, Bitte“ kann auch unter den besten Voraussetzungen zu keinen vernünftigen Ergebnissen führen. Über weitere Vor- und Nachteile dieser Organisationsform braucht man sich insofern gar nicht erst den Kopf zu zerbrechen.

Matrix-Projekt-Organisation

Im Rahmen der Matrix-Projekt-Organisation sind die Mitglieder des Projekt-Teams nach wie vor in ihre jeweiligen Fachabteilungen eingebunden. Lediglich ein Teil ihrer Arbeitszeit wird für das Projekt aufgewendet, die Arbeit für das Projekt wird dezentral am jeweiligen Arbeitsplatz erledigt. Nur im Rahmen von Projekt-Meetings kommen die Team-Mitglieder zusammen. Häufig werden noch nicht einmal die Team-Mitglieder genau bestimmt, sondern Teilaufgaben des Projektes bestimmten Unternehmensbereichen zugewiesen und dort von Mitarbeitern, die gerade zur Verfügung stehen, bearbeitet. Die Zuteilung erfolgt dann häufig durch die verantwortlichen Abteilungs- oder Bereichsleiter.

Eine Matrix-Projekt-Organisation ist für Content Management-Projekte unter folgenden Voraussetzungen geeignet:

- Dem Content Management-Projekt wird von der Geschäftsleitung offen und klar eine entsprechend hohe Priorität eingeräumt.
- Information, Kommunikation und Koordination sind eindeutig geregelt und allen Beteiligten klar.
- Die Linien-Manager werden ausdrücklich zur Unterstützung des Projektes verpflichtet und der zusätzliche Arbeitsaufwand entsprechend bei der Planung des Tagesgeschäfts berücksichtigt.

Diese Organisationsform wurde in der Vergangenheit häufig und gerne eingesetzt. Inzwischen ist sie nicht mehr ganz so verbreitet, da das Problem der Weisungskonflikte und des Spannungsverhältnisses zwischen Projekt- und Linien-Management trotz aller Regelungen nicht hinreichend eliminiert werden kann und sich fast immer nachteilig auf das Projekt-Ergebnis auswirkt. Gerade im Rahmen von Content Management-Projekten kann diese Organisationsform jedoch eine sinnvolle Möglichkeit sein.

Dazu muss aber sowohl Führungskräften als auch Mitarbeitern klar sein, dass es sich dabei um ein Projekt handelt, in welches das gesamte Unternehmen - mit all seinen Bereichen und Abteilungen - einbezogen ist. Für dessen Erfolg tragen alle gemeinsam die Verantwortung, denn dieses Projekt ist letztlich für die Zukunft des Unternehmens und damit für die eigene Zukunft ausschlaggebend.

Matrix-Projekt-Organisation	
Vorteile	**Nachteile**
+ Das Projekt ist relativ stark in das Unternehmen integriert. + Durch eine flexible Zuordnung von Aufgaben und Mitarbeitern bildet sich ein dynamisches System, in dem Wissen relativ gut zusammen fließen kann. + Es ergibt sich eine nahezu optimale Kapazitätsauslastung infolge der dynamischen Ressourcenverteilung. + Die Mitarbeiterinnen und Mitarbeiter fühlen sich häufig an ihrem Arbeitsplatz sicherer. + Die organisatorische Grundstruktur des Unternehmens bleibt unverändert.	– Der Koordinationsaufwand ist vergleichsweise hoch (Zeit/Kosten). – Gleichzeitige Projekt- und Tagesarbeit wirken auf die betroffenen Mitarbeiter demotivierend und können - nicht nur in Einzelfällen - zu Überlastung führen. – Die Projekt-Mitarbeiter unterstehen gleichzeitig zwei Vorgesetzten, was unweigerlich zu Konflikten führt. – Kompetente und qualifizierte Mitarbeiter(innen) und team- und kompromissfähige Projekt-Manager mit hoher sozialer Kompetenz sind Voraussetzung. – Intensiver Informationsaustausch zwischen Projekt- und Linien-Manager ist notwendig. – Es besteht ein hohes Konflikt-Potenzial zwischen Projekt- und Linien-Managern, das häufig „von oben“ entschärft werden muss. – Die Matrix-Projekt-Organisation erfordert in der Regel die Einrichtung eines Projekt-Büros, um den erhöhten Koordinations- und Informationsaufwand zu bewältigen.

Tabelle 16: Bewertung der Matrix-Projekt-Organisation

Reine Projekt-Organisation

Bei dieser Organisationsform ist das Projekt-Team eine selbständige organisatorische Einheit mit eigenen Ressourcen, Mitarbeitern, Räumlichkeiten usw. Es arbeitet getrennt vom Rest des Unternehmens und kommuniziert mit diesem nur im Rahmen der Projekt-Tätigkeit und im Rahmen regelmäßiger Fortschrittsberichte. Die Mitarbeiter(innen) werden entweder für die Dauer des Projektes vollständig von Ihrer Alltagstätigkeit freigestellt (häufig sogar formal zum Projekt versetzt und geben damit ihre bisherige Tätigkeit auf) oder speziell für das Projekt eingestellt.

Reine Projekt-Organisation	
Vorteile	**Nachteile**
+ Das Projekt-Team entwickelt eine starke Identität und die Mitglieder engagieren sich entsprechend für das Projekt. + Die Mitarbeiter(innen) konzentrieren sich voll auf das Projekt. + Das Projekt-Management hat volle Kontrolle über das Projekt. + Es bestehen klare Verantwortlichkeiten. + Kommunikation, Information und Koordination erfolgen direkt. + Entscheidungen und Problemlösungen können schnell erfolgen. + Die Effizienz innerhalb des Projektes ist relativ hoch. + Es treten tendenziell erheblich weniger Konflikte auf.	– Zwischen projekt- und unternehmensinternen Abläufen, Systemen und Zielen können sich Widersprüche ergeben. – Es sind zeitweilige Überkapazitäten möglich. – Die Fähigkeiten und Erfahrungen der Team-Mitglieder am Ende des Projektes können nur genutzt werden, wenn für die reibungslose (Re-)Integration in das Unternehmen gesorgt ist. – Mitglieder des Projekt-Teams stehen während der Projekt-Dauer in der normalen Unternehmensorganisation nicht zur Verfügung. – Es besteht die Gefahr der Abkapselung bzw. Loslösung vom „Rest-Unternehmen“.

Tabelle 17: Bewertung der reinen Projekt-Organisation

Die Form der reinen Projekt-Organisation kann bei Content Management-Projekten mit akutem Handlungsbedarf effizient sein und schnell zu Resultaten führen. Doch auch hier müssen einige Bedingungen erfüllt sein:

- Es muss eine intensive und offene Informations- und Kommunikationspolitik von Seiten des Projekt-Managements und der Team-Mitglieder bestehen. Kein „Wurschteln" im stillen Kämmerlein, kein Elfenbeinturm-Charakter.
- Das Rest-Unternehmen, Führungskräfte und Mitarbeiter, müssen in allen Phasen des Projektes deutlich und sichtbar eingebunden werden - etwa durch Informationsgespräche, Befragungen, Diskussionsforen.
- Die Integration und Einbettung des Projekts in das Unternehmen muss Bestandteil der Projekt-Definition sein und als eigenständige Projekt-Phase umgesetzt werden.
- Alle Mitarbeiter müssen von Anfang an über die Auswirkungen des Projekts auf das Unternehmen als Ganzes und damit auch auf ihre eigenen Tätigkeiten informiert sein.

Unter Einhaltung dieser Rahmenbedingungen kann die reine Projekt-Organisation mitunter die effizienteste Organisationsform für Content Management-Projekte sein.

Die Frage nach der optimalen Organisationsform für Content Management-Projekte kann abschließend nur individuell für jedes einzelne Unternehmen und dessen spezifische Gegebenheiten beantwortet werden.

14.4.2 Rollenverteilung

Innerhalb jedes Projektes nehmen einzelne Personen oder Gruppen besondere Rollen ein, die das Projekt-Ergebnis maßgeblich beeinflussen.

Der **Auftraggeber** als derjenige, der das Projekt rein formal ins Leben gerufen hat, ist in erster Linie Ansprechpartner des Projekt-Managers. Er ist als verantwortliche Instanz am Gelingen des Projektes interessiert, sofern ihm dieses nicht offiziell von höherer Stelle aufgedrängt wurde und er sich im Stillen erhofft, dass es gründlich in die Hose geht - um dann mit einem Lächeln auf dem Gesicht und einem „Ich hab's doch gleich gesagt!" die Verantwortung für den Fehlschlag weiter zu reichen.

Projekt-Sponsoren sind - wie schon ausgeführt - einflussreiche Personen innerhalb des Unternehmens, denen am Gelingen des Projekts gelegen ist und die es befürworten, jedoch nicht die Auftraggeber sind. Projekt-Sponsoren können für das Gelingen von Projekten von unschätzbarem Wert sein, wenn sie ausreichend Einfluss und Kenntnis innerhalb des Unternehmens besitzen und genügend Zeit zur Verfügung haben, um sich um das Projekt zu kümmern. Leider trifft in den seltensten Fällen Beides im gleichen Maße zu.

Die **Geschäftsleitung** ist letztlich die Instanz, die entscheidet, ob ein Projekt ein Erfolg geworden ist oder nicht. Ebenso ist sie die Instanz, die einem Projekt frühzeitig den Todesstoß versetzen kann, wenn dieses im Rahmen der Geschäftspolitik keine hohe Priorität genießt oder aus anderen Gründen unliebsam auffällt. Es macht Sinn, die Geschäftsleitung möglichst frühzeitig - am besten bereits in der Phase der Projekt-Definition - in das Projekt einzubinden und von Anfang an eine (inter)aktive Kommunikationspolitik gegenüber der Geschäftsleitung aufzubauen.

Im Rahmen von größeren Projekten - und das sind Content Management-Projekte nahezu immer - gibt es einen **Lenkungsausschuss** als Bindeglied zwischen Auftraggeber, Geschäftsleitung, Sponsoren und Projekt-Leitung, der dazu beiträgt, die einzelnen Interessen zum Ausgleich zu bringen und zur erfolgreichen und für das Gesamtunternehmen positiven Umsetzung des Projektes beizutragen. Leider sind die Ausschuss-Mitglieder nicht frei von eigenen Interessen innerhalb des Unternehmens und somit gerät mancher Ausschuss zu einer regelmäßigen Konfliktarena, in der konstruktive Lösungsstrategien eher selten verfolgt werden.

Jedes Projekt hat mindestens einen **Projekt-Manager** oder Projekt-Leiter. Bei umfangreichen Projekten können dies auch mehrere sein, die für einzelne, voneinander abgegrenzte Aspekte des Projekt-Managements zuständig sind (etwa Organisation, Technik, Finanzen). Ein einzelner Projekt-Manager wird jedoch die Gesamtverantwortung tragen und damit auch für das Projekt-Management im engeren Sinne, Kommunikation und Informationsaustausch, Planung, Controlling usw. verantwortlich sein.

Ist das Projekt so umfangreich, dass dieses eigentliche Projekt-Management-Aufgaben vom Projekt-Manager oder -Leiter nicht alleine bewältigt werden können, wird ihm ein **Projekt-Koordinator** zur Seite gestellt, der sich besonders um die Aspekte Informationsaustausch, Kommunikation im Projekt-Team, Koordination und das Berichtswesen kümmert und gelegentlich als Backup für den Projekt-Manager fungiert.

Für einzelne, klar voneinander abgrenzbare Teilgebiete können **Teilprojekt-Manager** benannt werden, die für das jeweilige Arbeitspaket die Verantwortung tragen - sowohl hinsichtlich des Projekt-Managements als auch hinsichtlich der Teilergebnisse.

Das **interne Projekt-Team** bildet das Rückgrat des gesamten Projekts und trägt in erheblichem Maße zur Abarbeitung und damit zur erfolgreichen Umsetzung des Projektes bei. Gerade bei Content Management-Projekten besteht das Projekt-Team aus Mitarbeitern unterschiedlichster Bereiche und Funktionen mit ebenso unterschiedlichem Background. Diese bunte Mischung oftmals völlig konträrer Weltbilder in ein effizientes, kreatives und konstruktiv zusammen arbeitendes Team zu verwandeln ist eine der Hauptaufgaben. Wichtig ist in diesem Zusammenhang besonders, eine klare und einheitliche sprachliche Basis zu schaffen (vgl. Kapitel 1 „Grundkonzepte").

Häufig kommen bei Content Management-Projekten **externe Projekt-Mitarbeiter** zum Einsatz, falls das notwendige Know-how innerhalb des Unternehmens nicht vorhanden ist. Deren reibungslose Integration in das Projekt-Team auf einer einheitlichen Ebene ist für ein effizientes Zusammenspiel von internen und externen Team-Mitgliedern Voraussetzung.

Einzelne Projekt-Bereiche oder Arbeitsblöcke können bei Content Management-Projekten häufig an **externe Dienstleister** ausgelagert werden. Die Wahl der richtigen Partner und die klare und eindeutige Definition der zu erbringenden Leistungen bestimmen in hohem Maße das Ergebnis des Gesamt-Projekts.

Gerade bei Content Management-Projekten lassen sich eine Vielzahl von Modellen nur in Zusammenarbeit mit **externen Kooperationspartnern** verwirklichen. Hier gilt das gleiche wie für externe Dienstleister, nur dass die Auswirkungen auf das Gesamtergebnis noch nachhaltiger sind und sich Kooperationspartner nicht so schnell ersetzen lassen.

Leider wird eine Gruppe der Projekt-Beteiligten nur allzu häufig vergessen oder viel zu spät in den Prozess einbezogen: die **User (intern oder extern)**. Sie sind die ausschlaggebende Instanz, wenn es um den Erfolg oder Misserfolg des Projektes geht. Im Idealfall sollte jedes Content-Projekt nicht nur für sondern mit den Usern entwickelt werden, um eine optimale Lösung zu finden. Für die Beteiligung von Usern gibt es eine Vielzahl von Möglichkeiten: von der einfachen Befragung über Feedback-Groups bis zur interaktiven Entwicklung im kontinuierlichen Dialog.

14.5 Projekt-Plan

An erster Stelle der Planungsphase steht die Berufung des engeren Projekt-Teams, dass neben dem Projekt-Manager oder den Projekt-Managern aus Projekt-Koordinatoren, Teilprojekt-Managern und weiteren engen Projekt-Mitarbeitern bestehen kann.

Aus der Projekt-Definition sind die Antworten auf die Fragen „Worum geht es? Warum? Wozu?“ bekannt. Ziel der Planung ist es, aus dieser Projekt-Definition die wesentlichen Bestandteile des Projekt-Plans zu erhalten:

1. Projekt-Strukturplan (PSP)
2. Projekt-Ablaufplan (PAP)
3. Terminplan
4. Kapazitätsplan
5. Budgetplan
6. Aufgabenverteilung
7. Verantwortlichkeiten.

14.5.1 Projekt-Strukturplan

Der sogenannte Projekt-Strukturplan ist eine schematische Darstellung des Gesamt-Projekts, aufgeschlüsselt in Bereiche und Unterbereiche, aus dem alle Einzelfaktoren, Aufgaben und Tätigkeiten hervor gehen, die zur Umsetzung des Projekts notwendig sind. Entscheidend dabei ist, dass der Projekt-Strukturplan tatsächlich vollständig ist und alle Teilaspekte des Content Managements bei der Erstellung berücksichtigt wurden. DSP (Deliverables-Strukturplan) und TSP (Tätigkeits-Strukturplan) bezeichnen die zwei wesentlichen Teile jedes Projekt-Strukturplans:

Projekt-Strukturplan	
Deliverables-Strukturplan (DSP)	**Tätigkeits-Strukturplan (TSP)**
Eine systematische Erfassung und Aufschlüsselung aller Einzelfaktoren - auch Deliverables genannt - die im Rahmen des Projekts erstellt, geliefert oder geregelt werden müssen.	Eine vollständige Zuordnung von Tätigkeiten bzw. Aufgaben, die notwendig sind, um diese Deliverables zu schaffen.

Tabelle 18: Bestandteile des Projekt-Strukturplans (PSP)

Die richtige Definition der Aufgaben ist für eine effiziente Projekt-Abwicklung und -Koordination eine wichtige Voraussetzung. Die Aufgabendefinition muss als wesentliche Bestandteile enthalten:

- Beschreibung der Aufgabe
- Benötigter Input/Voraussetzungen
- Ergebnisse
- Besondere benötigte Ressourcen (inkl. Kosten)
- Besondere notwendige Fähigkeiten
- Zuständigkeiten
- Geschätzter Zeitaufwand.

14.5.2 Projekt-Ablaufplan (PAP)

Der Projekt-Ablaufplan ist - einfach gesagt - nichts anderes als eine Anordnung der einzelnen Aufgaben und ihrer Ergebnisse in chronologischer Folge. Ziel ist es, festzustellen, welche Abhängigkeiten zwischen den einzelnen Teilaufgaben bestehen. Dies kann beispielsweise bedeuten:

- Welche Teilaufgabe kann erst begonnen werden, wenn eine andere Teilaufgabe zuvor abgeschlossen worden ist?
- Welche Aufgaben können parallel durchgeführt werden?
- Welche Aufgaben müssen parallel durchgeführt werden?

Die Ergebnisse dieser Analyse werden in Form von Balkendiagrammen, Netzplänen usw. dargestellt. Die Zahl der möglichen Darstellungsformen ist nahezu unüberschaubar. Entscheidend ist, dass die gewählte Darstellungsform folgenden Kriterien genügt:

- **Inhalt**: Der Plan soll detailliert genug sein, damit er sinnvoll und brauchbar ist. Er muss ebenso klar, eindeutig und nicht unnötig kompliziert sein. Andernfalls müssen entsprechende Teildarstellungen erstellt werden.
- **Verständlichkeit**: Für die Benutzer und alle, die damit informiert werden sollen, muss die Darstellungsform auf Anhieb klar verständlich sein.
- **Veränderbarkeit**: Der Plan muss in jedem Fall leicht verändert, überarbeitet und auf den neuesten Stand gebracht werden können.
- **Nutzbarkeit**: Die Darstellung muss so angelegt sein, dass durch sie der Fortschritt des Projekts leicht zu überwachen ist, und der Plan damit als Kontrollmittel dienen kann.

Aus dem PAP ergeben sich in detaillierterer Form die Meilensteine des Projekts. Neben übergeordneten Meilensteinen aus der Projekt-Definition lässt sich der Abschluss kleinerer Zwischenschritte durch untergeordnete Meilensteine darstellen.

14.5.3 Terminplan

Der Terminplan beinhaltet mindestens folgende Angaben:

- Dauer der einzelnen Tätigkeiten, die sich aus der Aufschlüsselung ergeben
- Dauer der einzelnen Teilaufgaben als Ergebnis der notwendigen Tätigkeiten (häufig auf Ebene der Deliverables)
- Dauer einzelner Schlüsseletappen (zusammengefasste Aufgabenblöcke) mit entsprechenden Meilensteinen als Abschluss
- Gesamtdauer des Projektes (Zusammenfassung aller Schlüsseletappen).

Für die Terminplanung ist entscheidend, wann welche Tätigkeiten durchgeführt werden können. Zwischen den einzelnen Tätigkeiten, Aufgaben und Schlüsseletappen bestehen Abhängigkeiten, die dann aus dem Projekt-Ablaufplan ersichtlich werden.

Literaturempfehlungen zum Thema Projekt-Ablaufpläne erhalten Sie auf unserer Website unter http://www.business-e-volution.de.

14.5.4 Kapazitätsplan

Im Rahmen der Kapazitätsplanung geht es darum, zu prüfen, ob die notwendigen Projekt-Ressourcen (Sachmittel, Personal, Informationen) zu den jeweiligen Zeitpunkten verfügbar und die verfügbaren Kapazitäten entsprechend zuzuordnen sind. Gegebenenfalls müssen zusätzliche Ressourcen geschaffen oder die Planung entsprechend geändert werden. Besonders die Personalressourcen sind dabei sorgfältig zu überprüfen. Jede Tätigkeit stellt bestimmte Anforderungen an die zu ihrer Erledigung eingeplanten Mitarbeiter:

- Bestimmte Fähigkeiten, Erfahrungen und Hintergrundwissen
- Ausreichende Zeit
- Unterstützung und Zustimmung des Vorgesetzten
- Beherrschen von Planungstechniken
- Kenntnis der genauen Erwartungen
- Bewusstsein und Anerkenntnis der Verantwortung.

Nur wenn diese Voraussetzungen erfüllt sind, können Mitarbeiter tatsächlich als verfügbare Personalressourcen eingeplant werden. Jede einzelne dieser Voraussetzungen, die nicht gegeben ist, führt unweigerlich zu Problemen und Konflikten bei der Aufgabenerfüllung und damit zu Verzögerungen innerhalb des Projekts.

14.5.5 Budgetplan

Zur Realisierung des Projekts wurde im Rahmen der Projekt-Definition ein bestimmtes Budget vorgesehen. Neben den Ausgaben für das Projekt-Management, die in jedem Fall im Rahmen der Projekt-Umsetzung anfallen, ist darin das operative Budget enthalten. Unter operativem Budget ist der Teil des Budgets zu verstehen, der für die tatsächliche Realisierung der einzelnen Projekt-Aufgaben zur Verfügung steht.

Im Rahmen eines Budgetplans (Kosten) wird dieses operative Budget auf die einzelnen Projekt-Abschnitte und Teilaufgaben - gegebenenfalls bis zu einzelnen Tätigkeiten - umgelegt. Dabei muss ein Teil des Budgets von vorneherein der Lösung auftretender Probleme und Schwierigkeiten vorbehalten sein (Budget-Puffer).

14.5.6 Aufgabenverteilung

Nachdem der Ablaufplan steht und Termine, Kapazitäten und die entsprechenden Budgets bestimmt sind, werden die einzelnen Teilaufgaben auf die am Projekt beteiligten Mitarbeiter und Bereiche verteilt. Dies sollte nicht einseitig von Seiten des Projekt-Managements geschehen, sondern gemeinsam mit den beteiligten Führungskräften und Mitarbeitern erfolgen. Ziel ist es dabei, eine gegenseitige Übereinkunft zu treffen, die alle wichtigen Punkte enthält und zu der von beiden Seiten ein entsprechendes Commitment erfolgt. Die oben im Rahmen der Kapazitätsplanung angesprochenen Anforderungen können hierfür eine gute Grundlage sein. Weitere wesentliche Punkte im Rahmen der Aufgabenverteilung sind:

- Die Beteiligten müssen jederzeit Zugang zu allen wesentlichen Informationen haben, die zu Ihrer Aufgabenerfüllung notwendig sind.
- Sie müssen immer die ihnen übertragenen Aufgaben in den Gesamtzusammenhang des Projekts einordnen können.

- Allen Beteiligten muss jederzeit klar sein, an welchen Ansprechpartner sie sich bei Fragen und Problemen - aber auch bei Ideen und Verbesserungsvorschlägen - wenden können.
- Sie müssen sich über die Konsequenzen bewusst sein, die eine verspätete, mangelhafte oder unvollständige Ausführung der Tätigkeiten zur Folge hat.
- Es muss ihnen aber genauso klar sein, wie wichtig ihr Beitrag zur Erreichung des Gesamtziels ist und dass der Erfolg des Gesamtprojekts einzig aus dem Erfolg vieler kleiner Teilprojekte besteht.

Die Aufgabenverteilung ist somit der formale Beginn eines kontinuierlichen Dialogs zwischen Projekt-Management und Projekt-Beteiligten, der frühestens mit dem Abschluss des Projekts endet.

14.5.7 Verantwortlichkeiten

Im Rahmen einer vollständigen Arbeitsverteilung sind nicht nur Aufgaben zu vergeben, ebenso muss eindeutig bestimmt werden, welche Führungskräfte und Mitarbeiter für einzelne Teil-Projekte oder Aufgaben die Verantwortung tragen und in welchem Umfang. Im Einzelfall ist dabei zu klären:

- Wer trägt die Ergebnis-Verantwortung?
- Wer hat die organisatorische Verantwortung?
- Wer erhält die Personal-Verantwortung?
- Wer übernimmt die technische Verantwortung?
- Wem obliegt die Budget-Verantwortung?

In Einzelfällen können diese Verantwortungsbereiche alle bei einer Person liegen. Gerade im Rahmen von Content Management-Projekten sind jedoch häufig auch Teilprojekte so komplex, dass eine Person allein diese Anforderungen nicht bewältigen kann.

Sind die einzelnen Verantwortungsbereiche auf mehrere Personen verteilt, ist zusätzlich zu klären, wer für deren Koordination verantwortlich ist und somit - wenn auch eingeschränkt - die Gesamtverantwortung trägt.

14.6 Zusammenfassung

Das erfolgreiche Management von Content Management-Projekten hängt maßgeblich von drei grundsätzlichen Voraussetzungen ab:

1. einer klaren und vollständige Projekt-Definition,
2. einer effizienten und effektiven Projekt-Organisation und
3. einem detaillierten und übersichtlichen Projekt-Plan.

Die vollständige Projekt-Definition zur Realisierung eines Content Managements oder zur Installation eines Content Management-Systems bildet die Ausgangsbasis für die gesamte weitere Projekt-Planung und -Durchführung. Die Wahl der richtigen Projekt-Organisation unter Berücksichtigung der internen Voraussetzungen im Unternehmen und der besonderen Charakteristika des Content Management-Projekts ist die Voraussetzung zu einer effizienten Projekt-Umsetzung. Ein fundierter Projekt-Plan ist die Grundlage für die effektive Aufgabenerledigung und dient zugleich als wichtiges Kommunikations- und Koordinationsinstrument.

14.7 Checkliste

<table>
<tr><th colspan="2">Projekt-Management</th></tr>
<tr><td colspan="2">Projekt-Definition</td></tr>
<tr><td colspan="2">Informationsbeschaffung organisieren.</td></tr>
<tr><td>Klare, eindeutige und umfassende Definition des Projekts vornehmen und schriftlich bestätigen.</td><td>☐ Eckdaten
☐ Vorgeschichte
☐ Erwartungen
☐ Rahmen
☐ Ziele
☐ Termine
☐ Strategie
☐ Budget
☐ Risiken
☐ Beteiligte
☐ Ressourcen
☐ Arbeitsplan
☐ Meilensteine
☐ Berichtswesen
☐ Vollmachten & Weisungsbefugnisse/Aufgaben & Zuständigkeiten
☐ Ergebnis-Definition/Erfolgs-Messgrößen</td></tr>
<tr><td colspan="2">Die wesentlichen Erfolgsfaktoren bestimmen.</td></tr>
</table>

Projekt-Management	
Projekt-Organisation	
Optimale Organisationsform bestimmen.	⇒ Stabs-Projekt-Organisation ⇒ Matrix-Projekt-Organisation ⇒ Reine Projekt-Organisation
Projekt-Plan	
Detaillierte Planerstellung vornehmen.	⇒ Projekt-Strukturplan (PSP) ⇒ Projekt-Ablaufplan (PAP) ⇒ Terminplan ⇒ Kapazitätsplan ⇒ Budgetplan
Aufgabenverteilung und Verantwortlichkeiten regeln.	

Noch zwei pragmatische Hinweise für Nicht- oder Noch-nicht-Profis im Projekt-Management:

Haben Sie sich schon ein gutes Buch über allgemeines Projekt-Management gekauft oder ein entsprechendes Seminar besucht. Nein? Dann tun Sie dies unbedingt!

Wollen Sie in Zukunft eine leistungsfähige Projekt-Management-Software vernünftig einsetzen? Dann fangen Sie sofort damit an, sich mit dem Programm auseinander zu setzen, sonst werden Sie im entscheidenden Moment nicht das Programm beherrschen, sondern es beherrscht Sie!

15 Change Management

Dieses Kapitel ist mit Sicherheit für einige Leser eine - zumindest kleinere - Herausforderung. Denn das Thema Change Management ist sehr umfangreich. Eine ausführliche Behandlung würde somit auf jeden Fall den Rahmen dieses Buches sprengen. Wenn Sie noch nie etwas von Change Management gehört haben, dann kann Ihnen dieses Kapitel zumindest einen Überblick bieten. Danach könnten Sie sich ein Buch über Change Management kaufen, Sie könnten ein Seminar zu dem Thema besuchen oder Sie holen sich gute Berater ins Haus, die Sie beim Wandel in Ihrem Unternehmen unterstützen.

Es gibt unterschiedliche Arten, mit Veränderungsprozessen umzugehen. Eine Möglichkeit ist: „Augen zu und durch! Irgendwie reguliert sich das alles schon." Eine weitere, fast ebenso häufig angewendete Variante, ist die Veränderung per Verordnung: „Wenn ich sage, das wird jetzt so gemacht, dann machen die das auch so!" ist eine von Firmenlenkern (immer noch) häufig zu hörende Aussage - leider. Egal für welche dieser beiden Methoden Sie sich entscheiden, die Erfolgschancen sind sehr begrenzt.

Hier finden Sie Anregungen, wie Sie die Veränderungen in Ihrem Unternehmen erfolgreicher gestalten können. Dazu gehören folgende Überlegungen:

- Welche Unternehmenskultur liegt dem Unternehmen zugrunde und welche Unternehmenskultur eignet sich für erfolgreiche Veränderungsprozesse?
- Was sind die Vorraussetzungen für die erfolgreiche Einführung eines Content Management-Systems?
- Welche Hemmschuhe und Stolpersteine gibt es in Veränderungsprozessen und wie kann man damit konstruktiv umgehen?
- Was sind die wirklich relevanten Integrationsfaktoren?
- Ist Konfliktmanagement für einen Veränderungsprozess wirklich so wichtig und auf was muss denn geachtet werden, wenn es zwischen den Mitarbeitern im Unternehmen dann doch mal eskaliert?

15.1 Einführung des Content Management-Systems

Change Management bedeutet das Ändern/Anpassen von Unternehmenskulturen, um tiefgreifende Veränderungen im Unternehmen, wie die Einführung eines komplexen Systems, realisieren zu können. Wenn die vorhandene Unternehmenskultur eine solche tiefgreifende Veränderung - wie die Einführung eines Content Management-Systems - nicht zulässt, dann besteht die erste Aufgabe darin, an dieser Kultur zu arbeiten.

Sicherlich haben alle oder zumindest die Meisten bereits die Erfahrung gemacht, dass in einem Unternehmen ein neues System eingeführt worden ist - und „keiner will's wissen". Das heißt, keiner oder zu wenige haben das System genutzt. Dabei spielt es keine Rolle, ob es sich um ein IT-System oder um die Einführung eines neuen oder modifizierten Geschäftsprozesses handelt. Wenn das der Fall ist, dann wurden im Veränderungsprozess - also beim Change Management - Fehler gemacht. Zusätzlich ist ein sehr weit verbreitetes Grundproblem, dass in einem Unternehmen eine Kultur existiert, die sehr veränderungsfeindlich ist. Da wir als Gesellschaft in einer Kultur leben, die Veränderungen zwar mehrfach täglich auf allen verfügbaren Kanälen „predigt", sie aber schlecht oder gar nicht akzeptiert, wenn sie eintreten, ist es selbstverständlich ganz offensichtlich, dass sich eine solche Kultur auch in vielen Unternehmen wiederfindet. Wie sonst hätten sich die drei „wichtigsten" Management-Grundsätze manifestieren können:

1. *Das war schon immer so!*
2. *Das wäre ja noch schöner!*
3. *Da könnte ja jeder kommen!*

Wenn Ihnen etwas an nachhaltigem Erfolg gelegen ist, Ihr Unternehmen aber zu den - leider immer noch vielen - gehört, welche die drei oben genannten „Grundsätze" verinnerlicht haben, dann liegt wahrscheinlich ein steiniger Weg vor Ihnen.

Vermutlich hinterlässt dies ein ausgesprochen ernüchterndes Gefühl; vielleicht bewirken diese Ausführungen auch eine grundsätzliche Ablehnung, nach dem Motto: „Alles Quatsch. Für Kulturarbeit haben wir außerdem keine Zeit. Blödes neumodisches Gefasel." Diese Einstellung können wir gut nachvollziehen, denn sie begegnet uns ausgesprochen häufig. Sie sollten trotzdem noch wenigstens bis zum Ende des Abschnitts 15.1 lesen. Vielleicht möchten Sie die Möglichkeit in Betracht ziehen, ja dann

Zeit und Mühe auf sich zu nehmen, an der Veränderung der Unternehmenskultur zu arbeiten.

Denn wenn in Ihrem Unternehmen keine Kultur gelebt wird, in der tiefgreifende Veränderungen ohne große Komplikationen eingeführt werden können, dann gibt es einige Varianten, wo die Reise hinführen kann:

- Das Content Management(-System) wird nicht angenommen und dümpelt vor sich hin. => Folge: Fehlinvestition oder Geld zum Fenster hinausgeworfen.
- Das Content Management(-System) wird nicht einheitlich angenommen und jeder nutzt es nach „Gutdünken". => Folge: Fehlinvestition.
- Die Fehlerquote steigt so hoch, dass Kundenanfragen nur schleppend bearbeitet werden können, da man intern mit Fehlerbehebung beschäftigt ist. => Folge: Geld verlieren.
- Durch erhebliche Missstimmungen bei der Einführung gehen Ihnen Mitarbeiter verloren, die auf jeden Fall ersetzt werden müssen. Folge => Zusätzliche unnötige Investitionen.
- Durch drastische Missstimmungen bei der Einführung sind alle so genervt, dass das Projekt für unbestimmte Zeit auf Eis gelegt wird. Folge => Geld und Zeit verschwendet.

Diese Liste könnten wir noch um einige Punkte erweitern. Dass sich diese Punkte auch kombinieren lassen, braucht sicherlich nicht erwähnt zu werden. Bevor Sie also gutes Geld investieren und diesem noch ebensolches hinterher werfen: ohne einen gut vorbereiteten Boden (Unternehmenskultur) kann die Saat (Content Management-System) noch so gut sein, die Ernte wird ein Misserfolg werden.

15.2 Die Lernende Organisation

In einer „Lernenden Organisation" lassen sich umfassende Veränderungsprozesse - wie die Einführung eines Content Management-Systems - am leichtesten realisieren.

Eine Lernende Organisation zeichnet sich in aller Regel durch eine Kooperationskultur aus. Dies bedeutet auf jeden Fall die Verabschiedung von der Individualitätskultur, in der jeder erst dann um Rat und Unterstützung bittet, wenn es für eine Lösung schon fast zu spät ist, und in der vorrangig um Machtpositionen gekämpft wird. Durch Veränderungen werden wir mit neuen, unbekannten Situationen konfrontiert, die von uns den verlangen, um Hilfe zu bitten und diese anzunehmen.

Kooperationskultur	Individualitätskultur
Eine kollegiale Zusammenarbeit wird gelebt.	Machtkämpfe sind ein fester Bestandteil der Kultur. Fehler werden i. d. R. unreflektiert sanktioniert.
Die Mitarbeiter unterstützen sich gegenseitig zur Erreichung des Ziels.	Wer um Unterstützung bittet, gilt als schwach und/oder inkompetent.
Lernkreisläufe werden für das Unternehmen installiert.	Eigene Interessen stehen häufig vor denen des Unternehmens.
Lernkreisläufe für den Einzelnen bestehen.	Eigenleistung geht immer vor Teamleistung.
Täglicher Umgang mit Feedback.	Feedback ist negativ besetzt und fast immer unerwünscht.
Kritische Diskussionen werden zugelassen.	Meinungsführer wollen auf jeden Fall die eigene Meinung durchsetzen.
Querdenker werden zugelassen und respektiert.	Querdenker werden als unangemessen verschmäht.
Meinungsverschiedenheiten finden offen und konstruktiv statt.	Machtkämpfe und Interessensgegensätze werden unter dem Deckmantel vorgetäuschter Harmonie ausgefochten.
Die Verantwortung ist eindeutig geregelt und eindeutig kommuniziert. Gelebte Verantwortung durch die Verantwortlichen wird von den anderen aktiv wahrgenommen.	Bedingt durch die vorgetäuschte Harmonie stellt sich eine gewisse Verantwortungsdiffusion ein: Verantwortung wird nicht mehr aktiv gelebt und der/die Verantwortliche wird als solcher von anderen nicht unbedingt erkannt.

Kooperationskultur	Individualitätskultur
Die Mitarbeiter sind offen gegenüber Anregungen und konstruktiver Kritik.	Die Mitarbeiter sind der festen Überzeugung im Besitz der absoluten Wahrheit zu sein.
Offener Informationsfluss - auch von negativen Informationen - in alle Richtungen (von oben nach unten, von unten nach oben und auf der gleichen Ebene) findet statt.	Angst negative Informationen/ Befindlichkeiten weiterzuleiten - vor allem nach oben und auf gleicher Ebene. Das vorherrschende Motto: „Der Überbringer der schlechten Nachricht wird geköpft." Vor allem dann, wenn er in der schwächeren Position ist.
Die Chance, Informationen auch objektiv (durch offenen Informationsfluss) verarbeiten zu können, ist gut.	Die Chance, Informationen objektiv zu verarbeiten, ist eher selten gegeben.
Der Vorstand/die Geschäftsleitung weiß, was an der Basis geschieht und wie gedacht wird.	Der Vorstand/die Geschäftsleitung hat bestenfalls eine Ahnung davon, was an der Basis geschieht bzw. wie gedacht wird.

Tabelle 19: Unterscheidungsmerkmale von Kooperations- / Individualitätskultur

Damit eine aktive und umfassende Nutzung von Content Management gelebt werden kann, ist eine kooperative Zusammenarbeit notwendig - und damit der Beginn einer Kooperationskultur (bei allen Unternehmen, die nicht bereits eine Kooperationskultur haben). Wenn sich - bedingt durch den Aufbau des Unternehmens - zunächst nur eine Abteilung mit dieser Thematik beschäftigt, dann kann dies zu zwei möglichen Ergebnissen führen.

1. Die Abteilung übernimmt eine positive Vorreiterfunktion und dies wird von den anderen Abteilungen auch genau so wahrgenommen. Der Transfer der Kooperationskultur von dieser einen Abteilung auf den Rest des Unternehmens geschieht somit fast von alleine.

2. Die Veränderung dieser besagten Abteilung wird mit Argwohn beäugt. Dies kann dann zu Grenzen führen:
   - o der Rest des Unternehmens möchte mit „denen“ nichts zu tun haben, d. h. diese Abteilung wird ausgegrenzt.
   - o Oder diese Abteilung ist derart überzeugt von ihren Fähigkeiten, dass sich ein überzogenes elitäres Denken einstellt. Dann findet eine Abgrenzung von Seiten dieser Abteilung gegenüber dem Rest des Unternehmens statt.

   Wie sich der zweite Fall auch immer gestaltet, er verhindert auf jeden Fall die einfache Einführung einer Kooperationskultur in das Unternehmen.

Eine Grundvoraussetzung für eine gut funktionierende Kooperationskultur sind bei allen Mitarbeitern auf allen Ebenen gelebte Kommunikationsfähigkeiten. Dazu gehören:

- Zuhören können und es tun
- Fragen stellen können und es tun
- Andere in der Diskussion wirklich respektieren und deren Meinung gegebenenfalls annehmen können
- Unterscheidungsfähigkeit der einzelnen Ebenen: Beziehungs- und Sachebene, Verhaltens- und Identitätsebene.

Der größte Vorteil einer Lernenden Organisation - bedingt durch eine gelebte Kooperationskultur - ist eine ausgeprägte Innovationskraft, die am Markt entscheidende Wettbewerbsvorteile bringen kann.

Wodurch zeichnet sich also eine Lernende Organisation u. a. aus?

- Eine Lernende Organisation verfügt über Lernkreisläufe: Es besteht im Unternehmen die Bereitschaft, Prozesse und Strukturen ständig zu überprüfen, zu erneuern, weiter zu entwickeln und überholte wieder aufzulösen.
- Entwicklungen im Unternehmen werden geplant, um Probleme zu lösen.
- Neue Erfahrungen werden genutzt, um Erkenntnisse zu gewinnen, nicht um Urteile zu fällen.
- Prozesse und Ergebnisse werden nicht getrennt. Beides ist gleichwertig.
- Es findet eine ständige Reflexion von Prozessen, Beziehungen und Ergebnissen statt.

Der Weg zum lernenden Unternehmen bedeutet, bereit und gewillt zu sein, Verhaltensmuster und Kultur zu ändern. Diese können geändert werden, wenn gemachte Erfahrungen reflektiert und daraus die entsprechenden Konsequenzen gezogen werden. So erreicht das Unternehmen/die Organisation ein neues „Bewusstsein". Für bevorstehende Herausforderungen und anstehende Probleme werden immer mehrere Lösungsvarianten entwickelt. Die Beste wird gewählt, und weniger taugliche Varianten werden aussortiert. Jedes daraus erzielte Ergebnis wird in einer Feedback-Schleife überprüft und führt für das Unternehmen zu neuen Erkenntnissen. Diese Erkenntnisse werden dann in entsprechende Konsequenzen für das Unternehmen umgesetzt.

In einer Lernenden Organisation sind sich die Mitarbeiter darüber bewusst, dass „Fehler machen" nicht nur zu jedem Lernprozess gehört (Lernkreisläufe), sondern ein wichtiger Teil dieses Prozesses ist - unabhängig von Alter, Geschlecht und Position im Unternehmen. Fehler zu machen/Fehler machen zu dürfen, ist eines der unumgänglichen Elemente in einem Lernprozess. Fehler sollen im Lernkreislauf in Form einer Feedbackschleife reflektiert werden und für das Unternehmen weiterführende, konstruktive Konsequenzen haben. Erfolge sind ebenso ein Teil der Lernkreisläufe und tragen durch Reflexion in gleichem Maße zur Verbesserung der Unternehmensprozesse und -ergebnisse bei.

In diesem Zusammenhang können wir nur empfehlen, rechtzeitig für den Veränderungsprozess einen Berater hinzu zu ziehen. Berater sind nicht im Operativen involviert und haben somit eine andere Perspektive. Ein Berater ist dazu da, alle anstehenden Themen gemeinsam mit Ihnen zu erarbeiten und Sie während des Prozesses zu begleiten. Ein Berater ist mit Sicherheit nicht der Retter des Unternehmens und die Aufgabe eines Beraters ist es ebenso wenig, ein Konzept mit den besten Wünschen für die Umsetzung zu überreichen, ohne Ihnen bei der Umsetzung zur Seite zu stehen. Wenn Sie an Berater mit einem solchen Selbstverständnis geraten, dann sind diese zumindest für die Beratung und Begleitung eines Veränderungsprozesses nicht geeignet. Am besten ist, die Berater leben Ihnen bereits vor, was Sie selbst in Ihrem Unternehmen erreichen möchten.

15.3 Der größte Stolperstein: Angst

Wichtig ist das Bewusstsein im Unternehmen, dass die Einführung eines Content Management-Systems sehr komplex ist. Fast jeder im Unternehmen kommt dadurch in Situationen, die neu und unbekannt sind. Das verursacht Unsicherheit. Das Ganze ist für den Einzelnen häufig nicht mehr überschaubar und die mit der Veränderung einhergehende hohe Eigendynamik des Prozesses führt schnell zur Überforderung des Einzelnen.

In diesem Zusammenhang sind zwei zentrale Grundregeln zu beachten:

- ∇ Machen Sie auf gar keinen Fall und unter überhaupt keinen Umständen unter Druck Zusagen, die Sie nicht einhalten können.
- ∇ Zwingen Sie zu keiner Zeit Andere mit Hilfe von Druck zu Zusagen. Wenn doch, dann sollten Sie sich auf keinen Fall auf diese Zusagen verlassen.

Druck ist absolut kontraproduktiv für jeden Veränderungsprozess und verstärkt bei den Beteiligten ein Gefühl der Angst im Sinne von „unter Druck sein". Druck hemmt somit jeden Veränderungsprozess.

Um Druck und Angst besser abzubauen, sollen Sie sich bei Veränderungsprozessen von Glaubenssätzen wie: „Das muss doch bei erwachsenen Menschen möglich sein." oder ähnlichen, wenig hilfreichen Aussagen verabschieden. Eine solche oder ähnliche Einstellungen fördern ganz besonders das Zusagen von nicht erfüllbaren Leistungen, auf die Sie sich sowieso nicht verlassen können.

Angst möchten wir in diesem Zusammenhang als Spannungsgefühl definieren, das auftaucht, wenn wir in Situationen sind, in denen wir subjektiv das Gefühl haben, diesen nicht gewachsen zu sein. Die drei im Berufsleben wohl am häufigsten anzutreffenden Ängste/Spannungsgefühle sind:

1. **Konfliktängste**, in Bezug auf äußere und innere Konflikte.
   - o Angst davor, durch Informationsüberflutung nicht mehr „richtig" argumentieren zu können und somit das Gesicht zu verlieren.
   - o Angst vor dem Brechen von Tabus in Konfliktsituationen.
   - o Angst vor dem nicht korrekten Umgang mit den Hierarchieebenen, z. B. in der „Hitze des Gefechts".
   - o Angst vor der Einforderung gegebener Zusagen, wenn es in der Diskussion/Situation dann „hart auf hart" kommt.
   - o Angst vor der Anpassung an neue Organisationsstrukturen, im Glauben „sich zu verbiegen".

- o Angst vor der Auseinandersetzung mit dem Wettbewerb, mit dem Kunden und seinen Bedürfnissen.
- o Angst vor neuen Strukturen, Umgebungen, Kulturen.

Konfliktängste führen schnell dazu, dass wir die anstehenden Gespräche „unter den Teppich" kehren. Das wiederum hat zur Konsequenz, dass sich harmlose Konflikte aufstauen und weiter unnötig eskalieren. Mehr dazu finden Sie ein paar Seiten weiter unter dem Punkt „Konfliktmanagement".

2. Versagensängste in Bezug auf das eigene Versagen und das Versagen von Anderen.

- o Angst vor den Konsequenzen einer Fehlentscheidung bei Verantwortungsübernahme.
- o Angst vor den neuen Anforderungen bei der Übernahme von einer neuen Position/Aufgabe.
- o Angst vor der Handhabung von Konflikten.
- o Angst vor dem „Durchgreifen müssen".
- o Angst, „Nein" sagen zu müssen.
- o Angst vor den wichtigen „Milestones" eines Veränderungsprozesses, wie Präsentationen, Moderationen, Kick-off-Meetings usw.
- o Angst vor dem Kontrollverlust über sich selbst und/oder dem Kontrollverlust als Ganzes in einer bestimmten Situation.
- o Angst, dass eigene Fehler/Schwächen entdeckt und kommuniziert werden.
- o Angst, die gestellten Aufgaben nicht alleine bewältigen zu können und externe Hilfe zu benötigen.
- o Angst vor dem eigenen Erfolg.
- o Angst vor dem „Nicht-Einhalten-Können" gesteckter und/ oder geforderter Ziele.
- o Angst vor dem Fehlinterpretieren und/oder „Nicht-Wahrnehmen" von Frühwarnsignalen kritischer Entwicklungen.
- o Angst vor einem Flop bei der Einführung des Projektes.

Versagensängste können relativ schnell zu einer Handlungsblockade führen. Und das, obwohl für die Verantwortlichen im Unternehmen ausreichende Möglichkeiten der Handhabung eines Problems/einer Herausforderung zur Verfügung stehen.

3. Verlustängste

- Angst vor dem Verlust der eigenen „Spielwiese" mit den entsprechenden Handlungsfreiräumen und „Spielzeugen".
- Angst vor Status- und Imageverlust - und damit auch Gesichtsverlust.
- Angst vor dem Verlust der eigenen Karrierechancen.
- Angst vor dem Verlust der Team-Harmonie und/oder der Solidarität von und der Unterstützung durch Kollegen.
- Angst vor dem Verlust der eigenen Macht und/oder der Zuwendung von Machtpromotoren.
- Angst, eine „persona non grata" zu werden.
- Angst vor dem Verlust des Arbeitsplatzes.

Die große Gefahr bei Verlustängsten ist, dass das eigene Besitzstandsdenken den Zukunftschancen des Unternehmens vorangestellt wird.

Die Beschreibung der unterschiedlichen Ängste ist deshalb so ausführlich, da diese eine Art *Basis des Misslingens* sind. Diese Gefühle sind vollkommen natürlich und gehören zu unserem Leben. Sie sind Warnsignale und erhöhen somit unsere Aufmerksamkeit. Und das ist gut so!

Ängste/Anspannungen sind also hilfreiche Begleiter. Sie sind nur dann eine echte Blockade, wenn wir nicht gelernt haben, mit diesen Gefühlen konstruktiv umzugehen. Erschwerend können Arbeits- und Führungsprozesse, Organisationsform und eine Unternehmenskultur hinzukommen, die sich mit der eigenen Persönlichkeitsstruktur und Lebensgeschichte „beißen".

Wenn wir mit unseren Ängsten nicht umgehen können und uns diese somit noch im Wege sind, dann können wir diesen Lernprozess jederzeit nachholen. Ein normalerweise sehr schnelles Lernen findet mit Unterstützung von Experten statt. Dazu gehören Berater, Coaches und selbstverständlich auch Therapeuten.

15.3 Der Change-Prozess

Eine der wichtigsten Voraussetzungen für einen gelungenen Veränderungsprozess ist eine ausreichende Kommunikation auf allen Ebenen und über alle Informationsbereiche hinweg. Massenkommunikation kann nur sehr begrenzt für den Veränderungsprozess eingesetzt werden, selbst wenn sich die einzelnen (Sub-)Kulturen im Unternehmen sehr ähnlich sind. Jedes Unternehmen hat seine Kultur und jede Abteilung hat ihre eigene Subkultur, so wie jeder Mitarbeiter auch eine eigene Kultur hat. Und alle diese Kulturen wollen in der Kommunikation berücksichtigt werden. Verabschieden Sie sich also von dem Gedanken, die Mitarbeiter und die betroffenen Abteilungen als eine homogene Gruppe zu sehen. Denn das bewahrt Sie davor, in der Kommunikation alle über einen Kamm scheren zu wollen.

Für die Verankerung des Prozesses bei allen Mitarbeitern brauchen Sie durch das Unternehmen hindurch Change-Botschafter, die über eine hohe Kommunikationskompetenz verfügen. Denn eine der absoluten Grundvoraussetzungen für eine erfolgreiche Integration eines solch komplexen Vorhabens ist eine lebhafte, eindeutige und kontinuierliche Kommunikation.

Bevor Sie das neue Content Management-System ordern, sollten Sie allen Mitarbeitern im Unternehmen den Sinn und Zweck des Content Management-Systems deutlich kommunizieren. Investieren Sie in diesen Prozess ruhig viel Zeit. Diese Investition wird sich auf jeden Fall bezahlt machen.

Fördern Sie eine Kultur der Offenheit und Neugier. Denn ohne diese Eigenschaften ist Veränderung kaum möglich. Offenheit und Neugier sind die Basis eines jeden Veränderungsprozesses, der schnell und einfach erfolgen kann. Alles, was gegen Offenheit läuft - z. B. das Zurückhalten von Informationen zur scheinbaren Behauptung einer Machtstellung - ist kontraproduktiv.

Wenn Sie doch Mitarbeiter in Ihrem Unternehmen haben, die wichtige und relevante Informationen zurückhalten, dann gehören diese Mitarbeiter in der Regel einer von zwei Gruppen an.

Gruppe eins, versucht den Prozess auszusitzen und erkennt nicht, dass ein Zurückhalten von Informationen nicht adäquat ist. Mit diesen Mitarbeitern können Sie sprechen. Solche Gespräche sind meistens von Erfolg gekrönt, da die Mitglieder dieser Gruppe nicht mitmachen möchten, aber dem Prozess auch nicht unbedingt im Wege stehen wollen.

Gruppe zwei ist absolut und unbedingt gegen eine Veränderung. Die Mitglieder dieser Gruppe werden alles tun, um den gesamten Prozess zu torpedieren. Ein gut gemeinter Rat: Wenn es sich um einen Mitarbeiter der zweiten Gruppe handelt, dann machen Sie diesem im Gespräch klar, dass er/sie zwei Möglichkeiten hat. Möglichkeit eins: Zu Gruppe eins zu wechseln und den Prozess zumindest nicht zu stören, wenn er/sie diesen schon nicht unterstützen will. Möglichkeit zwei: Zu gehen - und zwar endgültig und sofort.

Neugier ist bei jedem Menschen bereits von Geburt an in unterschiedlicher Ausprägung vorhanden, kann aber nur aus einer entsprechenden Kultur im Unternehmen gelebt und für das Unternehmen positiv genutzt werden. Gerade in einem Veränderungsprozess ist Neugier und Offenheit für die neuen Entwicklungen im Unternehmen ein Segen für jeden Einzelnen, der darüber verfügt.

Letztlich brauchen alle die nötige Flexibilität und die entsprechende Risikobereitschaft, um das Unternehmen von einer Individualitätskultur zu einer Kooperationskultur zu wandeln.

15.4 Integrationsfaktoren

Die z. Z. vorherrschende Theorie ist, dass die Geburt unseres Planeten etwas mit einem Urknall zu tun hatte. So wie die meisten großen Dinge im Leben - im Leben eines jeden einzelnen - mit einem „Urknall" zu tun haben. Wichtig ist, dass ein solcher Knall grundlegende Veränderung mit sich bringt - so wie die Einführung komplexer Systeme in ein Unternehmen meistens grundlegender Veränderungen bedürfen und bei einer erfolgreichen Einführung auch mit sich bringen. Hier nur ein bisschen verändern, ist wie nur ein bisschen schwanger werden zu wollen. Und den Knall brauchen Sie, weil dadurch Veränderungen in der Regel leichter akzeptiert werden.

Setzen Sie einen solchen Knall ein, um von alten Prozessen und Strukturen, somit auch von alten Aufgaben, Abschied zu nehmen. Abschiede sind jedoch selten ein Anlass zum Freudentanz. Wenn es doch so sein sollte, dann feiern Sie das Fest! Wenn es nicht so sein sollte, dann feiern Sie das Abschiedsfest auch! Leisten Sie angemessene „Trauerarbeit" und lassen Sie das Alte mit symbolischen Handlungen los.

Damit dieser Knall nicht verhallt und das Fest nicht in Katerstimmung endet, brauchen Sie durch alle Ebenen hindurch, von allen Mitarbeitern eine echte und ehrliche Zustimmung zu dem neuen geplanten Projekt. Im Angloamerikanischen nennt man das Commitment.

Damit das Neue greifen kann, sind alle Führungskräfte gefordert, denn Veränderungen laufen hauptsächlich top-down. Wenn die Geschäftsleitung dann doch nicht hinter dem Projekt steht, wird die Einführung und Umsetzung des Content Management-Systems wahrscheinlich scheitern. Wenn die Einführung und Umsetzung des Projektes trotzdem gelingt, heißt das,

a) dass dieses Team zum einen unschlagbar ist und zum anderen die Aufgaben der Geschäftsleitung übernommen hat und

b) dass sich die Geschäftsleitung überlegen sollte, ob sie als Geschäftsleitung tatsächlich noch eine Existenzberechtigung hat.

Dieses Team braucht dann wohl keine Führung und zeichnet sich durch hervorragende Fach-, soziale und emotionale Kompetenz aus. Eine Folgerung könnte/sollte sein, dass die neue Geschäftsleitung aus diesem Team rekrutiert wird!

Wie schon mehrfach im Buch erwähnt, sind Konflikte in Veränderungsprozessen und somit auch bei der Einführung eines Content Management (-Systems) fast vorprogrammiert. Durch unterschiedliche Vorstellungen und/oder unterschiedliche Weltbilder und darauf aufbauende Missverständnisse entstehen schnell Dissonanzen, aus denen handfeste Konflikte wachsen können. Die Führung ist dann gefordert, die Vision/den Sinn und die damit verbundenen ethischen Werte vorzuleben. Versäumt die Führung dies, werden die bereits vorhandenen Ängste nur bestätigt und evtl. verstärkt.

Veränderungsprozesse und die Einführung eines neuen Systems benötigen viel Zeit. Bis alles im Unternehmen so ist, als wäre nie etwas anders gewesen, vergehen bei einem derart tiefgreifenden Prozess eher Jahre denn Monate. Ob wir dabei von nur einem Jahr oder mehreren Jahren sprechen, hängt letztlich mit Ihrer Organisation und der zugrunde liegenden Kultur zusammen. Im Tagesgeschäft integriert ist das neue System natürlich sehr viel schneller, denken Sie jedoch an all die kleinen Dinge, die integriert sein wollen. Wir sprechen hier von einem komplexen Prozess, dessen Veränderung durch alle Ebenen hindurch sehr umfassend ist.

Die Zeit der Veränderung sollte mit ausreichend schriftlicher Information und vielen kleinen und gerne auch großen Erfolgsgeschichten geschmückt sein. Auf diese Weise bleiben Alles und Jeder „in Bewegung“ und zwar auf positive Weise. Außerdem zeigt es, dass Schwierigkeiten und Konflikte ernst genommen und gelöst werden.

Der nächste wichtige Effekt: Sie beugen der Gerüchteküche vor und nehmen „Marktschreiern“ die Plattform. Veränderungsprozesse bringen in der Regel eine wahre Informationsflut mit sich. So kann die Situation eintreten, dass sich einige Mitarbeiter die Informationen lieber mit nach Hause nehmen, um diese dann in Ruhe zu lesen.

Sollte in Ihrem Unternehmen eine ausgeprägte E-Mail-Kultur gelebt werden, dann ist es hilfreich, wenn Sie die wichtigen Informationen auch als solche kennzeichnen und mit dem Vermerk „Bitte ausdrucken“ versehen. Letztlich gilt das, was man Schwarz auf Weiß hat. Diesen psychologischen Effekt sollten Sie nicht unterschätzen, weder bei sich selbst, noch bei Anderen.

Kennzeichnen Sie jedoch bitte wirklich nur die wichtigen Dokumente. Ein inflationärer Umgang damit ist selten hilfreich und meistens eher kontraproduktiv, weil dann alles wichtig ist und niemand mehr darauf achtet. Mitarbeiter könnten dann denken: „Ach, der kennzeichnet eh alles mit „Wichtig“, kann so wild kaum sein.“

Wie bei fast allem im Leben, handelt es sich hier um ein Geben und ein Nehmen: Achten Sie umgekehrt bei allen ankommenden E-Mails darauf, ob sie vielleicht doch wichtig sind oder ob Sie diese Information mit nach Hause nehmen wollen. Dann sollten diese Information selbstverständlich ausgedruckt werden. Ausreden nach dem Motto „... war doch nicht als „wichtig“ markiert ...“, sind ausgesprochen einfältig.

15.5 Konfliktmanagement

Wenn in einem Unternehmen neue Systeme eingeführt oder Veränderungsprozesse durchgeführt werden, dann lassen Konflikte selten lange auf sich warten. Das Positive an Konflikten ist, dass sich Ihre Mitarbeiter mit den Veränderungen auseinandersetzen, sich Gedanken machen und dann Veränderungen tatsächlich stattfinden können. Sie sollten sich also Gedanken machen, wenn in Ihrem Unternehmen keine Konflikte auftreten.

Das Problem ist, dass leider viele Menschen Konflikte als etwas Negatives ansehen. Wir leben in einer ausgeprägt konfliktunterdrückenden Kultur - leider. Konflikte können für einen Veränderungsprozess wichtige Impulse beinhalten. Somit sollten Konflikte auch immer als Chance angesehen werden, vor allem dann, wenn sie rechtzeitig angegangen und kooperativ gelöst werden.

Im Wesentlichen können wir zwischen Sach- und Wertekonflikten unterscheiden. Sachkonflikte entstehen aus der unterschiedlichen Einstellung zu einem Problem, Wertekonflikte aus der unterschiedlichen Weltsicht der Betroffenen.

Sachkonflikte	Wertekonflikte
Der Streit um zu hohe Kosten	Der Streit darüber, welche Inhalte oder Vorgänge jetzt Priorität haben.
Die Auseinandersetzung wegen des Nicht-Erreichens von Produktnormen im Rahmen der Produktion.	Die Auseinandersetzung darüber, welche Contents wirklich relevant sind.
Die Diskussion, um die Strukturierung der Inhalte	Die Diskussion darüber, ob Argumente vom jeweils anderen Geschlecht auch ernst zu nehmen sind.
Die unterschiedliche Interpretation von Evaluationsergebnissen	Der individuelle Umgang mit den im Unternehmen vorhandenen Hierarchien.

Tabelle 20: Unterscheidungsmerkmale von Konflikten

Konflikte müssen auf der gleichen Ebene ausgetragen werden, auf der sie entstanden sind, damit sie gelöst werden können. Es macht wenig Sinn, einen Wertekonflikt auf die Sachebene zu ziehen. Ebenso wenig Sinn macht es, einen Sachkonflikt auf der Werteebene lösen zu wollen. Die Ebenen zu wechseln, heißt, den Konflikt unnötig in die Länge zu ziehen und die Lösung erheblich zu erschweren oder gar unmöglich zu machen. Ehrlichkeit sich selbst und dem Konfliktpartner gegenüber ist die einzig sinnvolle Vorgehensweise.

Wenn ein Konflikt entstanden ist, gibt es mehrere sinnvolle - oder weniger sinnvolle - Möglichkeiten, damit umzugehen. Beispiele für Konfliktlösungsmöglichkeiten sind folgende:

- **Vermeiden** => Alles regelt sich von selbst, der Konflikt muss nur hinreichend ignoriert werden. Die „Lösung" findet sich (hoffentlich) im wahrsten Sinne des Wortes mit der Zeit.
- **Kooperation** => Die Lösung des Konflikts wird durch das Verhandeln beider Parteien erzielt. Manchmal - je nach Eskalationsstufe - ist es sinnvoll, hier eine dritte Person zur Vermittlung mit einzubeziehen. Hierbei können auch die einzelnen Befindlichkeiten Berücksichtigung finden. Durch die Be-

reitschaft zur Bereinigung des Konflikts stehen die Chancen für eine *Win-Win-Situation* (beide Parteien gehen als „Gewinner“ aus dem Konflikt heraus) sehr gut.

- **Machtkampf** => Der Stärkere gewinnt oder derjenige, der die stärkere Partei auf seine Seite ziehen kann. Ziel ist es, an Einfluss zu gewinnen, um die damit gewonnene Macht ausspielen zu können. Die Konfliktparteien trennen sich mit einer *Win-Lose-Situation* (Einer gewinnt, einer verliert). Ein solches Ergebnis kann eine spätere Zusammenarbeit sehr schwierig gestalten.
- **Höhere Instanz** => Der Weg vom Vorgesetzten über die Schiedsstelle bis zum Gericht. Hier fällt die eigene Einflussmöglichkeit auf das Resultat restlos weg. Jetzt zählen nur noch Fakten (mitunter aber auch nur scheinbare Fakten), anhand derer dann eine Entscheidung getroffen werden kann. Im schlimmsten Fall sind beide Parteien mit der getroffenen Entscheidung unzufrieden. Hier kann dann eine *Lose-Lose-Situation* entstehen, in der beide Parteien als Verlierer aus dem Konflikt herausgehen.

Aus den vier oben genannten Möglichkeiten ist immer die Kooperation zu bevorzugen - zumindest am Anfang. Sie bietet nicht nur den betroffenen Parteien eine Chance, sich gütlich zu einigen, eine Lösung zu finden, mit der beide zufrieden sein können, sondern ebenfalls die Möglichkeit, dass beide ohne anschließenden Groll weiter zusammen arbeiten können. Durch eine kooperative Einigung bleibt dem Unternehmen und somit den Kollegen viel Kummer und meistens unnötiger Ärger erspart. Damit eine kooperative Lösung erzielt werden kann bedarf es auf beiden Seiten gewisser persönlicher Voraussetzungen, so z. B.:

- Der Wille zur Lösung.
- Neugierde als Vorraussetzung, um kreative Fragen zu stellen, aus denen Lösungen gewonnen werden können.
- Experimentierfreude und damit die Bereitschaft, Fehler zu machen, aus denen die Beteiligten lernen können.
- Hinreichende Fachkompetenz zum Thema. Gegebenenfalls unter Hinzuziehung von Experten.
- Kooperationsbereitschaft. Gemeinsam lösen sich Probleme schneller als allein.

Leider reichen ab einer gewissen Eskalationsstufe des Konfliktes diese Eigenschaften nicht mehr aus. Aus diesem Grund sollten Sie den Konflikt richtig einstufen.

Konflikt-Evaluation

Um zu wissen, wie Sie in einem Konflikt am besten intervenieren können, müssen Sie vorher herausfinden, um welche Art von Konflikt es sich handelt: Wertekonflikt oder Sachkonflikt.

Der nächste Schritt ist, die Eskalationsstufe zu ermitteln. Nach Friedrich Glasl gibt es neun unterschiedliche Eskalationsstufen mit entsprechenden Interventionsmöglichkeiten:

Stufe	Hinweise auf die Stufe	Intervention?
(1) Verhärtung (Win-Win-Situation möglich)	Hier ist die Kooperationsbereitschaft noch am größten da noch keine starren Lager oder Parteien gebildet wurden.	Selbsthilfe
(2) Debatte, Polemik (Win-Win-Situation möglich)	Die Parteien fangen an, zwischen Kooperations- und Konkurrenzverhalten hin- und herzuschwanken. Standpunkte polarisieren sich.	Selbsthilfe und/oder Nachbarschaftshilfe
(3) Taten statt Worte (Win-Win-Situation möglich)	Das Konkurrenzverhalten überwiegt das Kooperationsverhalten. Das Einfühlungsvermögen geht verloren und es besteht eine Diskrepanz zwischen verbalem und nonverbalem Verhalten, wobei das Nonverbale dominiert.	Selbsthilfe, Nachbarschaftshilfe und/oder professionelle Moderation
(4) Images und Koalitionen (Win-Lose-Situation)	Ab dieser Eskalationsstufe ist echtes kooperatives Verhalten nicht mehr möglich. Jetzt werden Imagekampagnen gestartet und die Gerüchteküche brodelt.	Professionelle Moderation und/oder direktive Beratung mit Entwicklung von Handlungsmaßnahmen

Stufe	Hinweise auf die Stufe	Intervention?
(5) Gesichtsverlust (Win-Lose-Situation)	Jetzt werden die Angriffe persönlich und auch öffentlich. Sowohl die moralische Integrität als auch die Außenwahrnehmung gehen verloren.	Professionelle Moderation, direktive Beratung mit Entwicklung von Handlungsmaßnahmen und/oder Mediation/Vermittlung
(6) Drohstrategien (Win-Lose-Situation)	Die Spirale von Drohung und Gegendrohung nimmt ihren Lauf. Der Stress steigert sich durch Ultima und Gegenultima. Man manövriert sich in Handlungszwänge und verliert an Initiative.	Direktive Beratung mit Entwicklung von Handlungsmaßnahmen, Mediation/ Vermittlung und/ oder freiwilliges/ verpflichtendes Schiedsverfahren
(7) Begrenzte Vernichtungsschläge (Lose-Lose-Situation)	Menschliche Qualitäten verlieren ihre Gültigkeit, relativ kleine Schäden werden als Gewinn deklariert.	Mediation/Vermittlung, freiwilliges/ verpflichtendes Schiedsverfahren und/oder Machteingriff
(8) Zersplitterung (Lose-Lose-Situation)	Die gänzliche Vernichtung der Gegenpartei wird angestrebt (wirtschaftlich, seelisch, sozial, geistig - oder auch kombiniert)	freiwilliges/verpflichtendes Schiedsverfahren und/oder Machteingriff
(9) Gemeinsam in den Abgrund (Lose-Lose-Situation)	Die totale Konfrontation lässt keinen Weg zurück. Die Vernichtung der Gegenpartei wird auch auf Kosten der Selbstvernichtung angestrebt. Es besteht die Bereitschaft, mit dem eigenen Untergang auch die Umwelt (Familie, Freunde, Kollegen) nachhaltig zu schädigen.	Machteingriff

Tabelle 21: Eskalationsstufen & Interventionsmöglichkeiten

Wenn Sie die Eskalationsstufe ermittelt haben, sollten Sie umgehend die geeignete Interventionsstrategie starten. Denn je länger Sie eine Intervention hinauszögern, desto schneller läuft die Eskalation ab. Mit einer gesunden Kooperationskultur in Ihrem Unternehmen stehen die Chancen sehr gut, dass Konflikte auf den ersten beiden Stufen bleiben und dort gelöst werden können.

Viele Konflikte entstehen auf Grund sprachlicher Unklarheiten und den daraus resultierenden Missverständnissen. Eine klare Sprache ist damit für die Lösung eines Konfliktes unabdingbar:

- Achten Sie darauf, dass undifferenzierte und verallgemeinernde Ausdrücke sowie zynische und sarkastische Formulierungen vermieden und/oder sofort hinterfragt werden.
- Sprechen Sie in der Ich-Form.
- Orientieren Sie sich an allgemein gültigen Feedback-Regeln.
- Unterscheiden Sie zwischen Ihrer Wahrnehmung und Ihrer Interpretation: („Ich nehme wahr, dass du aus dem Fenster schaust, wenn ich mit dir rede.“ = Wahrnehmung. „Das macht auf mich den Eindruck, dass du mir nicht zuhörst.“ = Interpretation.)
- Achten Sie in Ihrer Sprache auf positive und konstruktive Formulierungen - sich selbst ebenso wie Ihrem Konfliktpartner gegenüber.
- Zeigen und leben Sie Kooperation! D. h. Fragen stellen, anstatt Vermutungen mit Fragezeichen aufzustellen, Interesse zeigen und aktiv Zuhören.
- Fragen Sie so lange, bis alle Ihre Fragen beantwortet sind; antworten Sie solange, bis alle Fragen Ihres Konfliktpartners beantwortet sind.
- Alle Beteiligten übernehmen Verantwortung für Gesagtes. Vermeiden Sie Rechthaberei in einem Konfliktgespräch und hinterfragen Sie „rechthaberische“ Äußerungen.
- Stellen Sie Fragen, statt Ihren Gesprächspartner anzuklagen.
- Sagen Sie offen und konstruktiv was Sie denken. Verstecken Sie Ihre Meinung nicht hinter Zynismus.
- Suchen Sie etwas an Ihrem Gesprächspartner, was Ihnen wirklich gefällt. Jeder Mensch hat etwas, kann etwas oder macht etwas, was lobenswert ist! Unterlassen Sie taktische Manipulationsköder wie falsches Loben. Finden Sie das echte Lob an Ihrem Gesprächspartner.

- Finden Sie die gute Absicht Ihres Konfliktpartners. Denn hinter jedem Konflikt steckt auch eine gute Absicht.
- Gestalten Sie das Gespräch so, dass Sie beide als Gewinner den Konflikt beenden. Denn in einem kooperativen Gespräch gibt es keinen Sieger.

Zur Steigerung der Konfliktfähigkeit ist es sinnvoll, im Unternehmen einen Konflikt-Lernkreislauf zu etablieren: Wenn ein Konflikt aufgetreten ist, dann sollte der Wunsch bestehen, diesen zu beseitigen. Stellen Sie sich vor, wie es ohne diesen Konflikt sein wird/soll. Aktivieren Sie Ihre sozialen, emotionalen und fachlichen Kompetenzen. Eignen Sie sich das „Handwerkszeug" an, das Sie noch brauchen oder holen Sie eine(n) Fachmann/Fachfrau dazu. Wählen Sie einen Weg, handeln Sie entsprechend und seien Sie bereit, diesen Schritt mehrfach zu gehen. Lernen Sie aus den gemachten Fehlern. Nach der Lösung des Konfliktes sollten Sie ein Resümee ziehen und sich entweder gegenseitig Feedback geben oder sich kritisch Ihr Eigenfeedback überlegen. Integrieren Sie diese Erkenntnisse für Ihre persönliche Weiterentwicklung und für den nächsten Konflikt.

In jedem Fall ist es sinnvoll - zumindest für den Veränderungsprozess - einen Konfliktverantwortlichen zu benennen. Wichtig ist, dass diese Person die volle Unterstützung von allen beteiligten Abteilungen und der Geschäftsleitung hat. Ebenso grundlegend sind natürlich die eigene Konfliktfähigkeit und entsprechend fundierte Kenntnisse und Erfahrung in der Moderation und/oder Mediation. Zudem sollte diese Person die Freiheit haben, zu entscheiden, ab welchem Punkt er/sie es für sinnvoll hält, einen externen Moderator/Mediator hinzu zu ziehen.

15.7 Die Einführung bei bestehender Kooperationskultur

Wenn Sie in Ihrem Unternehmen bereits über eine Kultur verfügen, die derart komplexe Veränderungen erfolgreich zulässt, bleiben immer noch einige Themen, die geklärt/beachtet werden müssen:

- Klären, wer durch die Einführung des Content Management-Systems betroffen ist.
- Was ändert sich für die Betroffenen genau?
- Sind die Ziele und Erwartungen von allen abgeklärt, aufeinander abgestimmt und deren Messbarkeit festgelegt?
- Klären, welche Geschäftsprozesse sich wie ändern.

- Die Einführung des Content Management-Systems mit seinen Prozessen bereits in der Planungsphase in die internen Lernkreisläufe integrieren.
- SWOT-Analyse in Bezug auf den bevorstehenden Veränderungsprozess durchführen. Mehr zur SWOT-Analyse finden Sie im Kapitel 10 „Marketing“ und im „Extra“.
- Informationswege für den gesamten Veränderungsprozess festlegen und sichern.
- Einen Ansprechpartner für Fragen, Probleme, Ideen und Verbesserungsvorschläge bestimmen und dies Allen im Unternehmen kommunizieren.
- Internes Marketing inkl. Erfolgsgeschichten etablieren. Auch wenn dies nur kleine Erfolgsgeschichten sind, welche „die Runde“ machen, Sie erhalten dadurch die Motivation und Alle können sehen/hören, dass etwas passiert.
- Zusammenarbeit aller betroffenen Abteilungen sichern. Die Kooperation muss während des gesamten Prozesses gesichert sein.
- Entsprechend einer Kooperationskultur das Wissen und Können der betroffenen Mitarbeiter bei der Planung, Einführung und Umsetzung voll integrieren (Lernkreisläufe).
- Klare und eindeutige Kommunikation über Verantwortlichkeiten mit den entsprechenden Kompetenzen.
- Ein Handlungs-System etablieren, das jedem Mitarbeiter veranschaulicht, wie er seine Tätigkeit jederzeit in das Gesamtsystem „Unternehmen“ einordnen kann.
- Die personellen Kapazitäten für die Einführung des Content Management-Systems eruieren.
- Schulungsmaßnahmen zusammen mit der Personalabteilung erarbeiten.
- Die einzelnen Schritte im Veränderungsprozess erarbeiten und einen entsprechenden Terminplan festlegen.

Die Einführung eines derart komplexen Systems, das sich auf fast alle Bereiche im Unternehmen auswirkt, hat zwangsläufig Auswirkungen auf die Unternehmenskultur. Diese Auswirkungen können sehr deutlich sein, je nachdem welche (Sub-)Kulturen vorher im Unternehmen gelebt wurden.

Wenn Sie in Ihrem Unternehmen noch keine Kooperationskultur etabliert haben, dann ist der erste Schritt, sich dabei z. B. durch eine entsprechende Beratung kooperativ unterstützen zu lassen.

15.8 Zusammenfassung

Die Einführung komplexer Systeme ist für jedes Unternehmen eine Herausforderung. Wenn Sie in Ihrem Unternehmen bereits eine Kooperationskultur etabliert haben, werden Sie dieser Herausforderung recht gut gewachsen sein. Change Management bedeutet das Ändern/Anpassen von Unternehmenskulturen, um tiefgreifende Veränderungen im Unternehmen, wie die Einführung eines komplexen Systems, realisieren zu können. Bestimmen Sie für diesen Prozess Mitarbeiter mit einer hohen kommunikativen Kompetenz. Strenge Change-Technokraten werden Sie und Ihre Kollegen nicht glücklich machen. Tiefgreifende Veränderungen sind der Nährboden für Konflikte. Und Konflikte wiederum sind die Grundlage für Gerüchte. An diesen kann die Einführung Ihres Content Management-Systems scheitern. Konflikte werden immer am besten sofort, offen, ehrlich und konstruktiv angegangen. Am leichtesten ist dies in einer Kultur, die durch Kooperation geprägt ist. Zudem bieten Konflikte auch immer Chancen, denn häufig können Sie die geplanten Prozesse konstruktiv voranbringen.

15.9 Checkliste

Change Management	
Einführung eines Content Management-Systems	⇒ Auf eine veränderungsfreudige Kultur im Unternehmen achten. ⇒ Betroffene identifizieren ⇒ Ziele und Erwartungen klären. ⇒ Erwartungen und Ziele messbar machen. ⇒ Klären, welche Geschäftsprozesse sich wie ändern. ⇒ In der Planungsphase bereits Lernkreisläufe etablieren. ⇒ Informationswege festlegen und sichern. ⇒ Zusammenarbeit aller betroffenen Abteilungen sichern. ⇒ Klare und eindeutige Kommunikation über Verantwortlichkeiten mit den entsprechenden Kompetenzen. ⇒ Personellen Bedarf festlegen. ⇒ Schulungsmaßnahmen mit Personalabteilung festlegen. ⇒ Erarbeitung eines Zeitplans.

Change Management	
Lernende Organisation	⇒ Etablieren bzw. Verfestigen der Kooperationskultur. ⇒ Etablierung von Lernkreisläufen mit Feedbackschleifen. ⇒ Bereitschaft fördern, eigene und fremde Fehler zu tolerieren und als Lernchance zu begreifen. ⇒ Externe professionelle Unterstützung für den Veränderungsprozess.
Ängste	⇒ Individuelle Ängste identifizieren und auflösen. ⇒ Vermeiden von Druck auf den Prozess und die Beteiligten. ⇒ Lernen, Spannungsgefühle konstruktiv für den Prozess zu nutzen. ⇒ Ggf. externe Unterstützung für den Lernprozess hinzuziehen.
Change-Prozess	⇒ Erkennen der eigenen Kultur und der Subkulturen im Unternehmen. ⇒ Benennung von Change-Botschaftern für den gesamten Prozess. ⇒ Sinn und Zweck des Content Management-Systems deutlich kommunizieren. ⇒ Offenheit und Neugier im Change-Prozess fördern. ⇒ Fördern der Flexibilität und der Risikobereitschaft des Einzelnen.
Integration	⇒ Sichern des Commitments der Mitarbeiter im Unternehmen. ⇒ Symbolische Verabschiedung alter Prozesse und Strukturen. ⇒ Bewusstsein erlangen, dass Veränderungen immer top-down verlaufen. ⇒ Fördern von Konfliktkompetenz. ⇒ Bewusstsein erlangen, dass Veränderung Zeit benötigt. ⇒ Erfolgreiche Veränderung braucht umfangreiche, klare und offene Information - am besten in schriftlicher Form.

Change Management	
Konflikt-management	⇒ Konflikte als ein Zeichen von Interesse erkennen. ⇒ Konflikte als Chancen wahrnehmen, Prozesse vorwärts zu bringen. ⇒ Unterscheidung in Sach- und Wertekonflikte vornehmen. ⇒ Konflikte möglichst auf der kooperativen Ebene klären. ⇒ Im Unternehmen Konfliktkompetenz aufbauen. ⇒ Während eines Konfliktes die Art des Konfliktes und die Eskalationsstufe klären. ⇒ Nach der Konfliktevaluierung sofort die geeignete Intervention ergreifen. ⇒ Im Konflikt eine klare, positive und konstruktive Sprache verwenden. ⇒ Etablieren von Konflikt-Lernkreisläufen.

Extra Die richtige Entscheidung

In der täglichen Unternehmenspraxis wird die Entscheidung für oder gegen die Einführung eines durchgängigen Content Managements im Unternehmen oder über die Anschaffung eines entsprechenden Content Management-Systems durch die Unternehmensleitung getroffen. Die Entscheidungsfindung hängt in erheblichem Maße von der richtigen und zielgerichteten Vorbereitung dieser Entscheidung durch das Projektteam oder durch entsprechend beauftragte Mitarbeiter ab.

Zunächst einmal geht es darum, zu klären, welche Daten und Informationen für eine aussagekräftige Entscheidungsvorlage benötigt werden. Ebenso ist aber von Bedeutung, wer sinnvoller Weise in die Entscheidungsfindung integriert werden sollte.

Daneben müssen wichtige Voraussetzungen erfüllt sein, um eine fundierte Entscheidungsfindung zu gewährleisten, wie beispielsweise die Erarbeitung von Teilkonzepten für die unterschiedlichen unternehmensinternen Bereiche und spezielle Aspekte des Projekts sowie die Ausarbeitung eines vollständigen und durchkalkulierten Business-Plans.

Aber auch eine professionelle Präsentation oder die Ausarbeitung und Durchführung einer internen „Werbekampagne" zählen zu den wichtigen Vorbereitungsmaßnahmen. Und immer wieder wird der Frage, durch wen das Konzept am besten professionell präsentiert wird, zu wenig Beachtung geschenkt.

Speziell diesen Aspekten und Fragestellungen ist unser „Extra" gewidmet.

E.1 Entscheidungsvorlage

Basis jeder fundierten Entscheidung ist eine klare und präzise Entscheidungsvorlage, in der alle relevanten Informationen enthalten sind, die zur Kenntnis und Beurteilung möglicher Alternativen benötigt werden.

Die Entscheidungsvorlage für die Implementierung eines durchgängigen Content Management (-Systems) sollte folgende Bereiche umfassen:

- Anlass beziehungsweise Ausgangspunkt der Überlegungen
- Wichtige Einflussgrößen des internen und externen Rahmens
- Konkrete Zielsetzungen
- Voraussetzungen und Einschränkungen hinsichtlich der Realisierung
- Chancen und Potenziale durch die Realisierung
- Mögliche Risiken aufgrund der Realisierung
- Positive und negative Folgen bei Nicht-Realisierung
- Finanzielle Aufwendungen für die Realisierung (Budget)
- Finanzielle Erträge und Kosteneinsparungen durch die Realisierung
- Zeitliche Komponenten (Termine, Fristen).

Eine der größten Fallen bei der Erstellung einer Entscheidungsvorlage besteht darin, den Umfang zu groß werden zu lassen. Die Entscheidungsvorlage sollte sich auf die wesentlichen relevanten Punkte konzentrieren. Informationen, die nicht entscheidungsrelevant sind, haben in der Entscheidungsvorlage nichts zu suchen. Die Entscheidungsvorlage stellt somit eine Art Zusammenfassung des gesamten Konzeptions- und Planungsprozesses dar.

Im Gegensatz zu häufig geäußerten Ansichten sollte die Entscheidungsvorlage nicht nur reine Fakten und Informationen beinhalten, sondern diese sollten auch bezüglich ihrer Implikationen und Ihrer Bedeutung bewertet werden. Voraussetzung dafür ist jedoch, dass Information und Bewertung klar voneinander abgegrenzt und deutlich gekennzeichnet sind.

Zu den wesentlichen Elementen einer Entscheidungsvorlage sollten die Erfassung der kritischen Erfolgsfaktoren und die Durchführung einer sogenannten SWOT-Analyse gehören.

Kritische Erfolgsfaktoren

Zunächst ist zu prüfen, welche Erfolgsfaktoren für die Realisierung notwendig sind (beispielsweise bestimmte Fachkompetenzen, Informationen, technische Voraussetzungen, organisatorische Voraussetzungen und Prozess-Abläufe). In einem zweiten Schritt wird analysiert, welche dieser Erfolgsfaktoren innerhalb des Unternehmens bereits vorhanden sind und für die erfolgreiche Umsetzung des Projekts eingesetzt werden können. Besonderes Augenmerk erfordern Erfolgsfaktoren, die zwar benötigt werden, aber nicht vorhanden sind. Eine der ersten Maßnahmen muss sein, Klarheit darüber zu gewinnen, wie diese Erfolgsfaktoren geschaffen werden können. Dies kann beispielsweise geschehen durch:

- Interne und externe Informationsbeschaffung
- Hinzuziehung von externen Beratern
- Qualifizierung von Mitarbeitern durch Weiterbildung
- Einstellung neuer Mitarbeiter
- Auslagerung von Aufgaben an externe Dienstleister
- Integration externer Experten und Fachkräfte.

In jedem Fall muss geklärt sein, dass alle kritischen Erfolgsfaktoren zur Verfügung stehen, bevor mit der Realisierung überhaupt begonnen werden kann.

SWOT-Analyse

Hinter dem englischen Kunstwort „SWOT" verbirgt sich eine einfache und effiziente Methode, Vorhaben hinsichtlich ihrer Erfolgsaussichten zu analysieren.

	Positiv	Negativ
Intern	Strengths (= Stärken)	Weaknesses (= Schwächen)
Extern	Opportunities (= Chancen)	Threats (= Risiken)

Abbildung 17: SWOT-Matrix

Positive wie negative, interne wie externe Einflussfaktoren werden so in einer Vier-Felder-Matrix erfasst, um dadurch einen Überblick über die gegenwärtige Ausgangssituation für ein Projekt zu gewinnen.

Der vollständig durchkalkulierte Business-Plan und die Teilkonzepte für die einzelnen Bereiche sind in keinem Fall Bestandteil der Entscheidungsvorlage sondern lediglich Anlagen dazu.

Bedenken Sie immer, dass die Entscheidungsvorlage von den Entscheidungsträgern vollständig gelesen werden soll. Aus unserer Praxiserfahrung wissen wir, dass ab einem Umfang von mehr als 15 Seiten dafür in der Regel schlechte Chancen bestehen.

Zum Abschluss stellen Sie sich noch einmal die Frage, ob es Daten, Informationen oder Bewertungen gibt, die für die Entscheidung relevant sind, die aber in keine der genannten Kategorien fallen. Diese sollten dennoch separat aufgenommen werden.

E.2 Entscheidungsgremium

Die Qualität einer Entscheidung hängt natürlich nicht nur von der Entscheidungsvorlage ab - wozu bräuchte man sonst überhaupt noch ein Entscheidungsgremium? Letztlich liegt die abschließende Beurteilung und damit die Verantwortung für die Entscheidung und ihre Folgen bei den Personen, die im Entscheidungsgremium sitzen. Natürlich wird bei den meisten Unternehmen die Unternehmensleitung teilweise oder vollständig Bestandteil des Entscheidungsgremiums sein. Es macht aber keinen Sinn, das Entscheidungsgremium darauf zu beschränken. Besonders zwei Aspekte sprechen für eine Erweiterung dieses Personenkreises:

1. Die Mitarbeiter, welche die Verantwortung für die Umsetzung des Projektes haben, sollten in die Entscheidungsfindung eingebunden werden. Denn sie haben letztlich die Verantwortung für die Realisierung zu tragen und sollten sich mit den getroffenen Entscheidungen identifizieren können.
2. Die Mitarbeiter, die nach der erfolgten Implementierung die Verantwortung für Organisation und Betrieb des Content Management (-Systems) übernehmen, sollten ebenso in die Entscheidungsfindung integriert werden, denn diese sind für die mittel- und langfristigen Folgen dieser Entscheidungen verantwortlich. Auch hier spielt die Identifikation mit den getroffenen Entscheidungen eine wichtige Rolle.

Um eine solche Einbeziehung zu gewährleisten ist es notwendig, folgende Fragen sowohl im Hinblick auf das Projekt als auch hinsichtlich des laufenden Betriebs vorab zu klären:

- Welche Personen/Gremien treffen die Auswahl des Content Management-Systems?
- Wer trägt die Projekt-Verantwortung?
- Wer übernimmt die technische Verantwortung?
- Wer hat die organisatorische Verantwortung?
- Wer erhält die Personal-Verantwortung?
- Wem obliegt die Ergebnis-Verantwortung und/oder Budget-Verantwortung?

Einer der wichtigsten Punkte im Entscheidungsprozess überhaupt ist das frühzeitige Festlegen des Entscheidungsverfahrens. Ablauf, Meetings, Informationsaustausch usw. wollen frühzeitig besprochen und einvernehmlich festgelegt sein. Hierzu gehört die Festsetzung verbindlicher Termine und entsprechender Entscheidungsregeln (Mehrheitsentscheidung, einstimmige Entscheidung usw.).

E.3 Unterlagen und Materialien

Voraussetzung für die Erstellung der Entscheidungsvorlage ist ein vollständig durchgerechneter Business-Plan. Hinzu können Teilkonzepte für die folgenden internen Unternehmensbereiche kommen, sofern diese an dem Projekt beteiligt oder durch dieses betroffen sind:

- Unternehmensstrategie, Unternehmenspolitik
- IT/Technik
- Organisation
- Prozess- und Qualitätsmanagement
- Produktion
- Personal
- Finanzen
- Verträge/Rechtsfragen
- Marketing
- Beschaffung.

Daneben sollten externe Bereiche berücksichtigt werden, sofern sie für die Entscheidung relevant sind. Voraussetzung hierfür ist, dass im Unternehmen ausreichende Informationen vorhanden sind oder rechtzeitig beschafft und ausgewertet werden können. Zu den externen Bereichen zählen:

- Markt
- Wettbewerb(er)
- Kunden
- Lieferanten
- Kooperationspartner
- Technologie
- Politik/Gesetzgebung/Rechtsprechung.

Im Rahmen der sorgfältigen Konzeption und Planung des Content Management (-Systems) werden die hier benötigten Informationen ohnehin gesammelt und können mittels einer kontinuierlichen Dokumentation leicht unter den entsprechenden Rubriken zusammengefasst werden.

E.4 Internes Marketing

Ein weiterer wichtiger Faktor für die Entscheidungsfindung ist das Stimmungsbild im Unternehmen und/oder die Einschätzung durch interne und externe Experten und Berater. Hieraus ergeben sich weitere Aufgabenstellungen im Rahmen der Entscheidungsvorbereitung:

- Die Gewinnung aussagekräftiger Stellungnahmen beteiligter und betroffener Führungskräfte und Mitarbeiter
- Die Heranziehung fundierter Stellungnahmen über das Projekt von Experten- und Beraterseite
- Die Gewinnung einflussreicher Personen/Meinungsführer als Projekt-Paten oder Projekt-Sponsoren bei einer positiven Beurteilung im Vorfeld.

Durch diese Maßnahmen kann die Entscheidungsfindung von vorne herein auf eine breitere Unterstützungsbasis gestellt werden.

E.5 Argumentation

Bei der Beurteilung des Content Management-Vorhabens spielen auch Faktoren eine Rolle, die nicht direkt aus der Entscheidungsvorlage hervorgehen. Dabei geht es nur zum Teil um die Frage, was genau aus Sicht der Entscheidungsträger für oder gegen Content Management oder ein Content Management-System sprechen könnte.

Vielmehr sind hier Faktoren betroffen, die mit dem Entscheidungsfindungsprozess als solches zusammen hängen. Typische Beispiele für solche Fragestellungen:

- Steht die Geschäftsleitung hinter dem Projekt?
- Bis wann muss eine Entscheidung zwingend getroffen sein?
- Bis wann sollte eine Entscheidung getroffen sein, um unnötige Kosten zu vermeiden?
- Welche Folgen hat es, wenn nicht rechtzeitig eine eindeutige Entscheidung getroffen wird?

- Welcher Aufwand ist bisher für das Projekt „Content Management"/„Content Management-System" angefallen?
- Welche Folgen hat eine negative Entscheidung hinsichtlich:
  - Strategie
  - Unternehmenspolitik
  - Technik
  - Organisation
  - Personal
  - Finanzen
  - Marketing
  - Wettbewerb(er)
  - Kundenservice
  - Produkt- und Leistungsportfolio?
- Was passiert als Nächstes, wenn die Entscheidung positiv ausfällt?

Diese Fragestellungen sollten im Vorfeld hinreichend geklärt werden, um darauf im Rahmen der Gesamtargumentation Bezug zu nehmen. Viele Entscheidungsträger werden durch solche oder ähnliche Fragen beeinflusst, obwohl diese in den seltensten Fällen in irgendwelchen Papieren zu finden sind oder offen diskutiert werden.

E.6 Präsentation und Diskussion

Entscheidungsvorgänge laufen in den seltensten Fällen rational ab. Auch wenn wir uns dessen insgeheim bewusst sind, wollen wir dies kaum offen zugeben und häufig nicht wahrhaben. Der Präsentation und der Diskussion kommt bei einem Entscheidungsprozess besondere Bedeutung zu. Ohne auf die Themen Präsentation und Gesprächs- oder Diskussionsführung hier im Detail eingehen zu wollen, sollten doch folgende grundsätzliche Punkte bereits möglichst frühzeitig geklärt werden:

- Wer verfügt über entsprechendes fachliches und methodisches Know-how sowie ausreichend Zeit und erstellt eine professionelle Präsentation?
- Wer ist in der Lage und bereit, die Präsentation professionell zu halten?
- Wer steht den Entscheidungsträgern im Vorfeld und in der Diskussion als primärer Ansprechpartner zur Verfügung?

- Welche Ansprechpartner für einzelne Themenbereiche (Technik, Organisation, Personal, Marketing usw.) stehen den Entscheidungsträgern bei Detailfragen zur Verfügung?

Wichtig ist nicht nur, diese Festlegungen rechtzeitig zu treffen, sondern sie bereits möglichst frühzeitig an alle Beteiligten zu kommunizieren, um von Anfang an einen klaren Informationsfluss zu etablieren.

E.7 Zusammenfassung

Die Qualität der Entscheidungsfindung bezüglich der Realisierung eines Content Managements oder Content Management-Systems hängt von einer ganzen Reihe von Faktoren ab. Ein gute und fundierte Entscheidungsvorlage ist ebenso eine notwendige Bedingung wie die sinnvolle Besetzung des Entscheidungsgremiums.

Voraussetzung für beides ist die Erstellung eines umfassenden Business-Plans und detaillierter Teilkonzepte für einzelne Bereiche. Internes Marketing, Einflussfaktoren der Argumentation, die überzeugende Präsentation und professionelle Diskussionsführung sind weitere wichtige Aspekte.

E.8 Checkliste

Entscheidung	
Entscheidungs-vorlage	⇒ Bestimmung der notwendigen Teile/ Punkte der Entscheidungsvorlage ⇒ Sammeln der Informationen ⇒ Reduktion auf die entscheidungsrelevanten Topics ⇒ Erstellung der Informationsteile ⇒ Erstellung der Bewertungsteile ⇒ Ermittlung der kritischen Erfolgsfaktoren ⇒ SWOT-Analyse ⇒ Hinzufügen der Anlagen (Business-Plan, Teilkonzepte) ⇒ Sammlung sonstiger relevanter Punkte (außerhalb des Grundschemas) und Aufnahme in die Vorlage ⇒ Gegebenenfalls Straffung und Kürzung der Entscheidungsvorlage auf maximal 15 Seiten (ohne Anlagen)

Entscheidung	
Entscheidungs-gremium	⇒ Bestimmung der Mitglieder aus der Unternehmensleitung ⇒ Auswahl der Mitglieder aus der Gruppe der Projekt-Verantwortlichen ⇒ Auswahl der Mitglieder aus der Gruppe der für den laufenden Betrieb verantwortlichen ⇒ Überprüfen der Repräsentation der Bereiche (Technik, Organisation, Personal und Finanzen) und gegebenenfalls Umbesetzung ⇒ Festlegen des Entscheidungsverfahrens ⇒ Festlegen eines Terminplans ⇒ Festlegung von Entscheidungsregeln
Unterlagen und Materialien	⇒ Erstellung eines vollständigen Business-Plans ⇒ Erstellung der Teilkonzepte für die unternehmensinternen Bereiche ⇒ Erstellung der Teilkonzepte für die externen Bereiche
Internes Marketing	⇒ Gewinnung von internen Meinungsäußerungen ⇒ Heranziehen von Experten- und Beraterstellungnahmen ⇒ Gewinnung von internen Projekt-Paten und -Sponsoren
Argumentation	⇒ Einflussfaktoren der Entscheidung außerhalb des Themas zusammenstellen ⇒ Positive und negative Konsequenzen der Entscheidungsfindung aufzeigen
Präsentation und Diskussion	⇒ Erstellung der Präsentation organisieren ⇒ Durchführung der Präsentation organisieren (Präsentator auswählen und benennen) ⇒ Hauptansprechpartner auswählen und kommunizieren ⇒ Ansprechpartner für Teilbereiche auswählen und kommunizieren

Glossar

Ein Buch über Content Management ohne Glossar? Ja, genau. Ein umfassendes Glossar zum Thema Content Management hätte schon mehr Umfang als ein ganzes Kapitel. Ein weniger umfassendes würde kaum einen Sinn machen.

Daher haben wir uns entschlossen, an dieser Stelle auf ein Glossar zu verzichten, und Ihnen eine andere - und unserer Ansicht nach - wesentlich praktischere Möglichkeit zu bieten:

Ein umfassendes und vor allem immer aktuelles Glossar (nicht nur zum Thema Content Management) und Hinweise auf weitere Informationsquellen im Internet finden Sie auf unserer Website unter http://www.business-e-volution.de.

Abbildungsverzeichnis

Tabellenverzeichnis

Schlagwortverzeichnis

A

B

C

D

E

F

G

H

I

J

K

L

M

N

O

P

Q

R

S

T

U

V

W

X

Z

Schutzrechte

Ascential™ is a Trademark of Ascential Software, Inc., 50 Washington Street, Westboro, MA 01581 USA.

DB2® is a registered Trademark of IBM Corporation.

HTML, DHTML, XML and XHTML are trademarks or registered trademarks of W3C®, World Wide Web Consortium, Laboratory for Computer Science NE43-358, Massachusetts Institute of Technology, 545 Technology Square, Cambridge, MA 02139.

IBM® is a registered Trademark of IBM Corporation.

Informix® is a registered Trademark of Informix Corporation.

JavaScript® is a registered trademark of Sun Microsystems Inc., used under license for technology invented and implemented by Netscape.

JAVA® is a registered trademark of Sun Microsystems, Inc., 901 San Antonio Road, Palo Alto, CA 94303 USA.

Lotus ® and Lotus ® Notes ® are registered trademarks of Lotus Development Corporation, 55 Cambridge Parkway, Cambridge, MA 02142.

Microsoft®, Word®, Powerpoint®, Exchange® and Outlook® are registered trademarks of Microsoft Corporation, One Microsoft Way, Redmond, Washington 98052-6399.

Oracle® is a registered trademark of Oracle Corporation.

Quark and QuarkXPress are trademarks of Quark, Inc. and all applicable affiliated companies.

SAP® and mySAP.com™ are registered trademarks of SAP AG in Germany and in several other countries all over the world.

W3C is a registered trademark of W3C®, World Wide Web Consortium, Laboratory for Computer Science NE43-358, Massachusetts Institute of Technology, 545 Technology Square, Cambridge, MA 02139 USA.

All other products, brands or companies mentioned in this book are trademarks or registered trademarks of their respective companies.